Lecture Notes in Mathematics

Edited by A. Dold, B. Eckmann and F. Takens

1415

M. Langevin M. Waldschmidt (Eds.)

Cinquante Ans de Polynômes
Fifty Years of Polynomials

Proceedings of a Conference
held in honour of Alain Durand
at the Institut Henri Poincaré
Paris, France, May 26–27, 1988

Springer-Verlag
Berlin Heidelberg New York London Paris Tokyo Hong Kong

Editors

Michel Langevin
Michel Waldschmidt
U.A. 763 du C.N.R.S. Problèmes Diophantiens
Institut Henri Poincaré
11, rue Pierre et Marie Curie
75231 Paris Cedex 05, France

Mathematics Subject Classification (1980): 11C08, 11J81–82–83–85, 12D05–10–99, 12E05–10–12, 26C05–10–15, 26D05, 30C10–15, 30D15, 32E99, 32F99, 65H05–10

ISBN 3-540-52190-9 Springer-Verlag Berlin Heidelberg New York
ISBN 0-387-52190-9 Springer-Verlag New York Berlin Heidelberg

Printing and binding: Druckhaus Beltz, Hemsbach/Bergstr.
2146/3140-543210 – Printed on acid-free paper

Alain Durand est né le 16 Avril 1949. Après des études universitaires à l'Université Paris Nord puis à l'Université Paris VII, il obtient son Diplôme d'Etudes Approfondies en 1973 avec les unités "Nombres Transcendants" et "Analyse p-adique". Sa thèse de troisième cycle "Quatre problèmes de Mahler" est soutenue le 26 Juin 1974.

Ses recherches de critères de transcendance et d'indépendance algébrique, ainsi que ses travaux sur la classification des nombres transcendants, l'amènent à entreprendre une étude approfondie et systématique des propriétés arithmétiques des polynômes.

Il commence sa carrière universitaire comme Assistant à l'Université de Limoges le 1er Octobre 1974. Il est titularisé Maître-Assistant un an après. Il n'interrompt ses cours que l'année de son service militaire en 1976-77.

Alain Durand était un enseignant très apprécié des étudiants. Ses cours comme ses exposés de recherche étaient préparés avec beaucoup de soin, dénotant une grande honnêteté intellectuelle et une extrême soif de perfection.

Son décès le 23 Octobre 1986 a profondément attristé tous ceux qui le connaissaient.

Jean-Louis Nicolas, Michel Waldschmidt.

TRAVAUX D'ALAIN DURAND

I-Travaux publiés non reproduits dans ce volume

Un critère de transcendance, Séminaire Delange-Pisot-Poitou (Groupe d'Etude) 1973/74, n°G11, Paris (I.H.P.), 9p.

Quatre problèmes de Mahler sur la fonction ordre d'un nombre transcendant, Bull. Soc. Math. France, 102, 1974, p.365-377 .

Un système de nombres algébriquement indépendants, C.R.Acad.Sc. Paris (sér.A),280, 1975, p. 309-311.

Fonction θ-ordre et classification de $\mathbb{C}^p$, C.R.Acad.Sc. Paris (sér.A),280, 1975, p.1085-1088

Note on rational approximations of the exponential function at rational points, Bull. Austral. Math. Soc., 14, 1976, p.449-455.

Indépendance algébrique de nombres complexes et critère de transcendance, Compositio Math., 35, 1977, p.259-267

Approximations algébriques d'un nombre transcendant, C.R.Acad.Sc. Paris (sér.A), 287, 1978, p.595-597.

Simultaneous diophantine approximations and Hermite's method, Bull. Austral. Math. Soc. 21, 1980, p. 463-470.

A propos d'un théorème de Bernstein sur la dérivée d'un polynôme, C.R.Acad.Sc. Paris, (sér.A), 290, 1980, p.523-525.

II-Travaux reproduits dans ce volume

Quelques aspects de la théorie analytique des polynômes (2 chapitres, 80 p.)

Relation de Szegö sur la dérivée d'un polynôme (Journées de Th. élem. et anal. des Nombres, Orsay, 5/1980).

Approximations algébriques d'un nombre transcendant, (Journées de Th. élem. et anal. des Nombres, Caen, 9/1980).

PREFACE

Ces Actes portent un double titre: " Cinquante Ans de Polynômes " et " Hommage à Alain Durand " . On va expliquer cette double appellation et ce qui fait la réelle unité des travaux réunis dans ce volume.

Alain Durand,en suivant un itinéraire dont nous parlerons plus loin,préparait depuis le début des années 1980 un travail de synthèse sur la "théorie analytique des polynômes". Sa disparition ne nous prive que partiellement de cet ouvrage dont une part importante était déjà prête. Elle est reproduite dans ce volume avec le texte des exposés du Colloque,tous relatifs à des problèmes actuels se posant en termes de polynômes.

Quels polynômes ? Les polynômes en question dans ce Lecture Notes sont,le plus souvent, des polynômes d'une variable complexe. Il s'agit donc d'objets mathématiques peu mystérieux,du moins tant qu'on n'est pas à la recherche de résultats particuliers. La difficulté est là: les grands théorèmes généraux sont connus et la liste en est courte et complète, les résultats particuliers sont techniques et partiels; de plus,la preuve de ces derniers est assez souvent détournée et astucieuse même si elle n'utilise que des arguments classiques. Dans ce domaine,la littérature est celle qu'on peut attendre dans ce genre de situation: une foule de résultats à la fois fins, élémentaires (parfois), partiels (souvent), dont les auteurs s'ignorent entre eux assez fréquemment. La nécessité d'une synthèse s'impose donc périodiquement,d'autant qu'un même résultat peut revêtir des aspects variés comme on le verra plus loin.

Les synthèses Deux ouvrages majeurs de références ont déjà été publiés. Le premier, "la théorie analytique des polynômes d'une variable (à coefficients quelconques)" de J.Dieudonné a 50 ans. Le second, "Geometry of polynomials" de M.Marden est de 1966 mais est une actualisation d'un ouvrage de 1949 intitulé "The geometry of the zeros of a polynomial in a complex variable" (il prend ainsi en compte un important "survey" de W.Specht de 1958). La nécessité d'une synthèse récente est donc claire. Celle d'Alain Durand ne suit pas les plans de ses devanciers; il se place dans le point de vue de l'Analyse des années 1980 et reconstruit dans cette optique l'architecture de la théorie,montrant les différentes articulations entre les résultats,lesquels se trouvent souvent ainsi ou améliorés,ou généralisés,ou réduits à des corollaires immédiats.

Les auteurs précédents distinguaient deux types de théorie suivant la nature des arguments utilisés dans les preuves, l'une "analytique" et l'autre "géométrique". L'imbrication profonde de ces deux types de résultats fait d'ailleurs que J.Dieudonné (resp. M.Marden) n'a retenu que l'expression "théorie analytique" (resp."geometry") dans son titre. Alain Durand n'utilise lui que des arguments analytiques (parfois assez sophistiqués) et laisse ainsi de côté certaines formes de résultats; mais ces derniers sont toutefois évoqués dans un autre exposé de ce volume.

Terminons cet alinéa par un exemple facile illustrant cette nécessité d'une synthèse et l'aspect varié que peuvent revêtir des résultats très classiques:
Soit $P(z)=a_o z^d+\ldots+a_d=a_o(z-x_1)\ldots(z-x_d)$ un polynôme à coefficients complexes. L'inégalité :
$M(P)=|a_o|\sup(1,|x_1|)\ldots\sup(1,|x_d|) \leqq L_2(P)=(|a_o|^2+\ldots+|a_d|^2)^{1/2}$
entre coefficients et racines est apparue -au moins implicitement- au début de ce siècle dans un travail de Landau. Il s'agit en fait d'un corollaire de l'inégalité de Hölder,en effet,le membre de gauche (la mesure de Mahler de P) est la moyenne géométrique $L_o(P)$ des valeurs prises par $|P(z)|$ sur le cercle-unité (appliquer la formule de Jensen) tandis que celui de droite représente la moyenne quadratique de la même fonction (appliquer le théorème de Parseval). Malgré la simplicité de ces arguments,on peut faire mieux et plus simple en établissant l'inégalité:
$M(P)^2+(|a_o a_d|/M(P))^2 \leqq (L_2(P))^2$.
Il suffit de faire la démonstration pour un polynôme unitaire.Soit $Q(z)$ le polynôme produit des $(z-x_i)$ lorsque $|x_i|\leqq 1$ et des $(1-\overline{x}_i z)$ lorsque $|x_i|>1$.Le coefficient directeur (resp. constant) de $Q(z)$ est de module $M(P)$ (resp. $|a_d|/M(P)$) et il suffit de minorer $(L_2(Q))^2=(L_2(P))^2$ (puisque $|P(z)|=|Q(z)|$ quand $|z|=1$) par la somme des carrés des termes directeur et constant de Q pour conclure. En résumé,cette inégalité,bien que non évidente,peut être qualifiée de facile; elle a pourtant donné lieu à une série de travaux (dus à Specht,Vicente Gonçalves,Ky Fan,Mignotte ainsi qu'indirectement à d'autres auteurs) avec d'autres démonstrations plus ou moins éloignées de celles qu'on vient d'évoquer.

Les utilisateurs et l'itinéraire d'Alain Durand Il est commode de distinguer deux époques dans l'histoire de cette théorie:
-la première couvre le XIX^{è} et le début du XX^{è} siècle; au cours de celle-ci,les polynômes ont fait l'objet d'études systématiques à l'aide des concepts apportés par la théorie des fonctions d'une variable complexe
-la seconde couvre grosso modo les cinquante dernières années;au cours de cette période ,les recherches systématiques se sont poursuivies mais ont été de plus en plus consacrées à des situations spécifiques. Ces dernières correspondent souvent à des questions formulées dans d'autres domaines de sorte qu'on a vu évoluer la situation ainsi: les utilisateurs des résultats de la théorie (analytique ou géométrique) des polynômes sont devenus les auteurs.

Les domaines de recherche où sont utilisés des "lemmes polynomiaux" sont des plus variés: théorie des nombres (et,en particulier,théorie des nombres transcendants), analyse,théorie du potentiel,mécanique statistique,thermodynamique,informatique... Alain Durand a suivi la démarche qu'on vient de décrire. Il est venu à l'étude systématique des polynômes après avoir utilisé de nombreux "lemmes polynomiaux" dans l'étude des "mesures de transcendance". Plus généralement,la théorie des nombres transcendants fait appel à des constructions de fonctions polynomiales non triviales qu'on minore par des arguments arithmétiques et qu'on majore par des arguments analytiques. A la fin des années 1970, des travaux sur ces derniers (les lemmes de Schwarz en plusieurs variables) ont utilisé des résultats de D.Masser et J.C.Moreau basés sur une inégalité de Bernstein. Ces travaux,qui ont permis à M.Waldschmidt d'obtenir une nouvelle démonstration du théorème de Baker (cf. Astérique 69/70), ont aussi amené,avec J.C.Moreau,Alain Durand et d'autres membres de l'équipe des Problèmes Diophantiens à étudier et améliorer divers raffinements de cette inégalité.

Le contenu de ces Actes Après avoir parlé du travail d'Alain Durand,on dit quelques mots des exposés de ce Colloque. Les problèmes évoqués dans ce volume se rattachent -en termes de polynômes- presque tous à la Théorie des Nombres,ce qui est naturel puisque cette théorie est,pour les auteurs,la motivation première comme on l'a expliqué ci-dessus. Si les exposés de P.Bundschuh et M.Waldschmidt sont relatifs à des problèmes de la théorie des nombres transcendants qu'avait abordés Alain Durand, d'autres exposés sont moins directement reliés à cette théorie; citons ceux de F.Gramain (fonctions entières arithmétiques), R.Louboutin (problème de Lehmer), M.Mignotte (lemme de Siegel), P.Philippon (polynômes d'interpolation) pour les plus proches et ceux de B.Saffari (comparaison de normes pour les polynômes à coefficients ±1), A.Schinzel(critère d'irréductibilité), C.Smyth (problème de Tarry-Escott,en collaboration avec E.Rees) pour les voisins un peu plus éloignés; une mention particulière doit être faite pour les exposés "hors théorie des nombres" de M.Langevin (géométrie des polynômes), J.P.Borel (construction d'un multiple à coefficients positifs d'un polynôme), et J.L.Nicolas (avec A.Schinzel) (étude de polynômes particuliers apparaissant en théorie du signal) et notamment pour ces deux cerniers qui illustrent pleinement la variété et la précision des techniques à mettre en oeuvre pour la résolution de problèmes concrets s'exprimant en termes de polynômes.

En conclusion, les éditeurs désireraient remercier tous ceux qui ont favorisé la tenue de ce Colloque et ont ainsi permis de rendre à Alain Durand cet hommage:

-les membres du Comité d'Organisation et d'abord son Président:Monsieur J.Dieudonné

-l'Institut Henri Poincaré où s'est tenu ce Colloque et Madame H.Nocton tout particulièrement

-les Universités de Limoges, Metz et Saint-Etienne

-la direction M.P.B. du C.N.R.S. pour son aide exceptionnelle en faveur de ce Colloque.

Michel Langevin

TABLE DES MATIERES

L'exposé de R.Louboutin: "Le problème de Lehmer, où en est-on?" fera l'objet d'une publication ultérieure

A. DURAND

QUELQUES ASPECTS
DE LA
THEORIE ANALYTIQUE
DES
POLYNOMES

I

U.E.R. DES SCIENCES
DÉPARTEMENT DE MATHÉMATIQUES
123 RUE ALBERT THOMAS
87060 LIMOGES CEDEX

AVIS AU LECTEUR

Si c'eût été pour rechercher la faveur du monde, je me fusse mieux paré et me présenterais en une marche étudiée.

Montaigne

Il est une situation pour un auteur qui peut entrainer, selon le moment, un sentiment de contrainte ou de liberté : c'est celle de faire suivre le titre d'une publication d'un numéro d'ordre. La contrainte résulte de l'engagement que l'auteur prend ainsi de continuer dans une voie dont il ignore bien souvent l'exact tracé, mais qu'il devine suffisamment sinueuse pour que, tôt ou tard, lui vienne l'envie d'arpenter des axes beaucoup mieux balisés. Cette contrainte est somme toute bien faible en comparaison de l'immense confort intellectuel que procure une telle situation qui permet, ipso facto, de mettre en exergue le postulat qu'un sujet non abordé est en fait un sujet non *encore* abordé. Outre qu'il est alors possible à l'auteur de réparer des omissions involontaires et de mieux tenir compte de l'évolution du sujet traité et des réactions suscitées par son travail (à supposer qu'il y en ait, ce qui ne fait aucun doute à ses yeux), cela permet également de rendre caduque toute critique essentiellement négative dont le but principal est de prouver le caractère non exhaustif du travail en question, si tant est que l'auteur ait formulé ce dessein.

Ainsi donc, cher lecteur, c'est par touches successives que je vais tenter d'appréhender un sujet aux multiples facettes et de rendre compte à la manière des impressionnistes de certains *aspects* qu'il peut revêtir ; je ne caresse cependant pas l'espoir de dépeindre ainsi son entière réalité et ne puis en cela que reconnaître la subjectivité de mon regard.

Je serais aidé dans cette tâche par Mme Guerletin qui s'est chargée de tout ce qui concerne l'édition de ce premier volume ; je tiens à l'en remercier ici.

A. DURAND.

1- ESTIMATION DES μ-NORMES

§1 PRELIMINAIRES

Si μ est un réel strictement positif, on définit la *μ-norme* d'un polynôme P à coefficients complexes par

$$||P||_\mu := \left(\frac{1}{2\pi}\int_0^{2\pi} |P(e^{i\theta})|^\mu d\theta\right)^{1/\mu}.$$

A proprement parler, l'application $P \longmapsto ||P||_\mu$ est une norme sur le $\mathbb{C}$-espace vectoriel $\mathbb{C}[z]$ que dans le cas où $\mu \geq 1$. On définit également la *norme* et la *mesure* de P respectivement par

$$||P|| := \max_{|z|=1} |P(z)|$$

et

$$M(P) := \exp\left(\frac{1}{2\pi}\int_0^{2\pi} \log|P(e^{i\theta})|d\theta\right),$$

(avec la convention $M(P)=0$ si $P=0$).

Comme cas particulier de résultats classiques en Analyse complexe (voir par exemple G.H. Hardy et al. [1952] p. 136-146), notons que pour tout polynôme P non nul, l'application $\mu \longmapsto \mu \log||P||_\mu$ est convexe sur $]0,+\infty[$ et que l'application $\mu \longmapsto ||P||_\mu$ est une fonction croissante (au sens large) de μ vérifiant

$$\lim_{\mu\to 0} ||P||_\mu = M(P)$$

et

$$\lim_{\mu\to+\infty} ||P||_\mu = ||P|| .$$

Dans certains cas, pour unifier la notation, on écrira donc $||P||_0$ et $||P||_\infty$ au lieu de $M(P)$ et $||P||$ (1). Nous utiliserons en outre les deux notations suivantes, à savoir

- $H(P)$ pour désigner la *hauteur* d'un polynôme P, i.e.

$$H(P) = \max_{0\leq j\leq p} |a_j| \qquad \text{si} \quad P(z) = \sum_{j=0}^{p} a_j z^j .$$

- *C-polynôme* pour désigner un polynôme non constant dont toutes les racines sont sur le cercle $|z|=1$.

---

(1) Le mot de "mesure" (et la notation $M(P)$) pour désigner la moyenne géométrique d'un polynôme a été semble-t-il introduit par K. Mahler dans les années soixante et est à présent d'un usage courant en Théorie des nombres.

Les résultats qui seront obtenus dans les paragraphes suivants peuvent être, pour certains d'entre eux, énoncés en termes de polynômes trigonométriques, puisqu'un polynôme trigonométrique f de degré p peut s'écrire sous la forme

$$f(\theta) = e^{-ip\theta}P(e^{i\theta}), \qquad \theta \in \mathbb{C}$$

où $P(z) = \sum_{k=0}^{2p} a_k z^k$ vérifie $|a_o| + |a_{2p}| \neq 0$. Il est à noter que lorsque f est réel, c'est-à-dire lorsque $f(\theta)$ est réel pour θ réel, on peut alors également écrire

$$f(\theta) = \mathrm{Re}\big(Q(e^{i\theta})\big), \qquad \theta \in \mathbb{R}$$

où $Q \in \mathbb{C}[z]$ est un polynôme de degré p.

§2 POLYNÔMES $\widehat{P}$, $\breve{P}$, P^* ET $P^{\#}$

Dans tout ce qui suit, on considère un polynôme P de degré $p \geq 1$

$$P(z) = \sum_{j=0}^{p} a_j z^j = a_p \cdot \prod_{j=1}^{p} (z-\alpha_j).$$

2.1 POLYNOMES $\widehat{P}$ et $\breve{P}$.

On définit $\widehat{P}$ par

$$\widehat{P}(z) = a_p \prod_{j,|\alpha_j|\leq 1} (z-\alpha_j) \cdot \prod_{j,|\alpha_j|>1} (1-\bar{\alpha}_j z).$$

Le polynôme $\widehat{P}$ est donc de degré p et a toutes ses racines dans le disque $|z| \leq 1$. En outre

$$|P(z)| \geq |\widehat{P}(z)| \qquad \text{pour} \quad |z| \leq 1$$

et

$$|P(z)| \leq |\widehat{P}(z)| \qquad \text{pour} \quad |z| \geq 1,$$

la seconde inégalité étant stricte pour $|z| > 1$ si P n'a pas toutes ses racines dans le disque $|z| \leq 1$ (dans le cas contraire, $P = \widehat{P}$).

On définit de même $\breve{P}$ par

$$\breve{P}(z) = a_p \prod_{j,|\alpha_j|\geq 1} (z-\alpha_j) \cdot \prod_{j,|\alpha_j|<1} (1-\bar{\alpha}_j z).$$

Le polynôme $\breve{P}$ est de degré au plus égal à p (et de degré p si $P(0) \neq 0$), ne s'annulant pas dans le disque $|z| < 1$. En outre

$$|P(z)| \geq |\breve{P}(z)| \qquad \text{pour} \quad |z| \geq 1$$

et

$$|P(z)| \leq |\breve{P}(z)| \qquad \text{pour} \quad |z| \leq 1,$$

la seconde inégalité étant stricte pour $|z| < 1$ si P s'annule dans le disque $|z| < 1$ (dans le cas contraire, $P = \breve{P}$).

<u>Remarque 2.1</u>. - Notons que si P n'est pas un C-polynôme, on a

$$|\widehat{P}(z)| < |\breve{P}(z)| \qquad \text{pour} \quad |z| < 1$$

et

$$|\widehat{P}(z)| > |\breve{P}(z)| \qquad \text{pour} \quad |z| > 1.$$

Il en résulte donc que pour tout nombre complexe ε, $|\varepsilon|=1$ et tout entier $j\geqslant 0$, le polynôme

$$\breve{P}(z)+\varepsilon\, z^j\hat{P}(z)$$

est un C-polynôme de degré $p+j$.

2.2 POLYNOME P^*.

On définit P^* par

$$P^*(z)=\sum_{j=0}^{p}\bar{a}_j z^{p-j}=\bar{a}_p\cdot\prod_{j=1}^{p}(1-\bar{\alpha}_j z).$$

Le polynôme P^* est de degré au plus égal à p (et de degré p si $P(0)\neq 0$). Si $P(0)\neq 0$, alors $(P^*)^*=P$.

Pour $|z|=1$, il vient

$$P^*(z)=z^p\,\overline{P(z)}\,,$$

d'où

$$|P^*(z)|=|P(z)|\,.$$

Notons d'autre part que

$$z\,P^{*\prime}(z)=pP^*(z)-P'^*(z),$$

ce qui implique en particulier

$$|P^{*\prime}(z)|=|p\,P(z)-zP'(z)| \qquad \text{pour } |z|=1.$$

On dira que P est *réciproque* s'il existe $a\in\mathbb{C}$ tel que $P^*=a\,P$ (d'où $|a|=1$), autrement dit si pour toute racine α d'ordre r de P, $\frac{1}{\bar{\alpha}}$ est également racine d'ordre r de P. Un C-polynôme est donc réciproque.

Théorème 2.1. - *Soit P un polynôme ne s'annulant pas dans le disque $|z|<1$. Alors pour tout $(\varepsilon,j)\in\mathbb{C}\times\mathbb{N}$ avec $|\varepsilon|=1$, le polynôme*

$$P(z)+\varepsilon\, z^j P^*(z)$$

est soit nul, soit un C-polynôme.

Preuve : On a par hypothèse $P=\breve{P}$, d'où $P^*=a\hat{P}$ avec $|a|=1$. Si P n'est pas un C-polynôme, le résultat est obtenu compte-tenu de la remarque 2.1. Si P est un C-polynôme, alors $P^*=a\,P$ avec $|a|=1$ et donc $P(z)+\varepsilon\, z^j P^*(z)=P(z)\,(1+\varepsilon\, a z^j)$, d'où le résultat. ■

Référence : G. Polya et G. Szegö [1976] (I, p. 108).

2.3 POLYNOME P^{*}.

On définit le polynôme P^{*} par

$$P^{*}(z) = b_o + 2 \sum_{j=1}^{p} b_j z^j$$

où

$$b_j = \sum_{k=0}^{p-j} \bar{a}_k a_{k+j} \qquad (j = 0,1,\ldots,p).$$

Le polynôme P^{*} est de degré au plus égal à p (et de degré p si $P(0) \neq 0$) et vérifie

$$P^{*}(0) = \|P\|_2^2 ,$$

$$\mathrm{Re}(P\ (z)) = |P(z)|^2 \qquad \text{pour} \quad |z| = 1.$$

Par conséquent, P^{*} est élément de l'ensemble

$$\mathcal{A} = \{Q \in \mathbb{C}[z] \ : \ \mathrm{Re}(Q(z)) \geq 0 \text{ pour } |z| = 1 \text{ et } Q(0) > 0\} .$$

Si $Q \in \mathcal{A}$, on obtient $\mathrm{Re}(Q(z)) > 0$ pour $|z| < 1$, donc en particulier $Q(z) \neq 0$ pour $|z| < 1$. Autrement dit

$$\mathcal{A} \subset \mathcal{B}$$

où $\quad \mathcal{B} = \{Q \in \mathbb{C}[z] \ : \ Q(z) \neq 0 \text{ pour } |z| < 1 \text{ et } Q(0) > 0\} .$

Théorème 2.2. - *L'application $Q \longmapsto Q^{*}$ est une bijection de $\mathcal{B}$ sur $\mathcal{A}$.*

On en déduit en particulier

Théorème 2.3. - *Soit P un polynôme de degré $p \geq 1$ tel que $\mathrm{Re}(P(z)) \geq 0$ pour $|z| = 1$. Il existe alors un unique polynôme $Q \in \mathcal{B}$ (de degré p) tel que*

$$\mathrm{Re}(P(z)) = |Q(z)|^2 \qquad \text{pour} \quad |z| = 1.$$

Preuve du théorème 2.2. : Pour prouver l'injectivité de l'application $Q \longmapsto Q^{*}$, il suffit de remarquer que si $P^{*} = Q^{*}$ avec $P \in \mathcal{B}$ et $Q \in \mathcal{B}$, alors la fonction $z \longmapsto \frac{P(z)}{Q(z)}$ est unitaire et ne s'annule pas dans le disque $|z| < 1$, donc est constante, et cette constante est égale à 1 puisque $\frac{P(0)}{Q(0)}$ est un réel positif.

Soit $P \in \mathcal{A}$. Le polynôme $H(z) = \frac{1}{2}(z^p P(z) + P^{*}(z))$ (où p est le degré de P) vérifie

$$H(z) = z^P |H(z)| \qquad \text{pour} \quad |z| = 1.$$

Il en résulte que les racines de H situées sur le cercle unité sont d'ordre pair. Comme $H = H^*$, on peut donc écrire H sous la forme

$$H = Q\,Q^*$$

avec $Q \in \mathcal{B}$.

On obtient par suite

$$\mathrm{Re}(P(z)) = \mathrm{Re}(Q^{\#}(z)) \qquad \text{pour } |z| = 1.$$

On en déduit que $\mathrm{Re}(P(z) - Q^{\#}(z)) = 0$ pour tout z complexe, d'où

$$P(z) - Q^{\#}(z) = P(0) - Q^{\#}(0) = 0$$

puisque $P(0) - Q^{\#}(0)$ est un nombre réel.

Ainsi $P = Q^{\#}$ avec $Q \in \mathcal{B}$ et la surjectivité de l'application $Q \longrightarrow Q^{\#}$ est donc démontrée. ∎

<u>Référence</u> : G. Polya et G. Szegö [1976] (II, p. 77).

§3 MODULE MAXIMUM DANS LE DISQUE UNITÉ

3.1 LES POINTS MAXIMAUX.

Etant donné un polynôme P, notons

$$\omega(P) = \{z \in \mathbb{C} : |z|=1 \text{ et } |P(z)| = \|P\|\}.$$

Un élément de $\omega(P)$ sera dit *point maximal* de P (dans le disque unité). Si P est un monôme (i.e. $P(z) = a z^p$, $a \in \mathbb{C}$, $p \geq 0$), $\omega(P)$ est le cercle unité. Par contre, si P n'est pas un monôme, $\omega(P)$ est un ensemble fini non vide. D'une manière plus précise

Théorème 3.1. - *Soit P un polynôme de degré p. Si P n'est pas un monôme, alors*

$$1 \leq \text{Card } \omega(P) \leq p.$$

Inversement, étant donnés des points distincts $\omega_1,\ldots,\omega_k$ $(k \geq 1)$ du cercle unité, il existe pour tout entier $p \geq k$ un polynôme P de degré p tel que

$$\omega(P) = \{\omega_1,\ldots,\omega_k\} .$$

Pour démontrer ce théorème, nous aurons besoin du lemme suivant :

Lemme 3.1. - *Soit P un polynôme (non monôme) de degré $p \geq 1$ et soit λ un réel vérifiant $\lambda \geq \|P\|$. Il existe alors un polynôme non constant Q de degré au plus égal à p tel que*

$$|P(z)|^2 + |Q(z)|^2 = \lambda^2 \qquad \text{pour } |z|=1.$$

Preuve : Comme P n'est pas un monôme, le polynôme

$$T(z) = \lambda^2 - P^*(z)$$

est non constant et vérifie

$$\text{Re}(T(z)) \geq 0 \qquad \text{pour } |z|=1.$$

D'après le théorème 2.3, il existe donc un polynôme Q (non constant) de degré au plus égal à p tel que

$$\text{Re}(T(z)) = |Q(z)|^2 \qquad \text{pour } |z|=1,$$

d'où le résultat. ∎

Preuve du théorème 3.1. : Le principe du maximum montre que $\mathrm{Card}(\omega(P)) \geq 1$. Si P n'est pas un monôme, il existe un polynôme Q (non constant) de degré au plus égal à p tel que

$$|P(z)|^2 + |Q(z)|^2 = \|P\|^2 \qquad \text{pour} \quad |z|=1\ .$$

La relation $z \in \omega(P)$ est ainsi équivalente à $|z|=1$ et $Q(z)=0$, ce qui implique donc $\mathrm{Card}\ \omega(P) \leq p$.

Inversement, le lemme 3.1 appliqué au polynôme $U(z) = \prod_{j=1}^{k}(z-\omega_j)$ montre l'existence d'un polynôme R de degré au plus égal à k tel que

$$|R(z)|^2 + |U(z)|^2 = \|U\|^2 \qquad \text{pour} \quad |z|=1,$$

d'où

$$\omega(R) = \{\omega_1,\ldots,\omega_k\}.$$

On en déduit en particulier que R est de degré exactement k et il suffit donc de considérer le polynôme $P(z) = z^{p-k}\cdot R(z)$. ∎

Remarque 3.1. - Si ω est un point maximal d'un polynôme P de degré $p \geq 1$, alors $\omega\,\frac{P'(\omega)}{P(\omega)}$ est un nombre réel vérifiant

$$0 < \omega\cdot\frac{P'(\omega)}{P(\omega)} \leq p.$$

La première inégalité n'est pas spécifique des polynômes et dans celle-ci, P peut être en fait remplacé par toute fonction complexe, analytique dans un voisinage du disque unité $|z|\leq 1$. (cf. G. Polya et G. Szegö [1976], I p.132). La seconde inégalité s'obtient en considérant le polynôme P^* (voir § 2.2), l'inégalité étant d'ailleurs stricte si P n'est pas un monôme (i.e. P^* non constant). Notons que si $P(z) = \lambda\, z^p + p$, $\lambda > 0$, alors $\omega=1$ est point maximal de P et $\frac{P'(1)}{P(1)} < \lambda$.

Le théorème suivant donne une caractérisation des points maximaux d'un polynôme.

Théorème 3.2. - *Soit P un polynôme de degré p et soit a un nombre complexe, $|a|=1$. Les assertions suivantes sont équivalentes*

1) a est un point maximal de P,

2) pour tout polynôme Q de degré au plus égal à p, la relation $Q(a) = P(a)$ entraîne $\|Q\| \geq \|P\|$.

Ce résultat peut s'énoncer en termes de formes linéaires. Pour cela, introduisons quelques notations. On désigne par π_p le $\mathbb{C}$-espace vectoriel des polynômes de degré au plus égal à p et π_p^* son dual. Pour $a \in \mathbb{C}$, notons μ_a la forme linéaire définie sur π_p par : $P \longrightarrow P(a)$. Démontrer le théorème 3.2, c'est-à-dire en fait l'implication 2)$\Rightarrow$1), revient ainsi à montrer que si a n'est pas point maximal de P, il existe $Q \in \pi_p$ tel que $\mu_a(Q) = \mu_a(P)$ et $\|Q\| < \|P\|$. Sous cette forme, un résultat plus général peut être obtenu.

Théorème 3.3. - *Soit P un polynôme de degré p dont les points maximaux forment un ensemble fini $\{z_1,\dots,z_m\}$. Soit E un supplémentaire dans π_p^* de l'espace vectoriel engendré par $\mu_{z_1},\dots,\mu_{z_m}$. Il existe alors au moins un polynôme $Q \in \pi_p$ tel que*

$$\|Q\| < \|P\|$$

et

$$f(Q) = f(P) \qquad \text{pour tout } f \in E.$$

Preuve : Soit $(f_i)_{1\leq i\leq p+1-m}$ une base de E. Comme les formes linéaires $\mu_{z_1},\dots,\mu_{z_m}$, $f_1,\dots,f_{p+1-m}$ sont linéairement indépendantes, il existe un polynôme $Q_1 \in \pi_p$ vérifiant

$$(1) \quad \begin{cases} Q_1(z_j) = P(z_j) & \text{pour } j = 1,\dots,m \\ f_i(Q_1) = 0 & \text{pour } i = 1,\dots,p+1-m \end{cases}$$

Les fonctions Q_1 et $Q_0 := P$ étant continues dans $\mathbb{C}$, il existe $\delta > 0$ tel que

$$(2) \qquad |z - z_j| < \delta \Rightarrow |Q_\nu(z) - Q_\nu(z_j)| \leq \frac{\|P\|}{4}$$

pour $j=1,\dots,m$ et $\nu = 0,1$.

Définissons

$$\Gamma_j = \{z \in \mathbb{C} : |z|=1 \text{ et } |z-z_j| < \delta\} \qquad (j = 1,\dots,m)$$

et

$$\Gamma = \{z \in \mathbb{C} : |z|=1 \text{ et } z \notin \bigcup_{1\leq j\leq m} \Gamma_j\} .$$

Comme Γ est un compact (que l'on peut supposer non vide), on a donc pour un certain $z_0 \in \Gamma$

$$(3) \qquad \max_{z\in\Gamma} |P(z)| = |P(z_0)| < \|P\| .$$

Considérons alors le polynôme

$$Q(z) = P(z) - \theta \cdot Q_1(z)$$

avec
$$\theta = \frac{1}{2\|Q_1\|}\left(\|P\| - \max_{z\in\Gamma} |P(z)|\right) > 0 .$$

Ce polynôme est de degré au plus égal à p et vérifie, d'après (1), $f(Q) = f(P)$ pour tout $f \in E$. Montrons donc que $\|Q\| < \|P\|$.

Pour $z \in \Gamma$, on a d'après (3) et (4)
$$|Q(z)| \leq \max_{z\in\Gamma} |P(z)| + \theta\|Q_1\| < \|P\| .$$

Si à présent $z \in \Gamma_j$ pour un certain entier $j \in \{1,\dots,m\}$, il vient d'après (1) et (2)
$$\frac{|Q(z)|}{\|P\|} = \left|\frac{P(z)}{P(z_j)} - \theta\,\frac{Q_1(z)}{Q_1(z_j)}\right| := |u-\theta v|$$

avec
$$|u| \leq 1, \quad |u-1| \leq \frac{1}{4} \quad \text{et} \quad |v-1| \leq \frac{1}{4} .$$

On obtient ainsi, en notant que $0 < \theta \leq 1$ (et en fait $\theta < \frac{1}{2}$)
$$|u-v\theta|^2 = |1-\theta v|^2 - 2\theta \operatorname{Re}(\overline{v}(u-1)) - (1-|u|^2) \leq (1-\tfrac{3}{4}\theta)^2 + \tfrac{5}{8}\theta < 1,$$

d'où
$$|Q(z)| < \|P\| \qquad \blacksquare$$

Référence : J.L. Walsh [1960], p.364-366.

3.2 AU VOISINAGE D'UN POINT MAXIMAL.

Si ω est un point maximal d'un polynôme non nul P, on est assuré qu'en un point du cercle unité suffisament proche de ω, le module de P prend une valeur voisine de $\|P\|$, donc peut être en particulier non trivialement minoré. Le théorème énoncé ci-après donne un aspect quantitatif aux mots "proche" et "voisine".

Théorème 3.4. - *Soit ω un point maximal d'un polynôme P de degré $p \geq 1$. Pour tout réel θ vérifiant $|\theta| \leq \pi/p$, on a :*
$$|P(e^{i\theta}\omega)| \geq (\cos p\,\tfrac{\theta}{2}) \cdot \|P\| .$$

La preuve de ce théorème repose sur le lemme suivant :

Lemme 3.2. - *Soit P un polynôme de degré $p \geq 1$ s'annulant en un point a du cercle unité. Pour tout couple $(n,\theta) \in \mathbb{N} \times \mathbb{R}$ vérifiant $n \geq p$ et $|\theta| \leq \pi/n$ il vient*
$$|P(e^{i\theta}a)| \leq |\sin n\theta/2| \cdot \max_{\alpha,\,\alpha^n=-1} |P(\alpha a)| .$$

Preuve du lemme : On se ramène facilement au cas où $a=1$. La formule d'interpolation de Lagrange permet dans ce cas d'écrire pour tout entier $n \geq p$

$$(1) \qquad \frac{P(z)}{z-1} = \frac{1}{n} \sum_{\alpha, \alpha^n=-1} \alpha \frac{P(\alpha)}{1-\alpha} \cdot \left(\frac{z^n+1}{z-\alpha}\right) .$$

On remarque alors que la condition $u = e^{i\theta}$ avec $|\theta| < \pi/n$ entraîne l'existence de ε, $\varepsilon = \pm 1$ tel que

$$\frac{\varepsilon\, \alpha(u-1)}{i(1-\alpha)(u-\alpha)} = \left|\frac{u-1}{(1-\alpha)(u-\alpha)}\right| \qquad \text{pour tout } \alpha,\ \alpha^n = -1.$$

Il vient ainsi (compte-tenu du cas particulier $P(z) = z^n - 1$ dans (1))

$$|P(u)| \leq \frac{1}{n}\left(\sum_{\alpha, \alpha^n=-1} \left|\frac{(u-1)(u^n+1)}{(1-\alpha)(u-\alpha)}\right|\right) \cdot \max_{\alpha, \alpha^n=-1} |P(\alpha)| = \frac{|u^n-1|}{2} \cdot \max_{\alpha, \alpha^n=-1} |P(\alpha)| ,$$

d'où le résultat. ∎

Référence : R.P. Boas [1962].

Preuve du théorème 3.4. : On peut supposer que P n'est pas un monôme. Dans ce cas, d'après le lemme 3.1, il existe un polynôme Q non constant de degré au plus égal à p vérifiant

$$|P(z)|^2 + |Q(z)|^2 = ||P||^2 \qquad \text{pour } |z|=1.$$

Comme $Q(\omega) = 0$, il suffit alors d'appliquer à Q le lemme 3.2 pour obtenir le résultat. ∎

3.3 RACINES ET POINTS MAXIMAUX.

Soit ω un point du cercle unité. Notons ici $\pi_p(\omega)$ l'ensemble des polynômes P de degré $p \geq 1$ admettant ω comme point maximal. Si α est une racine d'un polynôme $P \in \pi_p(\omega)$, il est clair que $\omega \neq \alpha$. Introduisons donc le nombre

$$\delta_p(\omega) := \inf_{P \in \pi_p(\omega)} \left(\min_{\alpha, P(\alpha)=0} |\omega - \alpha| \right) .$$

Par définition même, $\delta_p(\omega)$ est ainsi le rayon du plus grand disque ouvert de centre ω dans lequel aucun polynôme $P \in \pi_p(\omega)$ ne s'annule. Pour estimer $\delta_p(\omega)$, on est donc amené tout naturellement à étudier l'ensemble

$$D_p(\omega) := \bigcap_{P \in \pi_p(\omega)} \{z \in \mathbb{C} : P(z) \neq 0\}.$$

Nous allons voir que cet ensemble peut être déterminé d'une manière effective et en fait que

$$D_p(\omega) = \{z \in \mathbb{C} \; : \; |z-\omega| < (1+|z|)\sin \pi/2p\}.$$

Il est alors facile d'obtenir

$$\delta_p(\omega) = \frac{2 \sin \pi/2p}{1+\sin \pi/2p}\,.$$

Avant de démontrer ces résultats, rappelons brièvement quelques propriétés des polynômes de Tchebychev (cf. G. Polya et G. Szegö [1976], II p. 71). Pour p entier positif, le *polynôme de Tchebychev d'ordre* p est l'unique polynôme T_p vérifiant

$$(*) \qquad T_p(\cos\theta) = \cos p\theta \qquad \text{pour tout réel } \theta,$$

c'est-à-dire tel que

$$T_p\left(\frac{z}{2}+\frac{1}{2z}\right) = \frac{1}{2}\left(z^p+\frac{1}{z^p}\right) \qquad \text{pour tout } z \neq 0.$$

Autrement dit

$$T_p(z) = 2^{p-1}\cdot\prod_{k=1}^{p}\left(z-\cos(2k-1)\frac{\pi}{2p}\right).$$

De la relation $(*)$, on tire

$$|T_p(x)| \leq 1 \qquad \text{pour } -1 \leq x \leq 1$$

et

$$T_p\left(\cos \nu\frac{\pi}{p}\right) = (-1)^\nu \qquad \text{pour } \nu = 0,1,\dots,p.$$

On notera enfin que cette même relation $(*)$ montre que $T_p \circ T_q = T_q \circ T_p = T_{pq}$ pour tout $(p,q) \in \mathbb{N}^2$ (d'où par exemple l'identité $T_{2p}(z) = T_p(2z^2-1)$).

Nous pouvons à présent énoncer une généralisation du lemme 3.2.

<u>Théorème 3.5</u>. – *Soit* P *un polynôme de degré* $p \geq 1$ *tel que* $P(a\,e^t) = 0$ *où* $(t,a) \in \mathbb{R}\times\mathbb{C}$ *avec* $|a| = 1$. *On suppose que* $\|P\| = 1$. *Alors pour tout réel* θ *vérifiant* $|\theta| \leq \pi$ *et*

$$\cos\frac{\theta}{2} \geq \left(\cos\frac{\pi}{2p}\right)\operatorname{ch} t/2\,,$$

on a

$$|P(a\,e^{i\theta})|^2 \leq 1 - \left\{T_p\left(\frac{\cos\theta/2}{\operatorname{ch} t/2}\right)\right\}^2$$

où T_p *est le polynôme de Tchebychev d'ordre* p. *L'égalité en un tel point* θ *(avec* $\theta \neq 0$ *si* $t=0$*) entraîne l'égalité en tout point* $\theta \in [-\pi,+\pi]$.

<u>Référence</u> : C. Hylten-Cavallius [1955] .

Remarque 3.2 - Ce résultat n'a d'intérêt naturellement que si $(\cos\frac{\pi}{2p})\text{ch } t/2 \leq 1$. D'autre part, pour $t=0$, le lemme 3.2 montre que la condition $\|P\|=1$ peut être remplacée par $\max_{\alpha,\alpha^p=-1}|P(a\alpha)|=1$.

Admettons provisoirement ce théorème [1]. Nous en déduisons

Théorème 3.6. - *Soit P un polynôme de degré $p \geq 1$. Si ω est un point maximal de P et α une racine, on a*

$$|\omega-\alpha| \geq (1+|\alpha|)\sin \pi/2p \, .$$

En particulier

$$|\omega-\alpha| \geq \frac{2 \sin \pi/2p}{1+\sin \pi/2p} \, .$$

Preuve : On peut se ramener au cas où $\omega=1$. En écrivant $z=e^{t+i\theta}$ avec $(t,\theta)\in\mathbb{R}^2$, $|\theta|\leq\pi$, la relation $|z-1|<(1+|z|)\sin\frac{\pi}{2p}$ (d'où $z\neq 0$) est équivalente à $\cos\theta/2 > (\cos\frac{\pi}{2p})\text{ch } t/2$. Par suite, si en un tel point z on avait $P(z)=0$, le théorème 3.5 impliquerait alors $|P(1)|<\|P\|$, d'où la contradiction. La seconde inégalité s'obtient à partir de la première en minorant $|\alpha|$ par $1-|\omega-\alpha|$. ∎

Remarque 3.3 - Avec les notations introduites précédemment, le théorème 3.6 montre que pour tout point ω du cercle unité, le domaine $\{z\in\mathbb{C} : |z-\omega|<(1+|z|)\sin\frac{\pi}{2p}\}$ est contenu dans $D_p(\omega)$. Pour obtenir l'égalité de ces deux ensembles, il suffit donc de prouver que tout point n'appartenant pas à ce domaine est racine d'un polynôme $P\in\pi_p(\omega)$. Pour cela, on se ramène tout d'abord au cas où $\omega=1$. Soit alors $z_o=e^{t_o+i\theta_o}$ avec $|\theta_o|\leq\pi$ et

$$(*) \qquad \cos\frac{\theta_o}{2} \leq (\cos\frac{\pi}{2p})\text{ch } t_o/2 \, .$$

(On peut supposer $z_o\neq 0$ puisque le monôme z^p est élément de $\pi_p(1)$).
Soit

$$t(\theta) = \frac{(1-\cos\pi/p)}{\text{ch } t_o-\cos\theta_o}\left(\cos(\theta-\theta_o)-\cos\theta_o\right)+\cos\pi/p \, , \qquad \theta\in\mathbb{C}.$$

On a donc

$$t(0)=\cos\frac{\pi}{p} \quad \text{et} \quad t(\theta_o-it_o)=1.$$

Si θ est réel, la relation $(*)$ implique alors $t(\theta)\in[-1,+1]$.
Le polynôme trigonométrique de degré p

$$T(\theta) = \frac{1}{2}\left(1+T_p(t(\theta))\right)$$

---

[1] Une preuve en sera donnée au paragraphe 3.5

vérifie ainsi

$$T(0)=0,\quad T(\theta_o - it_o)=1 \quad \text{et} \quad 0 \leq T(\theta) \leq 1 \qquad \text{pour tout réel } \theta.$$

La dernière relation, par le biais du théorème 2.3, entraîne l'existence d'un polynôme Q de degré p, $Q(0) \neq 0$, tel que

$$|Q(e^{i\theta})|^2 = 1 - T(\theta) \qquad \text{pour tout réel } \theta,$$

d'où

$$|Q(1)| = 1 = ||Q||.$$

Du principe des zéros isolés, on déduit que

$$e^{-ipz}Q(e^{iz})Q^*(e^{iz}) = 1-T(z) \qquad \text{pour tout } z \in \mathbb{C}.$$

On obtient ainsi un polynôme $P \in \pi_p(1)$ vérifiant $P(z_o)=0$ en prenant $P=Q$ ou $P=Q^*$.

Remarque 3.4 - Soit P un polynôme tel que $P(1)=1=||P||$. Si $P(\alpha)=0$ avec $|\alpha|<1$, la fonction $f: z \mapsto P(\frac{\varepsilon z+\alpha}{1+\varepsilon\bar{\alpha}z})$ avec $\varepsilon = \frac{1-\alpha}{1-\bar{\alpha}}$ vérifie $f(0)=0$ et $|f(z)| \leq 1 = f(1)$ pour $|z| \leq 1$. Le lemme de Schwarz entraîne alors pour $0 \leq x < 1$ la relation

$$\left|\frac{f(x)-1}{x-1}\right| \geq \frac{1-|f(x)|}{1-x} \geq 1,$$

d'où

$$|f'(1)| = \frac{|1-\alpha|^2}{1-|\alpha|^2}|P'(1)| \geq 1,$$

c'est-à-dire

$$\left|\alpha - \frac{k}{k+1}\right| \geq \frac{1}{k+1} \qquad \text{avec } k = |P'(1)|.$$

On en déduit donc que si ω est un point maximal d'un polynôme P non nul et α une racine de P alors

$$\left|\alpha - \frac{k\,\omega}{k+1}\right| \geq \frac{1}{k+1} \qquad \text{avec } k = \frac{|P'(\omega)|}{||P||}.$$

(Z. Rubinstein [1965]).

3.4 MODULE MAXIMUM SUR UN COMPACT DU DISQUE UNITE.

Nous sommes concernés ici par le problème suivant : on suppose donné un compact K non vide du disque unité et on considère l'ensemble $\pi_p(K)$ des polynômes P de degré au plus égal à $p \geq 1$ vérifiant $\max_{z \in K} |P(z)| = 1$. Il s'agit d'estimer

$$C_p(K) := \max_{P \in \pi_p(K)} ||P||.$$

Le problème ne se pose que si K contient au moins $(p+1)$ points (car sinon $C_p(K) = +\infty$ comme il est facile de le voir en considérant les polynômes $1 + \lambda T(z)$, $\lambda \in \mathbb{R}$, où T est un polynôme s'annulant en tout point de K). Dans ce cas, on peut écrire :

$$\|P\| \leq C_p(K) \cdot \max_{z \in K} |P(z)|$$

pour tout polynôme P de degré au plus égal à p.

Il est facile d'obtenir des majorations de $C_p(K)$, ne serait-ce qu'en utilisant la formule d'interpolation de Lagrange avec un polynôme d'interpolation ayant toutes ses racines dans K (1). Il est autrement plus difficile (et utopique en toute généralité) de déterminer la valeur exacte de $C_p(K)$. Nous nous limiterons ici à l'étude des quelques cas suivants pour lequels cette valeur est connue (2).

K	$C_p(K)$
cercle de rayon $r>0$ et de centre 0	r^{-p}
arc du cercle unité de longueur $\alpha>0$	$\frac{1}{2}\left((\operatorname{tg}\frac{\alpha}{8})^p+(\operatorname{tg}\frac{\alpha}{8})^{-p}\right)$
segment $[0,\varepsilon]$ avec $\lvert\varepsilon\rvert=1$	$\frac{1}{2}\left((3+2\sqrt{2})^p+(3-2\sqrt{2})^p\right)$
$\{\alpha\in\mathbb{C} : \alpha^{kp}=1\}$, $k\geq 2$	$(\sin(k-1)\frac{\pi}{2k})^{-1}$

Commençons par le cas le plus simple.

<u>Théorème 3.7</u>. - *Soit P un polynôme de degré p. Pour tout $r\in]0,1]$ on a*

$$\|P\| \leq r^{-p} \cdot \max_{|z|=r} |P(z)|.$$

<u>Preuve</u> : Le polynôme $Q(z)=r^p\,P^*(\frac{z}{r})$ vérifie $\|Q\|=\max_{|z|=r}|P(z)|$ et $\max_{|z|=r}|Q(z)|=r^p\|P\|$. Il suffit donc d'appliquer le principe du maximum pour obtenir l'inégalité demandée. Notons que celle-ci n'est une égalité pour $r\neq 1$ que si Q est constant, c'est-à-dire si P est un monôme. ∎

Considérons à présent un arc du cercle unité. Localement, nous avons l'estimation suivante.

(1) On sous-entend ici que l'on sait prouver l'existence de $(p+1)$ points $x_1,\dots,x_{p+1}$ de K vérifiant $|x_i-x_j|\geq\varepsilon>0$ pour $i\neq j$ avec ε effectivement calculable.

(2) D'autres résultats, relevant du domaine de l'intégration, trouveront place dans un prochain volume.

Théorème 3.8. - *Soit* α *un nombre réel tel que* $0<\alpha\leq\pi$ *et soit* P *un polynôme de degré* $p\geq 1$ *vérifiant* $\max_{|\theta|\leq\alpha}|P(e^{i\theta})|=1$. *Alors pour tout réel* θ *tel que* $\alpha<|\theta|\leq\pi$, *on a*

$$|P(e^{i\theta})|\leq T_p\left(\frac{\sin|\theta|/2}{\sin\alpha/2}\right)$$

où T_p *est le polynôme de Tchebychev d'ordre* p. *L'égalité n'a lieu en un tel point* θ *que si* $|P(e^{it})|=|T_p(\frac{\sin t/2}{\sin\alpha/2})|$ *pour tout* $t\in[0,2\pi]$.

Référence : S.O. Sinanjan [1963].

Ce théorème sera démontré au paragraphe 3.5. Pour l'instant, on peut en déduire :

Théorème 3.9. - *Soit* γ *un arc du cercle unité de longueur* α, $0<\alpha\leq\pi$. *Pour tout polynôme* P *de degré* $p\geq 1$, *il vient :*

$$||P||\leq\frac{1}{2}\left((tg\,\frac{\alpha}{8})^p+(tg\,\frac{\alpha}{8})^{-p}\right)\cdot\max_{z\in\gamma}|P(z)|.$$

Preuve : On se ramène au cas où $\gamma=\{e^{i\theta}:-\frac{\alpha}{2}\leq\theta\leq\frac{\alpha}{2}\}$ et $\max_{z\in\gamma}|P(z)|=1$.
Le théorème 3.8 permet alors d'écrire pour $\frac{\alpha}{2}<|\theta|\leq\pi$

$$|P(e^{i\theta})|\leq T_p\left(\frac{\sin|\theta|/2}{\sin\alpha/4}\right)\leq T_p\left(\frac{1}{\sin\alpha/4}\right),$$

d'où le résultat puisque $T_p(\frac{z}{2}+\frac{1}{2z})=\frac{1}{2}(z^p+\frac{1}{z^p})$ pour tout $z\neq 0$. On notera que l'égalité a lieu si P est un polynôme vérifiant $|P(e^{i\theta})|=|T_p(\frac{\sin\theta/2}{\sin\alpha/2})|$ pour tout $\theta\in[0,2\pi]$. ■

Remarque 3.5 - Avec les notations du théorème 3.9, on déduit de ce dernier la relation

$$||P||<(\frac{8}{\alpha})^p\cdot\max_{z\in\gamma}|P(z)|$$

pour tout polynôme P de degré au plus égal à p. En fait, dans la minoration de $\frac{1}{||P||}\cdot\max_{z\in\gamma}|P(z)|$, le degré de P n'a que peu d'importance et seul intervient réellement le nombre N des coefficients non nuls de P : on peut en effet montrer que

$$(*)\qquad ||P||\leq\left(\frac{4e\pi}{\alpha}\right)^{N-1}\cdot\max_{z\in\gamma}|P(z)|.$$

Cette majoration de $||P||$ est conséquence directe d'un résultat de Turan (First main theorem) que l'on peut énoncer ainsi (voir par exemple A.A. Balkema et R. Tijdeman [1973]) :

Soient $m \geq 0$ et $N \geq 1$ deux entiers, $b_1,\ldots,b_N$, $\alpha_1,\ldots,\alpha_N$ des nombres complexes tels que $|\alpha_j| \geq 1$ pour $j = 1,\ldots,N$. Alors

$$\Big|\sum_{1\leq j\leq N} b_j\Big| \leq \Big(2e(\frac{m+N}{N})\Big)^{N-1} \cdot \max_{1\leq \nu\leq N} \Big|\sum_{1\leq j\leq N} b_j\alpha_j^{\nu+m}\Big|.$$

Pour le polynôme P considéré plus haut, cette inégalité entraîne en particulier la relation

$$|P(\omega)| \leq \Big(2e(\frac{m+N}{N})\Big)^{N-1} \cdot \max_{1\leq\nu\leq N} |P(\omega\beta^{\nu+m})|$$

pour tout couple $(\beta,\omega) \in \mathbb{C}^2$ vérifiant $|\beta| = |\omega| = 1$ et tout entier $m \geq 0$. En se ramenant au cas où $\gamma = \{e^{i\theta} : -\alpha/2 \leq \theta \leq \alpha/2\}$, il suffit alors pour obtenir (*) de prendre pour ω un point maximal de P, disons $\omega = e^{i\theta_o}$ avec $\frac{\alpha}{2} \leq \theta_o \leq 2\pi - \frac{\alpha}{2}$ (ce que l'on peut évidemment supposer), puis de prendre $m = [N(\frac{2\pi}{\alpha} - 1)]$ et $\beta = e^{i\phi}$ avec $\phi = \frac{2\pi - \theta_o - \alpha/2}{m+1}$. On trouvera une preuve directe de l'inégalité (*) (avec une constante légèrement différente) dans D. Gaier [1970].

On considère maintenant un ensemble K contenu dans le disque unité tel que l'application $z \mapsto |z|$ de K dans $[0,1]$ soit surjective ; ce sera en particulier le cas si K est un segment reliant l'origine 0 à un point du cercle unité. Dans ces conditions, il est clair que pour tout polynôme P

$$\max_{z\in K} |P(z)| \geq \max_{0\leq\delta\leq 1} \big(\min_{|z|=\delta} |P(z)|\big).$$

D'où l'intérêt d'obtenir une estimation du second membre de cette inégalité.

<u>Théorème 3.10</u>. - *Soit P un polynôme de degré $p \geq 1$. Pour tout réel $r \geq 0$ on a*

$$\max_{|z|=r} |P(z)| \leq T_p(2r+1) \cdot \max_{0\leq\delta\leq 1} \big(\min_{|z|=\delta} |P(z)|\big),$$

où T_p est le polynôme de Tchebychev d'ordre p. L'égalité pour un réel $r \neq 0$ n'a lieu que si $P(z) = \gamma\, T_p(2\varepsilon z+1)$ avec $(\gamma,\varepsilon) \in \mathbb{C}^2$, $|\varepsilon| = 1$.

Nous démontrerons plus loin ce théorème (cf. §3.5). Notons que si P n'a pas de racines dans le disque $|z| < 1$, la fonction $\delta \longmapsto \min_{|z|=\delta} |P(z)|$ est décroissante sur $[0,1]$, d'où l'égalité dans le théorème précédent pour $r = 0$. D'autre part, pour obtenir la valeur de $T_p(2r+1)$, il suffit de prendre $x = 1+2r+2\sqrt{r^2+r}$ dans la relation $T_p(\frac{x}{2} + \frac{1}{2x}) = \frac{1}{2}(x^p + \frac{1}{x^p})$.

En particulier

Théorème 3.11. - *Soit P un polynôme de degré p. Alors*

$$\|P\| \leq \frac{1}{2}\left((3+2\sqrt{2})^p + (3-2\sqrt{2})^p\right) \cdot \max_{0\leq\delta\leq 1} \left(\min_{|z|=\delta} |P(z)| \right).$$

Référence : L.R. Sons [1975].

Pour en revenir à l'ensemble K considéré plus haut, on obtient ainsi

$$C_p(K) \leq T_p(3).$$

Si K est le segment $[0,\varepsilon]$, $|\varepsilon| = 1$, le polynôme $T_p(2\bar{\varepsilon}z-1)$ montre que dans ce cas l'égalité a lieu.

Pour terminer, examinons le cas d'un ensemble K contenant toutes les racines q-ième de l'unité. Si $q > p$, on peut alors majorer $C_p(K)$ par $(\cos \frac{p\pi}{2q})^{-1}$. En fait

Théorème 3.12. - *Soit P un polynôme de degré $p \geq 1$. Pour tout entier $q > p$, $q := (1+\delta)p$, on a*

$$\|P\| \leq \left(\sin \frac{\delta\,\pi}{2(1+\delta)}\right)^{-1} \cdot \max_{\alpha,\alpha^q=1} |P(\alpha)| < \left(1+\frac{1}{\delta}\right) \max_{\alpha,\alpha^q=1} |P(\alpha)|.$$

Preuve : Soit ω un point maximal de P. Il existe un réel θ tel que $|\theta| \leq \frac{\pi}{q}$ et $(e^{i\theta}\omega)^q = 1$. D'après le théorème 3.4, on obtient ainsi

$$\|P\| \leq \left(\cos \frac{p\pi}{2q}\right)^{-1} \cdot \max_{\alpha,\alpha^q=1} |P(\alpha)|,$$

d'où le résultat. ∎

Remarque 3.6. - Si δ est un entier, le polynôme $P(z) = z^p - 1$ (si δ est pair) et $P(z) = z^p - e^{i\pi/1+\delta}$ (si δ est impair) vérifie

$$\max_{\alpha,\alpha^q=1} |P(\alpha)| = \left(\sin \frac{\delta\,\pi}{2(1+\delta)}\right) \cdot \|P\|.$$

Notons que pour les petites valeurs de δ, le terme $(1+\frac{1}{\delta})$ peut être remplacé par $O(\log \frac{1}{\delta})$ (cf. A. Zygmund [1968] II, p. 33).

3.5 PREUVES DES THEOREMES 3.5, 3.8 et 3.10.

Nous avons regroupé ici, pour la commodité du lecteur, les preuves des théorèmes 3.5, 3.8 et 3.10, celles-ci étant basées sur le même principe.

On considère l'ensemble $\mathcal{P}$ (resp. $\mathcal{T}$) des polynômes à coefficients réels (resp. polynômes trigonométriques réels). On dira qu'un polynôme $f \in \mathcal{P} \cup \mathcal{T}$ a p *alternances* sur un intervalle $[a,b]$ de $\mathbb{R}$ s'il existe $p+1$ points $a \leq x_1 < x_2 < \dots < x_{p+1} \leq b$ tels que $f(x_i)f(x_{i+1}) = -\sup_{a \leq x \leq b} |f(x)|^2$ pour $i = 1,\dots,p$. Un exemple classique est naturellement le polynôme de Tchebychev T_p qui a p alternances sur $[-1,+1]$ pour tout $p \geq 1$.

Le *principe d'alternance* peut alors s'énoncer ainsi : si $f \in \mathcal{P}$ (resp. $f \in \mathcal{T}$) a p alternances sur $[a,b]$ et si $g \in \mathcal{P}$ (resp. $g \in \mathcal{T}$) vérifie

$$(*) \qquad \max_{a \leq x \leq b} |g(x)| \leq \max_{a \leq x \leq b} |f(x)| ,$$

alors le polynôme $f-g$ admet au moins p racines (comptées avec multiplicité) dans $[a,b]$. (Notons que la condition $(*)$ peut être remplacée par les relations $|g(x_i)| < |f(x_i)|$ pour $i = 1,\dots,p+1$). Il suffit, pour obtenir ce résultat, d'utiliser le théorème des valeurs intermédiaires en notant que si $|g(x_o)| = |f(x_o)| = \max_{a \leq x \leq b} |f(x)|$ avec $x_o \in]a,b[$, alors $g'(x_o) = f'(x_o) = 0$.

Ce résultat étant acquis, on utilise dans les démonstrations qui suivent le fait qu'un élément non nul de $\mathcal{P}$ (resp. $\mathcal{T}$) de degré p a p (resp. $2p$) racines, comptées avec multiplicité, dans $\mathbb{C}$ (resp. dans toute bande $\{z \in \mathbb{C} : \alpha \leq \mathrm{Re}\, z < \alpha + 2\pi\}$).

<u>Preuve du théorème 3.5.</u> : On peut supposer $(\cos \frac{\pi}{2p}) \mathrm{ch}\, t/2 < 1$. Soit $\theta_o \in]0,\pi[$ tel que $\cos \frac{\theta_o}{2} = (\cos \frac{\pi}{2p}) \mathrm{ch}\, t/2$. L'application $\psi : \theta \longmapsto \frac{\cos\theta - \mathrm{sh}^2 t/2}{\mathrm{ch}^2 t/2}$ est une bijection décroissante de $[0,\pi]$ sur $[-1, \frac{2}{\mathrm{ch}^2 t/2} - 1]$ avec $\psi(\theta_o) = \cos \frac{\pi}{p}$. Comme le polynôme T_p a $(p-1)$ alternances sur $[-1, \cos \frac{\pi}{p}]$, on en déduit que le polynôme trigonométrique réel (de degré p) $T(\theta) = T_p(\psi(\theta))$ a $(p-1)$ alternances sur chacun des intervalles $[-\pi,-\theta_o]$ et $[\theta_o,\pi]$ avec $T(\pm\theta_o) = T_p(\cos \frac{\pi}{p}) = 1$ et $\max_{\theta \in \mathbb{R}} |T(\theta)| = 1$. En outre $T(\pm it) = T_p(1) = 1$. Soit alors f un polynôme trigonométrique réel de degré au plus égal à p vérifiant $\max_{\theta \in \mathbb{R}} |f(\theta)| \leq 1$ et $f(\pm it) = 1$. Si $t \neq 0$ (resp. $t = 0$), le polynôme $T-f$ s'annule donc aux deux points distincts $\pm it$ (resp. en 0 avec un ordre de multiplicité au

moins égal à 2) et le principe d'alternance montre qu'il admet au moins $2(p-1)$ racines dans $]-\pi,-\theta_o[\cup]\theta_o,\pi]$ (en notant qu'il ne peut s'annuler en l'un des points $\pm\pi,\pm\theta_o$ qu'avec un ordre de multiplicité au moins égal à 2). Supposons $T\neq f$. Si $t\neq 0$ (resp. $t=0$), ce polynôme ne s'annule donc pas dans $[-\theta_o,+\theta_o]$ (resp. $[-\theta_o,+\theta_o]\setminus\{0\}$) et par suite $f(\theta)>T(\theta)$ pour tout θ (resp. tout $\theta\neq 0$) de l'intervalle $[-\theta_o,+\theta_o]$. L'inégalité du théorème s'obtient en appliquant ce résultat au polynôme $f(\theta)=1-2|P(e^{i\theta}a)|^2$ et en notant que $T(\theta)=2\{T_p(\frac{\cos\theta/2}{\operatorname{ch} t/2})\}^2-1$. ∎

Preuve du théorème 3.8 : On peut supposer $\alpha<\pi$. L'application $\theta\longmapsto\frac{1-\cos\theta}{\sin^2\alpha/2}-1$ est une bijection croissante de $[0,\alpha]$ sur $[-1,+1]$. Comme le polynôme T_p a p alternances sur $[-1,+1]$, on en déduit que le polynôme trigonométrique réel (de degré p) $T(\theta)=T_p(\frac{1-\cos\theta}{\sin^2\alpha/2}-1)$ a $2p$ alternances sur $[-\alpha,+\alpha]\subset]-\pi,+\pi[$ avec $T(\pm\alpha)=1=\max_{|\theta|\leq\alpha}|T(\theta)|$. Le principe d'alternance montre alors que si f est un polynôme trigonométrique réel de degré au plus égal à p tel que $\max_{|\theta|\leq\alpha}|f(\theta)|\leq 1$, le polynôme $T-f$ admet au moins $2p$ racines dans $[-\alpha,+\alpha]$. Si $f\neq T$, on a par suite $T(\theta)-f(\theta)\neq 0$ pour $\alpha<|\theta|\leq\pi$, ce qui implique donc $f(\theta)<T(\theta)$ (puisque $T(\pm\alpha)=1>\lambda|f(\pm\alpha)|$ pour tout $\lambda\in[0,1[$). Pour démontrer le théorème, il suffit d'appliquer ce résultat au polynôme $f(\theta)=2|P(e^{i\theta})|^2-1$, en remarquant que $T(\theta)=2\{T_p(\frac{\sin\theta/2}{\sin\alpha/2})\}^2-1$. ∎

Preuve du théorème 3.10 : Ecrivons $P(z)=a\prod_{j=1}^{p}(z-\alpha_j)$ et soit $f(x)=|a|\prod_{j=1}^{p}(x-|\alpha_j|)$. On obtient clairement

$$\min_{|z|=\delta}|P(z)|\geq|f(\delta)| \quad\text{et}\quad \max_{|z|=r}|P(z)|\leq|f(-r)| \qquad \text{pour } r\geq 0,\ \delta\geq 0,$$

l'égalité ne pouvant avoir lieu pour un réel $r\neq 0$ que si $P(z)=\alpha f(\beta z)$ avec $|\alpha|=|\beta|=1$. Comme le polynôme $T(x)=T_p(2x-1)$ a p alternances sur $[0,1]$ avec $\max_{0\leq x\leq 1}|T(x)|=1$, le principe d'alternance montre que le polynôme $T+\lambda f$ admet au moins p racines dans $[0,1]$ dès que

$$(*) \qquad |\lambda|\max_{0\leq\delta\leq 1}|f(\delta)|\leq 1.$$

Si f et T sont $\mathbb{R}$-linéairement indépendants, on obtient alors $T(x)+\lambda f(x)\neq 0$ pour tout $x<0$ et tout λ vérifiant $(*)$. Par suite (puisque $|T(0)|=1$)

$$|f(-r)|<|T(-r)|\cdot\max_{0\leq\delta\leq 1}|f(\delta)|=T_p(2r+1)\max_{0\leq\delta\leq 1}|f(\delta)|$$

pour tout $r>0$, d'où le résultat. ∎

3.6 UN THEOREME DE DECOMPOSITION.

Le théorème en question est le suivant :

Théorème 3.13. - *Soit P un polynôme de degré $p \geq 1$. Si P n'est pas un C-polynôme, pour tout $(\varepsilon, \omega) \in \mathbb{R} \times \mathbb{C}$ avec $0 \leq \varepsilon \leq 1$ et $|\omega| = 1$, il existe deux C-polynômes T_1 et T_2 de degré p tels que*

$$|P(z)|^2 = |T_1(z)|^2 + |T_2(z)|^2 \qquad \text{pour } |z| = 1$$

et

$$|T_1(\omega)| = \varepsilon |P(\omega)| .$$

Preuve : D'après la remarque 2.1, pour tout $a \in \mathbb{C}$, $|a| = 1$, le polynôme

$$T_a = \frac{1}{2}(\breve{P} + a\,\widehat{P})$$

est un C-polynôme de degré p. Comme $|\widehat{P}(z)| = |\breve{P}(z)| = |P(z)|$ pour $|z| = 1$, on obtient alors

$$|T_a(z)|^2 + |T_{-a}(z)|^2 = |P(z)|^2 \qquad \text{pour } |z| = |a| = 1,$$

d'où le résultat par un choix convenable de a. ∎

Remarque 3.7.- Ce théorème permet dans certains problèmes extrémaux de ne considérer que les C-polynômes. Ce sera par exemple le cas où l'on cherche à minorer $\frac{t(P)}{\|P\|}$ où t est une application à valeurs réelles vérifiant $t(P) \leq t(Q)$ si $|P(z)| \leq |Q(z)|$ pour $|z| = 1$.

§4 ESTIMATION DU RAPPORT $\frac{\|P\|_\nu}{\|P\|_\mu}$

4.1 SUR LE RAPPORT $\frac{\|P\|_\nu}{M(P)}$

a) Un résultat de subordination.

Soit S l'ensemble des fonctions ω analytiques dans le disque $|z|<1$ et vérifiant les hypothèses du lemme de Schwarz, c'est-à-dire

$$\omega(0)=0$$

et

$$|\omega(z)|<1 \qquad \text{pour } |z|<1$$

(d'où $|\omega(z)|\leq|z|$ pour $|z|<1$).

Etant données deux fonctions f et F analytiques dans $|z|<1$, on écrit

$$f \prec F \qquad (f \text{ subordonnée à } F)$$

s'il existe $\omega\in S$ telle que $f=F\circ\omega$. S'il en est ainsi, le théorème de subordination de Rogosinski (cf. G.M. Goluzin [1969], p. 369) montre qu'alors

$$\int_0^{2\pi} |f(re^{i\theta})|^\mu d\theta \leq \int_0^{2\pi} |F(re^{i\theta})|^\mu d\theta$$

pour tout $(r,\mu)\in\mathbb{R}^2$ avec $0\leq r<1$ et $\mu>0$.
Un tel résultat met en évidence l'intérêt d'une relation de subordination entre deux fonctions.

Supposons à présent donné un domaine D simplement connexe du plan complexe ne contenant pas 0 et dont l'image par une détermination du logarithme dans ce domaine est un ensemble convexe. Soit g une représentation conforme du disque $|z|<1$ sur D (1). Sous ces hypothèses, on voit aisément que les relations $f_i\prec g$ pour $i=1,\dots,n$ entraînent $\prod_{i=1}^n f_i \prec g^n$ (où $g^n(z)=[g(z)]^n$). Le cas particulier $g(z)=1+z$ permet d'obtenir

---

(1) L'hypothèse de convexité se traduit par la relation

$$\operatorname{Re}\left(z\frac{g'(z)}{g(z)}\right)<1+\operatorname{Re}\left(z\frac{g''(z)}{g(z)}\right) \qquad \text{pour } |z<1.$$

(cf. G.M. Goluzin [1969], p. 166).

Lemme 4.1. - *Soit P un polynôme de degré $p \geq 1$ ne s'annulant pas dans le disque $|z| < 1$ et vérifiant $P(0) = 1$. Alors*

$$P(z) \prec (1+z)^p.$$

Preuve : Par hypothèse on peut écrire

$$P(z) = \prod_{j=1}^{p} (1+\alpha_j z)$$

avec $|\alpha_j| \leq 1$ pour $j = 1,\ldots,p$. Autrement dit, $P = \prod_{j=1}^{p} (1+\omega_j)$ avec $\omega_j \in S$ pour $j = 1,\ldots,p$, d'où le résultat. ∎

Références : J. Dieudonné [1934] ; voir également Z. Rubinstein [1965 a] (théorème 1), Z. Rubinstein et J.L. Walsh [1969] (p. 413-416).

La fonction ω définie par $P(z) = (1+\omega(z))^p$ a été étudiée par quelques auteurs. On pourra consulter par exemple Z. Rubinstein [1965 a] (théorème 2), Q.I. Rahman et J. Stankiewicz [1974] (théorème 5), Z. Rubinstein [1980] et M. Newman [1967] .

b) Estimation.

Soit P un polynôme de degré $p \geq 1$. En considérant le polynôme $\breve{P}$, on obtient d'après ce qui précède

$$\|\breve{P}\|_\nu \leq |\breve{P}(0)| \cdot \|(1+z)^p\|_\nu \qquad \text{pour tout } \nu > 0.$$

Comme

$$|P(z)| = |\breve{P}(z)| \quad \text{pour } |z| = 1 \quad \text{et} \quad |\breve{P}(0)| = M(P),$$

il vient ainsi (compte-tenu des cas limites)

Théorème 4.1. - *Soit P un polynôme de degré p. Pour tout $\nu \in [0,+\infty]$ on a*

$$\|P\|_\nu \leq \|(1+z)^p\|_\nu \cdot M(P).$$

En fait, d'une manière plus générale, on peut énoncer

Théorème 4.2. - *Soit $\Phi : [0,+\infty[\longrightarrow \mathbb{R}$ une application continue telle que la composée $x \longmapsto \Phi(e^x)$ soit convexe sur $\mathbb{R}$. Alors pour tout polynôme P de degré $p \geq 1$*

$$\int_0^{2\pi} \Phi\left(\frac{|P(e^{i\theta})|}{M(P)}\right) d\theta \leq \int_0^{2\pi} \Phi(|1+e^{i\theta}|^p) d\theta .$$

Preuve : En considérant le polynôme $\frac{\check{P}(z)}{\check{P}(0)}$, on se ramène au cas où P ne s'annule pas dans le disque $|z|<1$ et vérifie $P(0)=1$. On peut alors écrire pour $|z|<1$

$$\log|P(z)| = \log|1+\omega(z)|^p$$

où $\omega\in S$. Par la formule de Poisson, on obtient donc

$$\log|P(z)| = \frac{1}{2\pi}\int_0^{2\pi} \log(|1+re^{i\theta}|^p)\cdot\frac{r^2-|\omega(z)|^2}{|re^{i\theta}-\omega(z)|^2}\,d\theta$$

pour $|z|<r<1$. L'hypothèse faite sur Φ et l'inégalité de Jensen entraînent alors

$$(1)\qquad \Phi(|P(z)|) \leq \frac{1}{2\pi}\int_0^{2\pi} \Phi(|1+re^{i\theta}|^p)\cdot\frac{r^2-|\omega(z)|^2}{|re^{i\theta}-\omega(z)|^2}\,d\theta\,.$$

Notons que pour $\beta\in\mathbb{C}$, $|\beta|>r$, on a

$$\frac{1}{2\pi}\int_0^{2\pi}\frac{|\beta|^2-|\omega(re^{i\theta})|^2}{|\beta-\omega(re^{i\theta})|^2}\,d\theta = \mathrm{Re}\Big(\frac{1}{2\pi}\int_0^{2\pi}\frac{\beta+\omega(re^{i\theta})}{\beta-\omega(re^{i\theta})}\,d\theta\Big) = \mathrm{Re}\Big(\frac{\beta+\omega(0)}{\beta-\omega(0)}\Big) = 1\,.$$

De la relation (1) on tire ainsi

$$\int_0^{2\pi}\Phi(|P(r'e^{i\theta})|)\,d\theta \leq \int_0^{2\pi}\Phi(|1+re^{i\theta}|^p)\,d\theta$$

pour $0\leq r'<r<1$. Comme Φ est continue sur $[0,+\infty[$, le résultat du théorème s'obtient en faisant tendre r vers 1 puis r' vers 1. ∎

Référence : V.V. Arestov [1980].

Remarque 4.1. - L'hypothèse que Φ soit continue sur $[0,+\infty[$ peut être remplacée par l'hypothèse que Φ soit croissante (au sens large) sur $]0,+\infty[$. En effet, la convexité de l'application $x\longmapsto\Phi(e^x)$ entraîne que Φ est continue sur $]0,+\infty[$. Par suite, si Φ est croissante, les applications $\Phi_n : x\longmapsto\Phi(x+\frac{1}{n})$ vérifient les hypothèses du théorème 4.2 et on applique alors le théorème de la convergence monotone.

4.2 SUR LE RAPPORT $\frac{\|P\|}{\|P\|_\nu}$

Notons E_p l'ensemble des polynômes P de degré au plus égal à $p\geq 1$ vérifiant $\|P\|=1$. Pour $\nu\in[0,+\infty]$, on définit

$$\frac{1}{a_\nu(p)} := \min_{P\in E_p}\|P\|_\nu\,,$$

de sorte que pour tout polynôme P de degré au plus égal à p on a

$$\|P\| \leq a_\nu(p)\cdot\|P\|_\nu\,.$$

Pour p fixé, la fonction $\nu \longmapsto a_\nu(p)$ est donc décroissante. Naturellement, $a_\infty(p) = 1$ et le théorème 4.1 montre que $a_0(p) = 2^p$. D'autre part, il est facile d'obtenir $a_2(p) = (1+p)^{1/2}$ (puisque par l'inégalité de Cauchy-Schwarz on a $\|P\| \leq (p+1)^{1/2}\|P\|_2$ et que $\|1+z+\ldots+z^p\|_2 = (p+1)^{1/2}$). Pour les autres valeurs de ν, on ne connait qu'une estimation de $a_\nu(p)$. Notons que pour $\nu \geq 1$, il n'existe qu'un seul polynôme $P \in E_p$ normalisé par $P(1) = 1$ et vérifiant

$$(*) \qquad \|P\|_\nu = \min_{Q \in E_p} \|Q\|_\nu \,.$$

En effet, pour des raisons de compacité, il existe au moins un polynôme $P \in E_p$ vérifiant $(*)$ et d'après le théorème 3.13, un tel polynôme est nécessairement un C-polynôme de degré p. D'autre part, si $P \in E_p$ et $Q \in E_p$ vérifient $(*)$ et $P(1) = Q(1) = 1$, il en est de même du polynôme $\frac{P+Q}{2}$ (puisque $\nu \geq 1$) d'où $|P(z)+Q(z)| = |P(z)| + |Q(z)|$ pour $|z| = 1$. Comme $P+Q$ est un C-polynôme de degré p, cette dernière relation implique donc $P = Q$. De cette unicité, on déduit en particulier que *le* polynôme $P \in E_p$ vérifiant $(*)$ et $P(1) = 1$ est un C-polynôme à coefficients réels, vérifiant $P = P^*$ (d'où $P(-1) = 0$ si p est impair), tel que $|P(\omega)| < 1$ pour $|\omega| = 1$ et $\omega \neq 1$, etc.

Le problème de déterminer $a_\nu(p)$ a été abordé par de nombreux auteurs (voir l'introduction de l'article de R.J. Nessel et G. Wilmes [1978]). Pour $\nu \geq 1$, la méthode utilisée est toujours la même : on remarque que si m est un entier

$$\|P^m\| = \|P\|^m \quad \text{et} \quad \|P\|_\nu^m = \|P^m\|_{\nu/m} \,,$$

d'où

$$a_\nu(p)^m \leq a_{\nu/m}(m\,p) \,.$$

Il suffit donc de majorer $a_\nu(p)$ pour $1 \leq \nu < 2$. On peut le faire en utilisant l'inégalité de Young-Hausdorff (cf. G.H. Hardy et al. [1952] p. 202) :

Si $f(z) = \sum_{n \geq 0} a_n z^n$ est la somme d'une série entière convergente dans le disque unité fermé alors

$$\Big(\sum_{n\geq 0} |a_n|^\mu\Big)^{1/\mu} \leq \|f\|_\nu \quad \text{et} \quad \|f\|_\mu \leq \Big(\sum_{n \geq 0} |a_n|^\nu\Big)^{1/\nu}$$

pour $1 \leq \nu \leq 2$ et $\frac{1}{\mu} + \frac{1}{\nu} = 1$.

Par suite, pour un polynôme P de degré p on obtient

$$||P|| \leqslant \sum_{n=0}^{p} |a_n| \leqslant (p+1)^{1/\nu}\Big(\sum_{n=0}^{p} |a_n|^{\mu}\Big)^{1/\mu} \leqslant (p+1)^{1/\nu} \cdot ||P||_{\nu}$$

(Q.I. Rahman [1969], R.J. Nessel et G. Wilmes [1978], etc.).

On peut aussi plus simplement noter que $||P||_{\nu}^{\nu} \geqslant ||P||_{2}^{2}$ si $\nu \leqslant 2$ et $||P|| = 1$, d'où

$$a_{\nu}(p) \leqslant a_{2}(p)^{2/\nu} = (1+p)^{1/\nu} \qquad \text{pour } 0 < \nu \leqslant 2 \text{ } (^1).$$

(Z. Ziegler [1977] ; notons au passage une erreur dans le théorème 6 de cet article où il est donné sans preuve l'estimation $a_{\nu}(p) \geqslant (1+p\frac{\nu}{4})^{1/\nu}$ pour $\nu \geqslant 2$, ce qui n'est pas (voir théorème 4.3)).

On obtient ainsi pour $\nu > 0$

$$(1) \qquad a_{\nu}(p) \leqslant (1+\nu_{o}p)^{1/\nu}$$

où ν_o est le plus petit entier tel que $\nu_o \geqslant \frac{\nu}{2}$.

Une autre majoration (cf. théorème 4.4) a été donnée par A. Maté et P.G. Nevai [1980], à savoir

$$(2) \qquad a_{\nu}(p)^{\nu} \leqslant \Big(\frac{2+\nu p}{4}\Big)\Big(1+\frac{1}{1+\nu p}\Big)^{1+\nu p} .$$

Il est difficile d'obtenir une majoration de $a_{\nu}(p)$ qui soit satisfaisante à la fois pour les grandes et les petites valeurs de ν. En tout état de cause, pour les grandes valeurs de ν, le majorant $b_{\nu}(p)$ de $a_{\nu}(p)$ donné en (1) ou (2) vérifie $b_{\nu}(p)^{\nu} \geqslant \nu\,\frac{p}{2}$. Nous allons voir qu'en fait

$$a_{\nu}(p)^{\nu} \leqslant \Big(1+\nu\frac{\pi}{2}\Big)^{1/2} p \qquad \text{pour } \nu > 0 \text{ et } p \geqslant 1,$$

et

$$\lim_{\nu\to+\infty} \nu^{-1/2} a_{\nu}(p)^{\nu} = \sqrt{\frac{\pi}{2}}\, p \qquad \text{pour tout } p \geqslant 1.$$

Pour les petites valeurs de ν, il est à noter que le majorant $b_{\nu}(p)$ donné en (2) vérifie $\lim_{\nu\to 0} b_{\nu}(p) = 2^{p} = a_{o}(p)$.

<u>Théorème 4.3</u>. - *Soit P un polynôme de degré $p \geqslant 1$. Pour tout $\nu > 0$ il vient*

$$||P|| \leqslant 2p^{1/\nu}\frac{||P||_{\nu}}{||1+z||_{\nu}} \leqslant \Big(\big(1+\nu\frac{\pi}{2}\big)^{1/2} p\Big)^{1/\nu} \cdot ||P||_{\nu}.$$

---

(1) D'une manière plus générale, ceci montre que pour p fixé, l'application $\nu \longmapsto a_{\nu}(p)^{\nu}$ est croissante sur $[0,+\infty[$.

Théorème 4.4. - *Soit P un polynôme de degré $p \geq 1$. Pour tout $\nu > 0$, on a*

$$||P|| \leq \left(\frac{(2+\nu p)^2}{4(1+\nu p)}\right)^{1/\nu} \left(1+\frac{1}{1+\nu p}\right)^p ||P||_\nu .$$

En particulier

$$||P|| \leq (1+\nu p)^{1/\nu} ||P||_\nu .$$

Preuve du théorème 4.3. : D'après le théorème 3.4 on a, en supposant $|P(1)| = ||P||$

$$|P(e^{i\theta})| \geq (\cos p\, \tfrac{\theta}{2}) ||P|| \qquad \text{pour} \quad |\theta| \leq \frac{\pi}{p} ,$$

d'où

$$||P||_\nu^\nu \geq \left(\frac{1}{2\pi}\int_{-\pi/p}^{\pi/p} (\cos p\, \tfrac{\theta}{2})^\nu d\theta\right) ||P||^\nu = \frac{1}{p} ||\frac{1+z}{2}||_\nu^\nu \cdot ||P||^\nu .$$

La seconde inégalité s'obtient en notant que

$$||\frac{1+z}{2}||_\nu^\nu = \frac{1}{\sqrt{\pi}} \frac{\Gamma(\frac{\nu}{2}+\frac{1}{2})}{\Gamma(\frac{\nu}{2}+1)}$$

où Γ est la fonction gamma d'Euler. On applique alors le résultat de G.N. Watson (cf. D.S. Mitrinović [1970], p. 286)

$$\frac{1}{(x+\frac{1}{\pi})^{1/2}} \leq \frac{\Gamma(x+1/2)}{\Gamma(x+1)} \leq \frac{1}{(x+\frac{1}{4})^{1/2}} \qquad \text{pour} \quad x \geq 0. \quad \blacksquare$$

Preuve du théorème 4.4. : On peut supposer que P est un C-polynôme. Comme $|\omega-\alpha| \geq \frac{1+|\omega|}{2} \cdot |\frac{\omega}{|\omega|}-\alpha|$ si $|\alpha| = 1$ et $\omega \neq 0$, on obtient ainsi

$$||P|| \leq \left(\frac{2}{1+r}\right)^p \cdot \max_{|z|=r} |P(z)| \qquad \text{pour} \quad r \geq 0.$$

D'autre part, pour une fonction f analytique dans le disque $|z| < 1$, l'inégalité de Cauchy-Schwarz donne

$$|f(\omega)|^2 \leq \left(\frac{1}{2\pi}\int_0^{2\pi} |f(Re^{i\theta})|^2 d\theta\right) \cdot \frac{1}{1-(\frac{|\omega|}{R})^2} \qquad \text{si} \quad |\omega| < R < 1.$$

On en déduit donc

$$||P||^\nu \leq \left(\frac{2}{1+r}\right)^{p\nu} \cdot \frac{1}{1-r^2} \cdot ||P||_\nu^\nu \qquad \text{pour} \quad 0 \leq r < 1.$$

La première inégalité du théorème s'obtient en prenant $r = \frac{\nu p}{2+\nu p}$. Si l'on pose $x = 1+\nu p$, pour obtenir la seconde inégalité il suffit donc de montrer que

$$\left(1+\frac{1}{x}\right)^{1+x} \leq 4 \qquad \text{pour} \quad x \geq 1,$$

ce qui résulte de la décroissance de la fonction $x \mapsto (1+x)\log(1+\frac{1}{x})$ sur $]0,+\infty[$. $\blacksquare$

Etudions à présent le comportement asymptotique de $a_\nu(p)^\nu$ au voisinage de $+\infty$ (p étant fixé). Le théorème 4.3 donne l'estimation

$$\limsup_{\nu\to+\infty} \nu^{-1/2} a_\nu(p)^\nu \leq \sqrt{\frac{\pi}{2}}\, p.$$

Nous allons montrer que pour tout $\varepsilon > 0$

$$\liminf_{\nu\to+\infty} \nu^{-1/2} a_\nu(p)^\nu \geq \sqrt{\frac{\pi}{2}}\, p(1-\varepsilon),$$

ce qui conduit au résultat annoncé plus haut

$$\lim_{\nu\to+\infty} \nu^{-1/2} a_\nu(p)^\nu = \sqrt{\frac{\pi}{2}}\, p\ .$$

Par définition même de $a_\nu(p)$, il suffit pour cela de prouver l'existence pour tout $\varepsilon > 0$ d'un polynôme $P \in E_p$ vérifiant

$$\lim_{\nu\to+\infty} \nu^{1/2} ||P||_\nu^\nu \leq \frac{1}{p}\sqrt{\frac{2}{\pi}}\,(1+\varepsilon).$$

Intéressons-nous donc au premier membre de cette inégalité.

<u>Théorème 4.5</u>. - *Soit* $P(z) = a\prod_{j=1}^{p}(z-\alpha_j)$ *un C-polynôme de degré* p *tel que* $||P|| = 1$. *Notons* $\omega_1,\ldots,\omega_m$ *les points maximaux de* P *et soient*

$$\Lambda_k := \left(\sum_{j=1}^{p}\frac{1}{|\omega_k-\alpha_j|^2}\right)^{1/2} = \left(\frac{p}{2}-\frac{p^2}{4}+|P''(\omega_k)|\right)^{1/2} \qquad (k=1,\ldots,m).$$

Alors

$$\lim_{\nu\to+\infty} \nu^{1/2}||P||_\nu^\nu = \frac{1}{\sqrt{2\pi}}\sum_{k=1}^{m}\frac{1}{\Lambda_k}\ .$$

On obtient ainsi par exemple (pour p fixé)

$$||1+z+\ldots+z^p||_\nu^\nu \sim \nu^{-1/2}(p+1)^\nu\left(\frac{6}{p(p+2)\pi}\right)^{1/2} \qquad \text{pour } \nu\to+\infty,$$

ou encore

$$\left|\left|\frac{1+z}{2}\right|\right|_\nu^\nu \sim \sqrt{\frac{2}{\pi\nu}} \qquad \text{pour } \nu\to+\infty.$$

<u>Preuve</u> : Choisissons $\alpha > 0$ de telle sorte que les m ensembles $A_j = \{\omega_j e^{i\theta} : |\theta| \leq \alpha\}$ soient deux à deux disjoints. Par définition même des points ω_j, il existe δ, $0 \leq \delta < 1$, tel que

$$|P(z)| \leq \delta \quad \text{pour } |z|=1 \text{ et } z \notin \bigcup_{1\leq j\leq m} A_j\ .$$

On obtient par suite

$$0 \leq \|P\|_\nu^\nu - \sum_{j=1}^{m} \frac{1}{2\pi}\int_{-\alpha}^{+\alpha} |P(\omega_j e^{i\theta})|^\nu d\theta \leq \delta^\nu .$$

Il suffit donc de montrer que

$$\lim_{\nu\to+\infty} \nu^{1/2}\int_{-\alpha}^{+\alpha} |P(\omega_j e^{i\theta})|^\nu d\theta = \frac{\sqrt{2\pi}}{\Lambda_j} \qquad \text{pour } j=1,\dots,m.$$

Notons ω l'un des points ω_j et soit g le polynôme trigonométrique défini par

$$g(\theta) = |P(\omega e^{i\theta})|^2.$$

Sur l'intervalle $[-\alpha,+\alpha]$, le maximum de g n'est atteint qu'au seul point 0 (avec $g(0)=1$). D'autre part

$$g'(\theta) = -2\,\mathrm{Im}(\omega e^{i\theta}P'(\omega e^{i\theta})\overline{P(\omega e^{i\theta})}) = -2g(\theta)\cdot\mathrm{Im}\left(\sum_{j=1}^{p} \frac{\alpha_j}{\omega e^{i\theta}-\alpha_j}\right),$$

d'où, en tenant compte du fait que P est un C-polynôme

$$g''(0) = -2\sum_{j=1}^{p} \frac{1}{|\omega-\alpha_j|^2} .$$

Ainsi $g''(0) < 0$ et dans ces conditions on obtient pour x voisin de $+\infty$ (voir par exemple J. Dieudonné [1968] p. 125)

$$\int_{-\alpha}^{+\alpha} g(\theta)^x d\theta \sim \sqrt{2\pi}\, g(0)^{x+1/2}(-xg''(0))^{-1/2} ,$$

d'où le résultat. En ce qui concerne la seconde expression de Λ_k donnée dans ce théorème, on remarque tout d'abord que pour $|\omega|=1$ et $P(\omega)\neq 0$

$$\sum_{j=1}^{p} \frac{1}{|\omega-\alpha_j|^2} = \sum_{j=1}^{p} \frac{-\alpha_j\omega}{(\omega-\alpha_j)^2} = \omega\frac{P'(\omega)}{P(\omega)} - \left(\omega\frac{P'(\omega)}{P(\omega)}\right)^2 + \omega^2\frac{P''(\omega)}{P(\omega)} .$$

Comme P est réciproque, si ω est un point maximal de P, on obtient alors $\omega\frac{P'(\omega)}{P(\omega)} = \frac{p}{2}$ (cf. §2.2 et remarque 3.1) et par suite $\omega^2\frac{P''(\omega)}{P(\omega)} = |P''(\omega)|$. ∎

<u>Remarque 4.2</u>. - Un résultat similaire peut être obtenu pour un polynôme P quelconque, supposé non monôme. En effet, le fait que P soit un C-polynôme intervient dans la démonstration précédente uniquement dans l'affirmation $g''(0)\neq 0$ (et donc $g''(0)<0$), c'est-à-dire dans le calcul de l'ordre de multiplicité de 0 en tant que racine du polynôme trigonométrique $1-g(\theta)$. Dans le cas général, si l'on définit Q par la relation

$$|P(z)|^2+|Q(z)|^2 = 1 \qquad \text{pour } |z|=1,$$

alors

$$\lim_{\nu\to+\infty} \nu^{1/2c}\|P\|_\nu^\nu = \Lambda$$

avec une constante $\Lambda > 0$ (dépendante de P) et où c désigne le plus grand des ordres de multiplicité des racines de Q situées sur le cercle unité.

Pour en revenir à la question qui nous occupe ici, considérons le polynôme $P(z) = \frac{1}{2(1+\varepsilon)}(z^p + \varepsilon z^{p-1} + \varepsilon z + 1)$ avec $0 < \varepsilon < 1$ et $p \geq 2$. Donc P est un C-polynôme (puisque $P(z) = Q(z) + z\,Q^*(z)$ avec $Q(z) = \frac{1}{2(1+\varepsilon)}(1+\varepsilon z^{p-1})$) ayant le point $z = 1$ comme unique point maximal. D'après le théorème 4.5, il en résulte que

$$\lim_{\nu\to+\infty} \nu^{1/2}\|P\|_\nu^\nu = \frac{1}{p}\sqrt{\frac{2}{\pi}}\left(\frac{1+\varepsilon}{1+\varepsilon(\frac{p-2}{p})^2}\right)^{1/2} < \frac{1}{p}\sqrt{\frac{2}{\pi}}(1+\varepsilon),$$

résultat que l'on désirait obtenir.

Jusqu'à présent, nous n'avons étudié $a_\nu(p)$ que sous l'angle de l'application $\nu \longrightarrow a_\nu(p)$, p étant fixé. Il est autrement plus difficile d'analyser le comportement de $a_\nu(p)$ pour $p\to+\infty$, $\nu > 0$ étant cette fois-ci fixé. Ce problème n'a toujours pas reçu de réponses satisfaisantes. Naturellement, au vu des résultats qui précèdent, on obtient pour tout $\nu > 0$ l'existence de deux constantes $A_\nu > 0$ et $B_\nu > 0$ telles que

$$A_\nu p^{1/\nu} \leq a_\nu(p) \leq B_\nu p^{1/\nu} \qquad \text{pour tout } p \geq 1.$$

L'existence de B_ν résulte en effet du théorème 4.3 et celle de A_ν de la suite d'inégalités

$$(p_o+1) = a_2(p_o)^2 \leq (a_{m\nu}(p_o))^{m\nu} \leq (a_\nu(mp_o))^\nu \leq (a_\nu(p))^\nu$$

où m est un entier tel que $m\nu \geq 2$ et $p_o = [p/m]$.

Si nous avons vu que pour p fixé la valeur $B_\nu = \frac{2}{\|1+z\|_\nu}$ est asymptotiquement la meilleure possible pour les grandes valeurs de ν ([1]), on ne connait cependant pas ([2]) quelle est la meilleure valeur possible de B_ν

([1]) On peut en effet écrire le résultat obtenu plus haut sous la forme

$$a_\nu(p)^\nu \sim \left(\frac{2}{\|1+z\|_\nu}\right)^\nu p \quad \text{pour} \quad \nu\to+\infty \qquad (p \geq 1 \text{ fixé}).$$

([2]) Les affirmations de ce genre sont évidemment assorties des réserves d'usage : semble-t-il, à ma connaissance, autant que je sache,... etc.

pour un réel $\nu > 0$ donné (sauf pour le cas trivial $\nu=2$). Dans ce contexte se pose également la question de savoir si la suite $a_\nu(p)\, p^{-1/\nu}$ est, ou non, convergente.

4.3 SUR LE RAPPORT $\dfrac{\|P\|_\nu}{\|P\|_\mu}$

Etant donnés deux réels $\nu \geq \mu > 0$, notons $a_{\nu\mu}(p)$ la plus petite constante pour laquelle on puisse écrire

$$\|P\|_\nu \leq a_{\nu\mu}(p) \|P\|_\mu$$

pour tout polynôme P de degré au plus égal à p.

Il est facile d'obtenir l'existence de deux constantes $A_{\nu\mu} > 0$ et $B_{\nu\mu} > 0$ telles que

$$A_{\nu\mu} \cdot p^{1/\mu - 1/\nu} \leq a_{\nu\mu}(p) \leq B_{\nu\mu} \cdot p^{1/\mu - 1/\nu}$$

pour tout $p \geq 1$.

Il suffit pour cela d'écrire pour un polynôme P de degré p

$$\|P\| \leq a_\nu(p) \|P\|_\nu \leq a_\nu(p)\, a_{\nu\mu}(p) \|P\|_\mu$$

et

$$\|P\|_\nu^\nu \leq \|P\|^{\nu-\mu} \|P\|_\mu^\mu \leq \left(a_\mu(p)\right)^{\nu-\mu} \|P\|_\mu^\nu ,$$

d'où se déduit l'encadrement

$$\frac{a_\mu(p)}{a_\nu(p)} \leq a_{\nu\mu}(p) \leq \left(a_\mu(p)\right)^{\frac{\nu-\mu}{\nu}} \qquad \text{pour } p \geq 1.$$

Avec les notations du paragraphe précédent, on peut donc prendre $A_{\nu\mu} = \frac{A_\mu}{B_\nu}$ et $B_{\nu\mu} = B_\mu^{1-\mu/\nu}$, mais là encore se pose le difficile problème de déterminer la meilleure valeur possible de $B_{\nu\mu}$ pour des réels $\nu \geq \mu > 0$ donnés.

Remarquons que si l'on ne s'intéresse qu'à l'existence de $B_{\nu\mu}$, on peut alors énoncer le résultat avec $B_{\nu\mu} = 2$ pour tous $\nu \geq \mu > 0$ puisque $B_\mu < 2$ pour tout $\mu > 0$.

<u>Références</u> : G. Szegö et A. Zygmund [1954], R.J. Nessel et G. Wilmes [1978].

§5 HAUTEUR ET μ- NORME

Notons π_p le $\mathbb{C}$-espace vectoriel des polynômes P de degré au plus égal à p muni de la norme $P \mapsto ||P||$ et définissons pour $\mu \in [0,+\infty]$

$$c_\mu(p) := \sup_{\substack{P\in\pi_p \\ H(P)=1}} ||P||_\mu .$$

Il est facile de vérifier que l'application $\mu \mapsto c_\mu(p)$ est croissante sur $[0,+\infty[$ avec $\lim_{\mu\to+\infty} c_\mu(p) = c_\infty(p) = p+1$. D'autre part, comme l'application $\mu \mapsto ||P||_\mu$ est continue ([1]) sur π_p pour tout $\mu \in [0,+\infty]$, il existe au moins un polynôme $P \in \pi_p$ vérifiant

$$(*) \qquad H(P) = 1 \quad \text{et} \quad ||P||_\mu = c_\mu(p).$$

Si $\mu > 0$, un tel polynôme est en fait à coefficients unimodulaires. En effet, pour tout entier $k \geq 0$ et tout réel $r > 0$, il vient

$$\int_0^{2\pi}\left(\int_0^{2\pi} |P(e^{i\theta}) + re^{i\phi}e^{ik\theta}|^\mu d\phi\right) d\theta > \int_0^{2\pi} |P(e^{i\theta})|^\mu d\theta,$$

d'où

$$\max_{|\omega|=r} ||P(z)+\omega z^k||_\mu > ||P||_\mu .$$

Par suite, en écrivant $P(z) = \sum_{k=0}^{p} a_k z^k$, on obtient

$$|a_k|+r > 1 \qquad \text{pour tout} \quad r > 0 \text{ et } k = 0,\dots,p,$$

ce qui implique $|a_k| = 1$ pour $k = 0,1,\dots,p$.

Si $\mu = 0$, ce qui précède montre (par un passage à la limite) que la relation $(*)$ est vérifiée par au moins un polynôme $P \in \pi_p$ à coefficients unimodulaires.

([1]) Noter que pour $0 < \mu \leq 1$, on a $(x+y)^\mu \leq x^\mu + y^\mu$ pour $x \geq 0$, $y \geq 0$ d'où

$$\left| \, ||P||_\mu^\mu - ||Q||_\mu^\mu \right| \leq ||P-Q||_\mu^\mu$$

et que pour $\mu = 0$, il vient d'après le théorème 4.1

$$\frac{||P||_\mu}{||(1+z)^p||_\mu} \leq M(P) \leq ||P||_\mu .$$

Dans l'estimation de $c_\mu(p)$, la valeur $\mu = 2$ joue, comme nous allons le voir, un rôle privilégié.

<u>Théorème 5.1</u>. - *Soit P un polynôme de degré p. Alors*

$$\|P\|_\mu \leq (p+1)^{1/2} H(P) \qquad si \quad 0 \leq \mu \leq 2$$

et

$$\|P\|_\mu \leq (p+1)^{1-1/\mu} H(P) \qquad si \quad \mu \geq 2.$$

<u>Preuve</u> : Il suffit d'écrire respectivement

$$\|P\|_\mu \leq \|P\|_2 \leq (p+1)^{1/2} H(P)$$

et

$$\|P\|_\mu^\mu \leq \|P\|^{\mu-2} \cdot \|P\|_2^2 \leq \left((p+1)H(P)\right)^{\mu-2} \cdot (p+1)H(P)^2. \quad \blacksquare$$

On obtient ainsi

$$c_\mu(p) \leq (p+1)^{1/2} \qquad \text{si} \quad \mu \leq 2$$

et

$$c_\mu(p) \leq (p+1)^{1-1/\mu} \qquad \text{si} \quad \mu \geq 2.$$

Bien que ces majorations aient été obtenues d'une manière triviale, on ne peut guère les améliorer. Etudions tout d'abord le cas $0 \leq \mu \leq 2$.

<u>Théorème 5.2</u>. - *Pour tout entier p assez grand*

$$c_0(p) \geq (p+1)^{1/2} - \frac{1}{2} \log p$$

et

$$c_\mu(p) \geq (p+1)^{1/2} - \left(\frac{1}{\mu} - \frac{1}{2}\right) \qquad pour \quad 0 < \mu \leq 2.$$

En particulier

$$c_\mu(p) \sim (p+1)^{1/2} \qquad pour \quad p \to +\infty \qquad (0 \leq \mu \leq 2).$$

<u>Preuve</u> : Admettons provisoirement l'existence pour tout entier p assez grand d'un polynôme P de degré p, à coefficients unimodulaires, vérifiant

$$\|P\|_4^4 \leq p^2 + p^{3/2} < \|P\|_2^4 \left(1 + \frac{1}{\|P\|_2}\right).$$

De la convexité de l'application $\mu \longmapsto \mu \log \|P\|_\mu$ sur $]0,+\infty[$, il résulte en particulier que

$$1 \leq \frac{\|P\|_\mu}{\|P\|_2} \left(\frac{\|P\|_4}{\|P\|_2}\right)^{4(\frac{1}{\mu} - \frac{1}{2})} \leq \frac{\|P\|_\mu}{\|P\|_2} \left(1 + \frac{1}{\|P\|_2}\right)^{\frac{1}{\mu} - \frac{1}{2}} \qquad \text{pour} \quad 0 < \mu \leq 2.$$

En notant que

$$(1+x)^{-\gamma} \geq 1-\gamma x \qquad \text{pour} \quad \gamma \geq 0 \text{ et } x \geq 0,$$

il vient alors

$$\|P\|_\mu \geq \|P\|_2 - \left(\frac{1}{\mu}-\frac{1}{2}\right) = (p+1)^{1/2} - \left(\frac{1}{\mu}-\frac{1}{2}\right),$$

ce qui donne la minoration de $c_\mu(p)$ pour $0<\mu\leq 2$. Pour obtenir celle concernant $c_o(p)$, introduisons la fonction f définie sur $[0,1]$ par

$$f : t \longmapsto \max\{|P(e^{2i\pi t})|^2, 1\} - 1.$$

Comme la fonction $\phi : x \longmapsto \frac{\log(1+x)}{x}$ est convexe (décroissante) sur $[0,+\infty[$, l'inégalité de Jensen donne

$$\left(\int_0^1 f(t)dt\right)\cdot\phi\left\{\left(\int_0^1 f(t)\cdot f(t)dt\right)\left(\int_0^1 f(t)dt\right)^{-1}\right\} \leq \int_0^1 \phi(f(t))\cdot f(t)dt\ ,$$

d'où

$$\int_0^1 \log(1+f(t))dt \geq (\|P\|_2^2-1)\phi\left(\frac{\|P\|_4^4}{\|P\|_2^2-1}\right) \geq \left(1+\frac{1}{\sqrt{p}}\right)^{-1}\log(1+p+\sqrt{p}).$$

Or

$$\frac{1}{2}\log(1+f(t)) = \int_0^1 \log|e^{2i\pi\theta}+e^{2i\pi t}P(e^{2i\pi t})|d\theta.$$

Il existe donc $\theta_o \in [0,1]$ tel que

$$\frac{1}{2}\int_0^1 \log(1+f(t)dt = \log M(Q)$$

avec

$$Q(z) = e^{2i\pi\theta_o} + z\,P(z)\ .$$

Par suite

$$\log c_o(p+1) \geq \frac{1}{2}\left(1+\frac{1}{\sqrt{p}}\right)^{-1}\log(1+p+\sqrt{p}).$$

Comme

$$\log(1-u)+u \leq 0 \qquad \text{pour} \quad 0\leq u<1,$$

on a donc pour p assez grand

$$\log c_o(p+1) \geq \frac{1}{2}\log(1+p+\sqrt{p})+\log\left(1-\frac{1}{2}\,\frac{\log(1+p+\sqrt{p})}{1+\sqrt{p}}\right.$$

$$>\log\left(\sqrt{p+2}-\frac{1}{2}\log(p+1)\right). \quad \blacksquare$$

Il nous faut à présent justifier l'hypothèse faite au début de la preuve du théorème précédent.

Lemme 5.1. - *Pour tout entier p assez grand, le polynôme*

$$P(z) = \sum_{k=0}^{p} e^{ik^2\frac{\pi}{p+1}} z^k$$

vérifie

$$\|P\|_4^4 \leq p^2 + p^{3/2}.$$

Preuve : Par un calcul élémentaire, on obtient

$$\|P\|_4^4 = (p+1)^2 + 2\sum_{k=1}^{p} \gamma_k \qquad \text{avec} \quad \gamma_k = \left(\frac{\sin \pi \frac{k^2}{p+1}}{\sin \pi \frac{k}{p+1}}\right)^2 .$$

Pour tout entier N vérifiant $4 \leq N \leq \frac{p+1}{2}$, il vient alors

$$\sum_{1\leq k\leq \frac{p+1}{2}} \gamma_k \leq \sum_{1\leq k\leq N} k^2 + \int_N^{\frac{p+1}{2}} \frac{dx}{\sin^2 \frac{\pi}{p+1} x} \leq \frac{N^3}{2} + \frac{(p+1)^2}{\pi^2 N} .$$

Comme $\gamma_{p+1-k} = \gamma_k$, le résultat est obtenu en prenant $N = [(\frac{p+1}{\pi})^{1/2}]$. ∎

Références : L'équivalence $c_1(p) \sim (p+1)^{1/2}$ a été prouvée par D.J. Newman [1965] et ce par la même méthode que celle utilisée ici dans la preuve du théorème 5.2 ([1]). Il était alors clair que sa démonstration pouvait être adaptée au cas $0 < \mu \leq 2$, ce qu'a remarqué E. Beller [1971] (p. 240). Le problème d'estimer $c_0(p)$ a été posé par K. Mahler [1963] et un peu plus tard, G.T. Fielding [1970] obtenait l'équivalence $c_0(p) \sim (p+1)^{1/2}$, résultat qui sera redécouvert par E. Beller et D.J. Newman [1973]. La minoration de $c_0(p)$ donnée ici est due essentiellement à ces derniers.

En ce qui concerne le cas $\mu \geq 2$, il semble probable que l'on ait

$$(*) \qquad c_\mu(p) = \|1+z+\ldots+z^p\|_\mu ,$$

et on peut même d'ailleurs conjecturer que

$$\|P\|_\mu \leq \|1+z+\ldots+z^p\|_\mu \cdot \frac{\|P\|_2}{(p+1)^{1/2}}$$

pour tout polynôme P de degré au plus égal à p et $\mu \geq 2$.

---

(1) Le polynôme dont s'est servi D.J. Newman est celui introduit dans le lemme 5.1. On pourra consulter à ce sujet J.E. Littlewood [1962] et [1966] (p. 375). Notons que

$$\frac{1}{2\pi}\int_0^{2\pi} \cdots \int_0^{2\pi} \left|\sum_{k=0}^{p} e^{(i\theta_k + k\theta_o)}\right|^4 d\theta_o d\theta_1 \ldots d\theta_p = (p+1)(2p+1),$$

d'où une valeur "moyenne" de $\|P\|_4^4$ d' l'ordre de $2p^2$ pour un polynôme P de degré p, à coefficients unimodulaires.

La relation (*) est en fait satisfaite si μ est un entier pair comme on le voit en exprimant la norme euclidienne d'un polynôme à l'aide de ses coefficients. De toutes façons, la μ- norme du polynôme $1+z+\ldots+z^p$ fournit une minoration de $c_\mu(p)$. On peut alors noter que

$$(p+1)^{1-\mu}\|1+z+\ldots+z^p\|_\mu^\mu = \frac{2}{\pi}\int_0^{(p+1)\pi/2}\left|\frac{\sin\theta}{(p+1)\sin\frac{\theta}{p+1}}\right|^\mu d\theta ,$$

d'où, d'après le théorème de la convergence dominée

$$\|1+z+\ldots+z^p\|_\mu \sim \left(\frac{2}{\pi}\int_0^{+\infty}\left|\frac{\sin\theta}{\theta}\right|^\mu d\theta\right)^{1/\mu}\cdot(p+1)^{1-1/\mu} \quad \text{pour} \quad p\to+\infty \quad (\mu>1).$$

REFERENCES

V.V. ARESTOV [1980] : Inequality of various metrics for trigonometric polynomials ; Mat. Zametki 27 (1980), n° 4, 539-547,669. (Math. Notes 27 (1980), 265-269).

A.A. BALKEMA, R. TIJDEMAN [1973] : Some estimates in the theory of exponential sums ; Acta Math. Acad. Sci. Hung. 24 (1973), 115-133.

E. BELLER [1971] : Polynomial extremal problems in L^p ; Proc. Amer. Math. Soc. 30 (1971), 249-259.

E. BELLER, D.J. NEWMAN [1973] : An extremal problem for the geometric mean of polynomials ; Proc. Amer. Math. Soc. 39 (1973), 313-317.

R.P. BOAS Jr [1962] : Inequalities for polynomials with a prescribed zero ; Studies in mathematical analysis and related topics, p. 42-47. Stanford Univ. Press, Stanford, Calif. 1962.

J. DIEUDONNE [1934] : Sur quelques applications de la théorie des fonctions bornées aux polynômes dont toutes les racines sont dans un domaine circulaire donné ; Actualités Sci. Ind. n° 114, Hermann, Paris 1934.

J. DIEUDONNE [1968] : Calcul infinitésimal ; Hermann, Paris 1968.

G.T. FIELDING [1970] : The expected value of the integral around the unit circle of a certain class of polynomials ; Bull. London Math. Soc. 2 (1970), 301-306.

D. GAIER [1970] : Bemerkungen zum Turánschen Lemma ; Abh. Math. Sem. Univ. Hamburg 35 (1970), 1-7.

G.M. GOLUZIN [1969] : Geometric theory of functions of a complex variable ; Translations of Math. Monographs, vol. 26, Amer. Math. Soc. Providence R.I. 1969.

G.H. HARDY, J.E. LITTLEWOOD, G. POLYA [1952] : Inequalities ; Cambridge Univ. Press 1952.

C. HYLTEN-CAVALLIUS [1955] : Some extremal problems for trigonometrical and complex polynomials ; Math. Scand. 3 (1955), 5-20.

J.E. LITTLEWOOD [1962] : On the mean values of certain trigonometrical polynomials (II) ; Illinois J. of Math. 6 (1962), 1-39.

J.E. LITTLEWOOD [1966] : On polynomials $\sum^{n} \pm z^{m}$, $\sum^{n} e^{\alpha_m i} z^{m}$, $z = e^{\theta_i}$; J. London Math. Soc. 41 (1966), 367-376.

K. MAHLER [1963] : On two extremum properties of polynomials ; Illinois J. of Math. 7 (1963), 681-701.

A. MATE, P.G. NEVAI [1980] : Bernstein's inequality in L^p for $0 < p < 1$ and (C,1) bounds for orthogonal polynomials ; Ann. of Math. 111 (1980), 145-154.

D.S. MITRINOVIC [1970] : Analytic inequalities ; Springer-Verlag, Berlin, Heidelberg 1970.

R.J. NESSEL, G. WILMES [1978] : Nikolskii-type inequalities for trigonometric polynomials and entire functions of exponential type ; J. Austral. Math. Soc. 25 (ser. A) (1978), 7-18.

D.J. NEWMAN [1965] : An L^1 extremal problem for polynomials ; Proc. Amer. Math. Soc. 16 (1965), 1287-1290.

M. NEWMAN [1967] : The coefficients of the powers of a polynomial ; J. Res. Nat. Bur. Standards Sect. B. 71 B (1967), 9-10.

G. POLYA, G. SZEGŐ [1976] : Problems and theorems in analysis I et II ; Springer Verlag, Berlin, Heidelberg 1976.

Q.I. RAHMAN [1969] : Some inequalities concerning functions of exponential type ; Trans. Amer. Math. Soc. 135 (1969), 281-293.

Q.I. RAHMAN, J. STANKIEWICZ [1974] : Differential inequalities and local valency ; Pacific J. Math. 54 (1974), 165-181.

Z. RUBINSTEIN [1965] : Some results in the location of zeros of polynomials ; Pacific J. Math. 15 (1965), 1391-1395.

Z. RUBINSTEIN [1965 a] : Some inequalities for polynomials and their zeros ; Proc. Amer. Math. Soc. 16 (1965), 72-75.

Z. RUBINSTEIN [1980] : Some properties of two analytic functions associated with complex polynomials ; J. Math. Anal. Appl. 74 (1980), 464-474.

Z. RUBINSTEIN, J.L. WALSH [1969] : Extension and some applications of the coincidence theorems ; Trans. Amer. Math. Soc. 146 (1969), 413-427.

S.O. SINANJAN [1963] : An extremal problem for polynomials ; Uspehi Mat. Nauk. 18 (1963), 159-161.

L.R. SONS [1975] : Polynomial growth along Jordan arcs ; Math. Z. 141 (1975), 1-8.

G. SZEGÖ, A. ZYGMUND [1954] : On certain mean values of polynomials ; J. Analyse Math. 3 (1954), 225-244.

J.L. WALSH [1960] : Interpolation and approximation by rational functions in the complex domain ; Amer. Math. Soc. Colloquium Publications, vol. XX, Providence R.I. 1960.

Z. ZIEGLER [1977] : Minimizing the $L_{p,\infty}$-distorsion of trigonometric polynomials ; J. Math. Anal. Appl. 61 (1977), 426-431.

A. ZYGMUND [1968] : Trigonometric series, vol. I,II ; Cambridge Univ. Press 1968.

A. DURAND

QUELQUES ASPECTS
DE LA
THEORIE ANALYTIQUE
DES
POLYNOMES
II

U.E.R. DES SCIENCES
DÉPARTEMENT DE MATHÉMATIQUES
123 RUE ALBERT THOMAS
87060 LIMOGES CEDEX

AVIS AU LECTEUR

After a careful scruting of the extensive literature of these problems, it seems to me that, curiously enough, the present elementary approach has escaped the attention of the earliers writers.

W.W. Rogosinski [*1955*].

L'accent est mis dans ce volume sur l'utilité (et l'importance) des formules d'interpolation. Il va de soi que celles-ci ne sauraient prétendre être la panacée universelle pouvant résoudre tous les problèmes, mais leur domaine d'action est néanmoins assez vaste, et de plus, elles permettent bien souvent de simplifier les démonstrations. Pour justifier cette dernière affirmation, je ne peux que conseiller au lecteur de regarder comment ont été obtenus à l'origine les résultats présentés ici.

Comme pour le premier volume, je dois à Mme Guerletin l'entière réalisation technique de ce Q.A.T.A.P. II.

A. DURAND.

2- MODULE DES COEFFICIENTS I

3- OPERATEURS DE CONVOLUTION I

2- MODULE DES COEFFICIENTS

§1 PRELIMINAIRES

Les résultats que nous allons établir ici peuvent être, du moins pour la majorité d'entre eux, facilement déduits de quelques formules d'interpolation. L'origine de celles-ci réside tout simplement dans la constatation suivante : si a est un nombre complexe non nul et $(q,\mu) \in \mathbb{N}^* \times \mathbb{Z}$, alors

$$\frac{1}{q} \sum_{\alpha,\alpha^q=a} \alpha^\mu = \begin{cases} 0 & \text{si } \mu \not\equiv 0 \pmod q \\ a^{\mu/q} & \text{si } \mu \equiv 0 \pmod q . \end{cases}$$

Il en résulte que pour tout polynôme P

$$P(z) = \sum_{k=0}^{n} a_k z^k , \qquad a_n \neq 0,$$

on a pour tout $u \in \mathbb{Z}$

$$(1.1) \qquad \frac{1}{q} \sum_{\alpha,\alpha^q=a} \alpha^{-u} P(\alpha z) = \sum_{k,k\equiv u(\text{mod } q)} a_k a^{\frac{k-u}{q}} z^k .$$

En particulier, si ν est un entier strictement positif et $q > n+\nu$, alors

$$(1.2) \qquad \frac{1}{q} \sum_{\alpha,\alpha^q=a} \alpha^\nu P(\alpha) = 0 ,$$

tandis que si $0 \leq \nu \leq n$ et $q > \max\{\nu, n-\nu\}$ (donc a fortiori si $q \geq n+1$)

$$(1.3) \qquad \frac{1}{q} \sum_{\alpha,\alpha^q=a} \alpha^{-\nu} P(\alpha) = a_\nu .$$

Des relations (1.2) et (1.3) on déduit ainsi

$$(1.4) \qquad a_\nu = \frac{2}{q} \sum_{\alpha,\alpha^q=a} \mathrm{Re}(\alpha^\nu) P(\alpha) = -\frac{2i}{q} \sum_{\alpha,\alpha^q=a} \mathrm{Im}(\alpha^\nu) P(\alpha)$$

si $|a| = 1$, $\nu \geq 1$ et $q > n+\nu$.

Supposons donnés à présent deux entiers u,v vérifiant $0 \leq u < v \leq n$ et tels que la relation $k \equiv u\,[\text{mod}(v-u)]$ avec $0 \leq k \leq n$ implique $(k-u)(k-v)a_k = 0$ (par exemple si $(u,v) = (0,n)$). On obtient alors d'après (1.1) avec $q = v-u$ et $a \neq 0$ quelconque

$$(1.5) \qquad a_u + a\, a_v = \frac{1}{q} \sum_{\alpha,\alpha^q=a} \alpha^{-u} P(\alpha).$$

Notons enfin que la relation (1.3) (avec $\nu=0$) appliquée au polynôme $P^{\#}$ (cf. I, §2) conduit à l'identité

$$(1.6) \qquad \|P\|_2^2 = \frac{1}{q} \sum_{\alpha,\alpha^q=a} |P(\alpha)|^2$$

pour tout entier $q \geqslant n+1$ et tout nombre complexe a, $|a| = 1$.

En ce qui concerne les notations, rappelons (cf. I, §1) que pour un polynôme

$$P(z) = \sum_{k=0}^{n} a_k z^k , \qquad a_n \neq 0,$$

on définit

$$M(P) := \exp\left(\frac{1}{2\pi}\int_0^{2\pi} \log|P(e^{i\theta})|d\theta\right) \qquad \textit{(mesure)}$$

$$\|P\|_2 := \left(\frac{1}{2\pi}\int_0^{2\pi} |P(e^{i\theta})|^2 d\theta\right)^{1/2} \qquad \textit{(2-norme ou norme euclidienne)}$$

$$\|P\| := \max_{|z|=1} |P(z)| \qquad \textit{(norme)}$$

$$H(P) := \max_{0\leqslant k\leqslant n} |a_k| \qquad \textit{(hauteur)}$$

Nous compléterons cette liste par la notation

$$L(P) := \sum_{k=0}^{n} |a_k| . \qquad \textit{(longueur)}$$

§2 MAJORATION DU MODULE DES COEFFICIENTS

2.1 EN FONCTION DE $\sup_{|z|=1} \operatorname{Re}(P(z))$.

Si $f(z) = 1 + \sum_{k=1}^{\infty} a_k z^k$ est une fonction analytique dans le disque unité vérifiant $\operatorname{Re}(f(z)) \geq 0$ pour $|z| < 1$, un résultat classique d'analyse complexe donne la majoration

$$(*) \qquad |a_k| \leq 2 \qquad \text{pour tout } k \geq 1.$$

Ce résultat est le meilleur possible puisque l'égalité a lieu pour tout $k \geq 1$ si $f(z) = \frac{1+z}{1-z}$. Dans le cas des polynômes, la relation (*) peut être sensiblement améliorée. D'une manière plus précise :

Théorème 2.1. - *Soit $P(z) = \sum_{k=0}^{n} a_k z^k$ un polynôme de degré $n \geq 1$. Pour tout $k = 1,\dots,n$, on a*

$$(1) \qquad |a_k| \leq 2 \cos\left(\frac{\pi}{[\frac{n}{k}]+2}\right) \cdot \left\{\sup_{|z|=1} \operatorname{Re}(P(z)) - \operatorname{Re}(a_0)\right\}.$$

En outre

$$(2) \qquad L(P) \leq |a_0| + n\left\{\sup_{|z|=1} \operatorname{Re}(P(z)) - \operatorname{Re}(a_0)\right\}.$$

Remarque 2.1. - En considérant le polynôme $-P$, on peut naturellement remplacer dans ces inégalités le terme $\left\{\sup_{|z|=1} \operatorname{Re}(P(z)) - \operatorname{Re}(a_0)\right\}$ par $\left\{\operatorname{Re}(a_0) - \inf_{|z|=1} \operatorname{Re}(P(z))\right\}$.

Preuve : (1) Il suffit de montrer cette relation pour $k = 1$. En effet, si $k \geq 2$, on peut écrire d'après (1.1)

$$\frac{1}{k} \sum_{\alpha,\alpha^k=1} P(\alpha z) = Q(z^k)$$

où Q est un polynôme de degré au plus égal à $[\frac{n}{k}]$ vérifiant $Q(0) = a_0$, $Q'(0) = a_k$ et $\sup_{|z|=1} \operatorname{Re}(Q(z)) \leq \sup_{|z|=1} \operatorname{Re}(P(z))$.

Il vient d'après (1.4)

$$a_1 \cdot \frac{z}{2} = \frac{1}{n+2} \sum_{\alpha,\alpha^{n+2}=-1} \operatorname{Re}(\alpha) P(\alpha z).$$

Notons que si $\alpha^{n+2}=-1$, alors $\mathrm{Re}(\alpha)\leq\cos\frac{\pi}{n+2}$, d'où pour tout nombre complexe ω, $|\omega|=1$

$$\mathrm{Re}\left(a_o-\frac{a_1\omega}{2\cos\frac{\pi}{n+2}}\right)=\frac{1}{n+2}\sum_{\alpha,\alpha^{n+2}=-1}\left(1-\frac{\mathrm{Re}(\alpha)}{\cos\frac{\pi}{n+2}}\right)\mathrm{Re}(P(\alpha\omega))\leq\sup_{|z|=1}\mathrm{Re}(P(z)).$$

On obtient donc le résultat en choisissant ω de telle sorte que $a_1\omega$ soit un nombre réel négatif.

(2) En considérant le polynôme $H(z)=1-\lambda Q(z)$ avec $Q(z)=P(z)-a_o$ et $\lambda=\left(\sup_{|z|=1}\mathrm{Re}(Q(z))\right)^{-1}$, on doit ainsi montrer que

$$L(H)\leq n+1$$

si H est un polynôme de degré n vérifiant $H(0)=1$ et $\mathrm{Re}(H(z))\geq 0$ pour $|z|=1$. Or, dans ce dernier cas, il existe (cf. I théorème 2.3, p.6) un polynôme S de degré n tel que $H=S^{\#}$ (d'où en particulier $||S||_2=1$). Ecrivons $S(z)=\sum_{j=0}^{n}a_jz^j$ et soit $S_1(z)=\sum_{j=0}^{n}|a_j|z^j$. Il est clair que $L(S^{\#})\leq L(S_1^{\#})$. On obtient par suite
$L(H)\leq L(S_1^{\#})=S_1^{\#}(1)=|S_1(1)|^2=L(S)^2\leq(n+1)||S||_2^2=(n+1)$. ∎

<u>Références</u> : L. Féjer (cf. G. Polya et G. Szegö [1976] II, p.78-79), F. Holland [1973], M. Fait et al. [1975].

<u>Remarque 2.2.</u> - <u>Cas d'égalité dans le théorème 2.1.</u>

Pour tout entier $n\geq 1$, notons

$$T_n(z)=\frac{z^{n+2}+1}{(z-e^{i\pi/n+2})(z-e^{-i\pi/n+2})}=\sum_{k=0}^{n}\frac{\sin(k+1)\pi/n+2}{\sin\pi/n+2}z^k .$$

En reprenant la preuve de la relation (1), on vérifiera que celle-ci est une égalité pour un entier k donné, $1\leq k\leq n$, si et seulement si le polynôme P peut s'écrire sous la forme

$$P(z)=-(T(z)T_\nu(\varepsilon z^k))^{\#}+\delta$$

où $(\varepsilon,\delta)\in\mathbb{C}^2$ avec $|\varepsilon|=1$, $\nu=[\frac{n}{k}]$ et où T est un polynôme quelconque de degré $n-k\nu$ tel que $T(0)\neq 0$ (cette dernière condition assurant que P est exactement de degré n).

En ce qui concerne la relation (2), introduisons le polynôme

$$F_n(z)=1+2\sum_{j=1}^{n}\left(1-\frac{j}{n+1}\right)z^j ,$$

de sorte que

$$\mathrm{Re}(F_n(z)) = \frac{1}{n+1}\,|1+z+\dots+z^n|^2 \qquad \text{pour } |z|=1.$$

Il est facile de voir que l'égalité n'a lieu dans (2) que si

$$P(z) = \beta + \delta(1-F_n(\varepsilon z))$$

avec $(\beta,\varepsilon,\delta) \in \mathbb{C}^2 \times \mathbb{R}$ tel que $|\varepsilon| = 1$ et $\delta > 0$.

Remarque 2.3. - Considérons à nouveau le polynôme F_n introduit ci-dessus. En écrivant $F_n = \sum_{k=0}^{n} b_k z^k$, on a pour tout $j \geq 1$

$$|b_j| + |b_{n+1-j}| = 2 = 2\big(\mathrm{Re}(b_o) - \inf_{|z|=1} \mathrm{Re}(F_n(z))\big).$$

D'une manière générale, si $P(z) = \sum_{k=0}^{n} a_k z^k$ est un polynôme de degré n, alors

$$|a_k| + |a_j| \leq 2\big(\mathrm{Re}(a_o) - \inf_{|z|=1} \mathrm{Re}(P(z))\big)$$

dès que $k+j \geq n+1$.

Pour obtenir ce résultat, il suffit d'utiliser la relation (1.1) avec $q = k+j$ et $u = \pm j$, d'où

$$2a_o + a_j\omega^j + a\,a_k\omega^k = \frac{2}{q} \sum_{\alpha,\alpha^q=a} (1 + \mathrm{Re}(\alpha^j))P(\alpha\omega)$$

pour tout $(a,\omega) \in \mathbb{C}^2$, $|a| = 1$. Un choix convenable de (a,ω) avec $|a| = |\omega| = 1$ permet de conclure.

En ce qui concerne le terme constant, on peut énoncer

Théorème 2.2. - *Soit P un polynôme de degré $n \geq 1$. Notons*

$$\alpha = \inf_{|z|=1} \mathrm{Re}(P(z)) \quad \text{et} \quad \beta = \sup_{|z|=1} \mathrm{Re}(P(z)).$$

Alors

$$\alpha + \frac{1}{n+1}(\beta-\alpha) \leq \mathrm{Re}(P(0)) \leq \beta - \frac{1}{n+1}(\beta-\alpha).$$

Preuve : En considérant le polynôme

$$Q(z) = \frac{P(z)-\alpha}{\beta-\alpha} \,,$$

on se ramène au cas où $\alpha=0$ et $\beta=1$. Sous ces hypothèses, soit ω tel que $|\omega| = 1$ et $\mathrm{Re}(P(\omega)) = 1$.

D'après (1.3), on a

$$\mathrm{Re}(P(0)) = \frac{1}{n+1} \sum_{\alpha,\alpha^{n+1}=1} \mathrm{Re}(P(\alpha\omega)) \geq \frac{\mathrm{Re}(P(\omega))}{n+1} = \frac{1}{n+1}.$$

La majoration de $\mathrm{Re}(P(0))$ s'obtient en appliquant ce qui précède au polynôme $1-P(z)$.
On remarquera que la première (resp. seconde) inégalité est une égalité si $P(z) = \gamma+\delta F_n(\varepsilon z)$ avec $(\gamma,\varepsilon,\delta) \in \mathbb{C}^2 \times \mathbb{R}$ tel que $|\varepsilon| = 1$ et $\delta > 0$ (resp. $\delta < 0$). ■

Référence : G. Polya et G. Szegö [1976] II, p.80.

2.2 MAJORATION EN FONCTION DE $\sup_{|z|=1} |\mathrm{Re}(P(z))|$.

Si f est une fonction analytique dans le disque unité telle que $|\mathrm{Re}(f(z))| \leq 1$ pour $|z| < 1$, la fonction $g : z \to e^{\frac{i\pi}{4}(f(z)-f(-z))}$ vérifie alors $g(0) = 1$ et $\mathrm{Re}(g(z)) \geq 0$ pour $|z| < 1$, d'où $|g'(0)| \leq 2$, c'est-à-dire

$$|f'(0)| \leq \frac{4}{\pi}.$$

L'égalité est atteinte par exemple pour $f(z) = \frac{4}{i\pi} \sum_{n\geq 0} \frac{z^{2n+1}}{2n+1}$. Tout comme précédemment, ce résultat peut être précisé lorsque l'on suppose que f est un polynôme.

Théorème 2.3. – *Soit $P(z) = \sum_{k=0}^{n} a_k z^k$ un polynôme de degré $n \geq 1$. Pour tout $k = 1,\dots,n$, on a*

$$|a_k| \leq \frac{2}{\nu_k} \operatorname{cotg} \frac{\pi}{2\nu_k} \cdot \sup_{|z|=1} |\mathrm{Re}(P(z))|$$

avec

$$\nu_k = \left[\frac{n}{2k} + \frac{3}{2}\right].$$

Preuve : Il suffit de montrer cette relation lorsque $k = 1$ (voir la preuve du théorème 2.1). En considérant le polynôme $\frac{P(z)-P(-z)}{2}$, on peut supposer de plus que n est impair, $n = 2q+1$. On doit donc dans ce cas montrer que

$$|P'(0)| \leq \frac{2}{q+2} \operatorname{cotg} \frac{\pi}{2q+4} \sup_{|z|=1} |\mathrm{Re}(P(z))|.$$

D'après la relation (1.4), on a pour tout $\omega \in \mathbb{C}$

$$-a_1 \frac{\omega}{2i} = \frac{1}{2q+4} \sum_{\alpha,\alpha^{2q+4}=1} \mathrm{Im}(\alpha) \cdot P(\alpha\omega).$$

En choisissant ω tel que $|\omega| = 1$ et $|a_1| = \mathrm{Re}(ia_1\omega)$, on obtient alors

$$|a_1| \leq \frac{1}{q+2} \cdot \Big(\sum_{\alpha,\alpha^{2q+4}=1} |\mathrm{Im}(\alpha)| \Big) \cdot \sup_{|z|=1} |\mathrm{Re}(P(z)|,$$

d'où le résultat puisque

$$\sum_{\alpha,\alpha^{2q+4}=1} |\mathrm{Im}(\alpha)| = 2 \sum_{k=1}^{q+1} \sin \frac{k\pi}{q+2} = 2 \cot g \frac{\pi}{2q+4} . \blacksquare$$

<u>Références</u> : H.P. Mulholland [1956], Q.I. Rahman [1968] (p. 21-28).

<u>Remarque 2.4</u>. - D'après le théorème 2.1, on a également pour $k \geq 1$

$$|\mathrm{Re}(a_o)| + \frac{|a_k|}{2 \cos\left(\frac{\pi}{[\frac{n}{k}]+2}\right)} \leq \sup_{|z|=1} |\mathrm{Re}(P(z))| ,$$

d'où a fortiori

$$|\mathrm{Re}(a_o)| + |a_k| \leq 2 \cos\left(\frac{\pi}{[\frac{n}{k}]+2}\right) \cdot \sup_{|z|=1} |\mathrm{Re}(P(z))| .$$

Si $\mathrm{Re}(P(z)) \geq 0$ pour $|z|=1$, ce même théorème permet d'obtenir (en traitant séparément les cas $2\,\mathrm{Re}(a_o) \leq \sup_{|z|=1} \mathrm{Re}(P(z))$ et $2\,\mathrm{Re}(a_o) > \sup_{|z|=1} \mathrm{Re}(P(z))$)

$$\mathrm{Re}(a_o) + |a_k| \leq \frac{1}{2}\left(1+2 \cos \frac{\pi}{[\frac{n}{k}]+2}\right) \cdot \sup_{|z|=1} \mathrm{Re}(P(z)).$$

Notons que si $\mathrm{Re}(P(z)) \geq 0$ pour $|z| = 1$, le théorème 2.3 appliqué au polynôme $P(z) - \frac{1}{2} \sup_{|\omega|=1} \mathrm{Re}(P(\omega))$ donne la majoration

$$|a_k| \leq \frac{1}{\nu_k} \cot g \frac{\pi}{2\nu_k} \cdot \sup_{|z|=1} \mathrm{Re}(P(z)).$$

(J.G. van der Corput et C. Visser [1946], Q.I. Rahman [1963]).

<u>Remarque 2.5</u>. - <u>Cas d'égalité dans le théorème 2.3</u>.

Nous allons nous restreindre au cas $k = 1$. Pour obtenir l'égalité, il suffit, étant donné un entier $q \geq 2$, de construire un polynôme Q de degré $2q-3$ vérifiant $\frac{\mathrm{Im}(\alpha)}{|\mathrm{Im}(\alpha)|} \mathrm{Re}(Q(\alpha)) = \sup_{|z|=1} |\mathrm{Re}(Q(z)|$ pour tout α tel que $\alpha^{2q} = 1$ et $\alpha \neq \pm 1$.

On considère tout d'abord le polynôme $F_{2q-1} = \frac{1}{2q} \left(\frac{z^{2q}-1}{z-1}\right)^{*}$. Donc $\mathrm{Re}(F_{2q-1}(\alpha)) = 0$ si $\alpha^{2q} = 1$, $\alpha \neq 1$ et $F_{2q-1}(1) = 2q$. Par suite, le polynôme

$F(z)=\frac{1}{2q}\sum_{\nu=1}^{q-1} F_{2q-1}(e^{-i\nu\pi/q}z)$ est de degré $2q-1$ (de coefficient directeur $\frac{i}{2q^2}\operatorname{cotg}\frac{\pi}{2q}$) tel que $\mathrm{Re}(F(\alpha))=1$ si $\alpha^{2q}=1$, $\mathrm{Im}(\alpha)>0$ et $\mathrm{Re}(F(\alpha))=0$ si $\alpha^{2q}=1$, $\mathrm{Im}(\alpha)\leq 0$. Notons d'autre part que $\mathrm{Re}(F(z))\geq \mathrm{Re}(F(-z))$ si $|z|=1$, $\mathrm{Im}(z)\geq 0$. Il en résulte que le polynôme

$$Q(z) = F(z)-F(-z) -\frac{i}{q^2}\operatorname{cotg}\frac{\pi}{2q}\, z\left(\frac{z^{2q}-1}{z^2-1}\right)$$

est un polynôme de degré au plus (et en fait égal à) $2q-3$ vérifiant

$$\mathrm{Im}(\alpha)\ \mathrm{Re}(Q(\alpha)) = |\mathrm{Im}(\alpha)| \quad \text{pour tout } \alpha,\ \alpha^{2q}=1.$$

Il reste donc à montrer que $\sup\limits_{|z|=1}|\mathrm{Re}(Q(z))|=1$. Pour cela, on considère le polynôme trigonométrique réel $f(\theta)=\mathrm{Re}(Q(e^{i\theta}))$. On a

(*) $\quad f(\theta)\geq 0$ si $\theta\in[0,\pi]$ et $f(\theta+\pi)=-f(\theta)$.

Le polynôme $f'(\theta)$ s'annule aux points $\frac{\nu\pi}{q}$, $\nu=\pm 1,\ldots\pm(q-1)$ et d'autre part s'annule (d'après le théorème de Rolle) sur chacun des intervalles $]\frac{\nu\pi}{q},(\nu+1)\frac{\pi}{q}[$, $-(q-1)\leq\nu\leq -2$ et $1\leq\nu\leq q-2$. Donc f', de degré au plus $2q-3$, s'annulant en $2(2q-3)$ points distincts de $]-\pi,+\pi[$ n'admet pas d'autres racines sur cet intervalle. En conséquence, ces racines sont simples et en particulier f'' ne s'annule pas aux points $\frac{\nu\pi}{q}$, $\nu=\pm 1,\ldots,\pm(q-1)$. On en déduit alors aisément que f admet un maximum relatif en chacun des points $\frac{\nu\pi}{q}$, $\nu=1,\ldots,q-1$, d'où le résultat compte-tenu de (*).

<u>Remarque 2.6</u>. – <u>Applications aux inégalités de type polynomial</u>.

Considérons un polynôme $P(z)=\sum_{k=0}^{n} a_j z^j$ de degré $n\geq 1$ et appliquons le théorème 2.1 (avec $k=1$) à P^*. Compte tenu de la remarque 2.1, on obtient donc

$$\left|\sum_{k=0}^{n-1}\bar{a}_k a_{k+1}\right| \leq \cos\frac{\pi}{n+2}\cdot\sum_{k=0}^{n}|a_k|^2 .$$

Nous avons ainsi établi une inégalité portant sur des nombres complexes $a_o,\ldots,a_n$ en interprétant celle-ci comme inégalité portant sur les coefficients d'un polynôme. Cette interprétation permet dans beaucoup de cas, via les formules d'interpolation, de parvenir rapidement au résultat. Donnons juste un autre exemple : on veut montrer que pour des nombres complexes $a_o,\ldots,a_n$, $n\geq 2$, on a, avec $a_{n+1}=a_o$

(*) $$\sum_{k=0}^{n}|a_{k+1}-a_k|^2 \geq 2\operatorname{tg}\frac{\pi}{n+1}\cdot\mathrm{Im}\left(\sum_{k=0}^{n}\bar{a}_k a_{k+1}\right).$$

(cf. K. Fan et al. [1955]).

On introduit le polynôme $P(z) = \sum_{k=0}^{n} a_k z^k$. De la relation (1.1) (§1) appliquée au polynôme $P^{*}(z) := \sum_{k=0}^{n} b_k z^k$ avec $q = n+1$, $a = -1$, $u = \pm 1$, on tire la relation

$$b_1 z - b_n z^n = \frac{2}{n+1} \cdot \sum_{\alpha, \alpha^{n+1} = -1} \mathrm{Re}(\alpha) \cdot P^{*}(\alpha z).$$

Comme $\mathrm{Re}(\alpha) \leq \cos \frac{\pi}{n+1}$ si $\alpha^{n+1} = -1$, on a par suite

$$\mathrm{Re}(b_1 \omega - b_n \omega^n) \leq 2 \cos \frac{\pi}{n+1} \, b_o$$

pour tout ω, $|\omega| = 1$.

En prenant $\omega = e^{-i\pi/n+1}$ et en explicitant les coefficients b_o, b_1 et b_n en fonction de $a_o, \ldots, a_n$, on obtient l'inégalité (*).

§3 MESURE ET COEFFICIENTS

3.1 UN RESULTAT DE DOMINATION.

Etant données une série entière $f(z) = \sum_{k\geq 0} a_k z^k$ à coefficients complexes et une série $g(z) = \sum_{k\geq 0} b_k z^k$ à coefficients réels positifs ou nuls, on écrit

$$f(z) << g(z)$$

si pour tout $k \geq 0$, on a

$$|a_k| \leq b_k \,.$$

Il est clair que si $f_1(z) << g_1(z)$ et $f_2(z) << g_2(z)$, alors

$$f_1(z) + f_2(z) << g_1(z) + g_2(z) \quad \text{et} \quad f_1(z) f_2(z) << g_1(z) g_2(z).$$

En ce qui concerne les polynômes, on dispose du résultat suivant.

<u>Lemme 3.1</u>. - *Soit* $P(z) = \sum_{k=0}^{n} a_k z^k$ *un polynôme de degré* $n \geq 2$. *Alors*

$$P(z) << (z+1)^{n-2}(|a_n| z + M(P))(z + \frac{|a_0|}{M(P)}) << M(P)(z+1)^n \,.$$

<u>Preuve</u> : On note que si $(\alpha,\beta) \in [0,1] \times [0,1]$, alors $(1-\alpha)(1-\beta) \geq 0$, donc

$$(z+\alpha)(z+\beta) << (z+1)(z+\alpha\beta).$$

Par récurrence sur $n \in \mathbb{N}$, on en déduit que

$$\prod_{j=1}^{n} (z+x_j) << (z+1)^{n-1}(z + \prod_{j=1}^{n} x_j) \qquad \text{si } x_j \in [0,1]$$

pour $j = 1,\ldots,n$.

On obtient de la même façon cette relation si l'on suppose $x_j \geq 1$ pour $j = 1,\ldots,n$. Par conséquent, pour des nombres complexes quelconques $\alpha_1,\ldots,\alpha_n$ $(n \geq 2)$ il vient (avec la convention qu'un produit vide est égal à 1)

$$\prod_{j=1}^{n} (z+\alpha_j) << \prod_{j=1}^{n} (z+|\alpha_j|) << (z+1)^{n-2}(z + \prod_{j,|\alpha_j|\geq 1} |\alpha_j|)(z + \prod_{j,|\alpha_j|<1} |\alpha_j|).$$

La relation du lemme s'obtient en écrivant P sous la forme $P(z) = a_n \prod_{j=1}^{n} (z+\alpha_j)$.

<u>Référence</u> : D. Boyd [1980], lemme 3.

3.2 ESTIMATIONS.

Pour $n \geq 1$, soit $U_n(z) = (z+1)^n$. A partir des égalités

$$H(U_n) = \max_{0\leq k\leq n} \binom{n}{k} = \binom{n}{[\frac{n}{2}]},$$

$$L(U_n) = \sum_{0\leq k\leq n} \binom{n}{k} = 2^n,$$

et

$$\|U_n\|_2^2 = \sum_{0\leq k\leq n} \binom{n}{k}^2 = \binom{2n}{n},$$

on obtient à l'aide du lemme 3.1

Théorème 3.1. - *Soit* $P(z) = \sum_{k=0}^{n} a_k z^k$ *un polynôme de degré* $n \geq 2$. *Alors*

$$\|P\|_2 \leq \binom{2n}{n}^{1/2} M(P), \quad H(P) \leq \binom{n}{[\frac{n}{2}]} M(P)$$

et

$$L(P) \leq 2^{n-2}(|a_n| + M(P))(1 + \frac{|a_0|}{M(P)}) \leq 2^n M(P).$$

Références : K. Mahler [1960], R.L. Duncan [1966].

Remarque 3.1. - La première inégalité du théorème précédent n'est qu'un cas particulier de la relation

$$\|P\|_\nu \leq \|U_n\|_\nu M(P) \qquad \text{pour tout } \nu \geq 0.$$

(cf. I. Théorème 4.1, p.24).

Pour tout polynôme P de degré n, on sait que

$$M(P) \leq \|P\|_2 \leq L(P),$$

les inégalités étant strictes si P n'est pas un monôme. On en déduit en particulier la relation

$$M(P) \leq \sqrt{n+1}\, H(P).$$

Rappelons que cette majoration de $M(P)$ est asymptotiquement la meilleure possible puisque pour tout entier n assez grand, il existe un polynôme P_n de degré n vérifiant $H(P_n) = 1$ et $M(P_n) \geq \sqrt{n+1} - \frac{1}{2}\log n$ (cf. I Théorème 5.2, p.34). En ce qui concerne l'inégalité $M(P) \leq \|P\|_2$, un résultat plus précis peut être obtenu :

<u>Théorème 3.2</u>. - *Soit* $P(z) = \sum_{k=0}^{n} a_k z^k$ *un polynôme de degré* $n \geq 1$. *Alors*

$$M(P)^2 + \left(\frac{|a_o a_n|}{M(P)}\right)^2 \leq ||P||_2^2 .$$

<u>Preuve</u> : On peut supposer $a_o \neq 0$. Le polynôme $\breve{P} := \sum_{k=0}^{n} b_k z^k$ (cf. I. §2) vérifie $|P(z)| = |\breve{P}(z)|$ pour $|z| = 1$, d'où $||P||_2 = ||\breve{P}||_2$. Comme $|b_o| = M(P)$ et $|b_n| = \frac{|a_o a_n|}{M(P)}$, il suffit donc d'écrire $||\breve{P}||_2^2 \geq |b_o|^2 + |b_n|^2$. ∎

<u>Références</u> : J.V. Gonçalves [1950], A.M. Ostrowski [1960] ; voir également L. Mirsky [1962].

§4 MODULE MAXIMUM ET COEFFICIENTS

4.1 ESTIMATION DE H(P) et $||P||_2$

Si P est un polynôme de degré n, on a trivialement

$$H(P) \leq ||P||_2 \leq ||P|| \leq (n+1)^{1/2} ||P||_2 \leq (n+1)H(P).$$

On vérifie sans peine que les relations

$$||P|| = (n+1)H(P) \quad \text{et} \quad ||P|| = (n+1)^{1/2} ||P||_2$$

ne peuvent avoir lieu que si $P(z) = \lambda\, T(\varepsilon z)$ où $T(z) = 1+z+\ldots+z^n$ et $(\lambda,\varepsilon) \in \mathbb{C}^* \times \mathbb{C}$ avec $|\varepsilon| = 1$.

D'un autre côté, si P n'est pas un monôme, alors

$$H(P) < ||P||_2 < ||P||.$$

Nous allons un peu préciser ce dernier point.

a) Sur l'inégalité $||P||_2 < ||P||$.

Soit P un polynôme de degré $n \geq 1$. Pour traduire le fait que P n'est pas un monôme, on peut d'une part dire que P possède au moins un coefficient (autre que le coefficient directeur) non nul et d'autre part dire que P possède au moins une racine non nulle. On obtient ainsi suivant la traduction:

Théorème 4.1. - *Soit P un polynôme de degré $n \geq 1$*

$$P(z) = z^j \cdot \sum_{k=j}^{n} a_k z^{k-j}, \qquad a_j \neq 0 \quad (0 \leq j < n).$$

Alors

$$2|a_j a_n| + ||P||_2^2 \leq ||P||^2.$$

Théorème 4.2. - *Soit P un polynôme de degré $n \geq 1$. On suppose que $P(\beta) = 0$ avec $\beta \neq 0$. Alors*

$$||P||_2 \leq (1-c)^{1/2} ||P||$$

avec

$$c = \frac{4|\beta|^n}{\sum_{k=0}^{n} (|\beta|^k + |\beta|^{n-k})^2} .$$

Preuve du théorème 4.1. : On peut supposer $j=0$. Soit $a \in \mathbb{C}$, $|a|=1$. De la relation (1.5) (§1) appliquée au polynôme $P^{\#}$ avec $(u,v)=(0,n)$, on tire

$$\|P\|_2^2 + 2\mathrm{Re}(a\,\bar{a}_o a_n) = \frac{1}{n} \sum_{\alpha,\alpha^n=a} |P(\alpha)|^2 ,$$

d'où le résultat par un choix convenable de a. Notons que l'égalité n'a lieu que si $P^{\#}$ s'écrit sous la forme $P^{\#}(z)=\alpha+\beta z^n$, $\beta\neq 0$, ce qui est le cas par exemple si P est lui-même de cette forme. ∎

Preuve du théorème 4.2. : On peut supposer $\beta=|\beta|$, $\|P\|=1$. Soit alors Q un polynôme de degré n vérifiant (cf. I, lemme 3.1, p.8)

$$|Q(\omega)|^2+|P(\omega)|^2=1 \qquad \text{pour} \quad |\omega|=1.$$

Par suite

$$Q(z)Q^*(z)+P(z)P^*(z)=z^n ,$$

d'où

$$Q(\beta)\,Q^*(\beta)=\beta^n .$$

En écrivant

$$Q(z)=\sum_{k=0}^{n} b_k z^k ,$$

il vient

$$|Q(\beta)|+|Q^*(\beta)| \leq \sum_{k=0}^{n} |b_k|(\beta^k+\beta^{n-k}) \leq \|Q\|_2 \left(\sum_{k=0}^{n} (\beta^k+\beta^{n-k})^2\right)^{1/2} .$$

Ainsi

$$4\beta^n = 4Q(\beta)Q^*(\beta) \leq (|Q(\beta)|+|Q^*(\beta)|)^2 \leq \|Q\|_2^2 \sum_{k=0}^{n} (\beta^k+\beta^{n-k})^2 ,$$

ce qui entraine

$$\|Q\|_2^2 \geq c ,$$

d'où le résultat puisque $\|P\|_2^2 = 1-\|Q\|_2^2$ ∎

Remarque 4.1. - Cas d'égalité dans le théorème 4.2.

On suppose $\beta=|\beta|$. Soit $T(z)=1+z+\ldots+z^n$. Remarquons que la constant c peut s'écrire

$$c=\frac{2\beta^n}{T(\beta^2)+\beta^n T(1)} .$$

Considérons

$$Q(z)=\frac{c}{2\beta^{n/2}}\left(T(\beta z)+\beta^n T\left(\frac{z}{\beta}\right)\right) .$$

Donc

$$||Q||_2^2 = c \quad \text{et} \quad Q(\beta) = Q^*(\beta) = \beta^{n/2} .$$

En outre

$$||Q|| = 2\beta^{n/2}\left(\sum_{k=0}^{n}(\beta^k+\beta^{n-k})\right)\left(\sum_{k=0}^{n}(\beta^k+\beta^{n-k})^2\right)^{-1} \leq 1$$

puisque

$$2\beta^{n/2} \leq \beta^k+\beta^{n-k} \qquad \text{pour tout} \quad k=0,\ldots,n.$$

Par conséquent, si R est un polynôme de degré n tel que $|R(\omega)|^2+|Q(\omega)|^2=1$ pour $|\omega|=1$, alors $||R||_2^2=1-c$ et $R(\beta)R^*(\beta)=0$, d'où l'égalité dans le théorème 4.2 en prenant soit $P=R$, soit $P=R^*$.

Références : Le résultat énoncé dans le théorème 4.1 est dû à J.G. van der Corput et C. Visser [1946]. En ce qui concerne le théorème 4.2, le cas particulier $\beta=1$ a été obtenu par F.P. Callahan [1959] (voir également R.P. Boas [1962]). Notons que la relation (1.6) (§1) avec $q=n+1$ et $a=1$ montre qu'en fait

$$||P||_2 \leq \left(\frac{n}{n+1}\right)^{1/2} \max_{\alpha,\alpha^{n+1}=1} |P(\alpha)|.$$

b) Sur l'inégalité $H(P) < ||P||$.

Remarquons tout d'abord que si P n'est pas un monôme, on a $H(P) < ||P||_2$ et par suite, par le biais de la relation (1.6),

$$\max_{\alpha,\alpha^q=a} |P(\alpha)| > H(P)$$

pour tout $a \in \mathbb{C}$, $|a|=1$ et tout entier $q \geq n+1$ où n est le degré de P (J.R. Slagle [1968]).

Démontrons à présent un résultat général concernant les fonctions analytiques dans le disque unité (voir par exemple G.M. Goluzin [1969], p. 329-330).

Théorème 4.3. - *Soit* $f(z) = \sum_{k\geq 0} a_k z^k$ *une fonction analytique dans le disque unité vérifiant* $|f(z)| \leq M$ *pour* $|z| < 1$. *Pour tout* $k \geq 1$, *on a*

$$|a_0|^2 + |a_k| M \leq M^2.$$

Preuve : On peut écrire

$$\frac{1}{k}\sum_{\alpha,\alpha^k=1} f(\alpha z) = g(z^k)$$

où g vérifie les mêmes hypothèses que f et $g(0)=a_0$, $g'(0)=a_k$. Il suffit donc de montrer l'inégalité pour $k=1$. On peut supposer que f est non constante et $M=1$. La fonction $z \mapsto \omega(z) = \frac{f(z)-a_0}{1-\bar{a}_0 f(z)}$ est alors analytique dans le disque $|z|<1$ et

$$\omega(0) = 0, \quad |\omega(z)| \leq 1 \qquad \text{pour} \quad |z|<1.$$

Par suite, d'après le lemme de Schwarz

$$|f'(0)|\cdot\frac{1}{1-|a_0|^2} = |\omega'(0)| \leq 1. \quad ■$$

Si $P(z) = \sum_{k=0}^{n} a_k z^k$ est un polynôme de degré $n \geq 1$, on obtient ainsi en appliquant le théorème 4.3 à P et P^*

$$|a_0|^2 + |a_k|\,||P|| \leq ||P||^2 \qquad \text{pour} \quad k=1,\dots,n$$

et

$$|a_n|^2 + |a_k|\,||P|| \leq ||P||^2 \qquad \text{pour} \quad k=0,\dots,n-1.$$

Bien que ces inégalités soient strictes si P n'est pas un monôme, on notera que pour tout réel δ, $0<\delta<1$, le polynôme $P(z) = \frac{\delta}{2}(1+z^n)+(1-\delta)z^k$ (avec $0<k<n$) vérifie $||P|| = 1$ et $|a_0|^2 + |a_k| = |a_n|^2 + |a_k| > 1-\delta$.

Dans le théorème 4.3, si l'on suppose que f est un polynôme, une bien meilleure majoration du module du coefficient a_k peut être obtenue pourvu que k soit suffisament grand. En effet, un choix convenable du nombre complexe a dans la relation (1.5) (§1) permet d'énoncer

<u>Théorème 4.4.</u> - *Soient $P(z) = \sum_{k=0}^{n} a_k z^k$ un polynôme de degré $n \geq 1$ et u,v deux entiers vérifiant $0 \leq u < v \leq n$. Si la relation $k \equiv u\ [\mathrm{mod}(v-u)]$ avec $0 \leq k \leq n$ implique $(k-u)(k-v)a_k = 0$, alors*

$$|a_u| + |a_v| \leq ||P||.$$

En particulier

$$|a_0| + |a_v| \leq ||P|| \qquad \text{si} \quad v > n/2$$

et

$$|a_u| + |a_n| \leq ||P|| \qquad \text{si} \quad u < n/2\,.$$

<u>Références</u> : C. Visser [1945], J.G.van der Corput et C. Visser [1946].

En liaison directe avec le résultat qui vient d'être obtenu se pose tout naturellement le problème de majorer au mieux la somme $|a_u| + |a_v|$ pour deux entiers u et v quelconques et ce pour un polynôme $P(z) = \sum_{k=0}^{n} a_k z^k$ de degré $n \geq 1$. D'après la relation (1.3) (§1) on peut écrire, en supposant $u < v$,

$$a_u \omega^u - a_v \omega^v = \frac{1}{q} \sum_{\alpha, \alpha^q = 1} (\alpha^{-u} - \alpha^{-v}) P(\alpha\omega)$$

pour tout ω, $|\omega| = 1$, et tout entier $q > \max\{v, n-u\}$.
En particulier si $q \equiv 0 \,[\mathrm{mod}(v-u)]$, disons $q = \lambda(v-u)$, on obtient alors par un choix convenable de ω

$$|a_u| + |a_v| \leq \frac{2}{\lambda} \operatorname{cotg} \frac{\pi}{2\lambda} \, ||P|| .$$

Si $v > 2u$ et $2v > n+u$, on peut prendre $\lambda = 2$ et on retrouve ainsi l'inégalité obtenue dans le théorème 4.4. Dans le cas général, l'entier λ doit vérifier $\lambda > \max\{\frac{v}{v-u}, \frac{n-u}{v-u}\}$, ce qui a lieu si $\lambda = 2 + [\frac{k}{v-u}]$, $k = \max\{u, n-v\}$. Ainsi

<u>Théorème 4.5</u>. - *Soient* $P(z) = \sum_{k=0}^{n} a_k z^k$ *un polynôme de degré* $n \geq 1$ *et* u, v *deux entiers tels que* $0 \leq u < v \leq n$. *Alors*

$$|a_u| + |a_v| \leq \frac{2}{\lambda} \operatorname{cotg} \frac{\pi}{2\lambda} \, ||P|| < \frac{4}{\pi} \, ||P||$$

où

$$\lambda = 2 + [\frac{k}{v-u}], \quad k = \max\{u, n-v\}.$$

<u>Référence</u> : Q.I. Rahman [1963].

<u>Remarques 4.2</u>. - 1- Pour tout entier $q \geq 2$, on sait qu'il existe un polynôme Q de degré $2q-3$ tel que $\sup_{|z|=1} |\mathrm{Re}(Q(z))| = 1$ et $Q'(0) = -\frac{2i}{q} \operatorname{cotg} \frac{\pi}{2q}$ (cf. Remarque 2.5, p. 8). Le polynôme

$$P(z) = \frac{1}{2} (z^{2q-3} Q(z) + Q^*(z)) := \sum_{k=0}^{4q-6} a_k z^k$$

vérifie donc $||P|| = 1$ et $|a_{2q-4}| + |a_{2q-2}| = \frac{2}{q} \operatorname{cotg} \frac{\pi}{2q}$.

Notons alors que

$$\frac{2}{q} \operatorname{cotg} \frac{\pi}{2q} \sim \frac{4}{\pi} \qquad \text{pour } q \to +\infty.$$

2- Sous certaines hypothèses, l'inégalité énoncée dans le théorème 4.5 peut être améliorée. Par exemple, si $(u,v) = (0,1)$, ce théorème donne la majoration $|a_0| + |a_1| \leq \frac{2}{n+1} \operatorname{cotg} \frac{\pi}{2(n+1)} \, ||P||$, alors que l'on peut obtenir en fait $|a_0|+|a_1| \leq \frac{5}{4}\|P\|$. D'une manière générale, si $v>2u$ (ou encore $2v>n+u$ en considérant P^*), le théorème 4.3 appliqué au polynôme

$$\frac{z^{-u}}{v-u} \sum_{\alpha,\alpha^{v-u}=1} \alpha^{-u} P(\alpha z)$$

montre que

$$|a_u|+|a_v| < \max_{0\leq x\leq \|P\|} \left(x+\|P\|-\frac{x^2}{\|P\|}\right) = \frac{5}{4}\|P\| .$$

Remarquons que si $P(z)=2-\frac{3}{2}\sum_{k=0}^{n}\left(\frac{z}{2}\right)^k$, alors $|a_0|+|a_1|=\frac{5}{4}$ et $\|P\|<1+\frac{3}{2^{n+1}}$ (Q.I. Rahman [1963]).

Remarque 4.3. - Un problème ouvert : hauteur d'un polynôme ayant une racine donnée

On considère un polynôme P de degré $n\geq 1$ s'annulant en un point $\beta\neq 0$ donné. Le problème qui se pose est d'obtenir l'analogue du théorème 4.2 lorsque la norme euclidienne est remplacée par la hauteur. Il ne s'agit pas bien entendu d'obtenir *une* majoration du rapport $\frac{H(P)}{\|P\|}$, mais la *meilleure* majoration possible (car sinon on peut par exemple utiliser C.7, p.24 , puis le théorème 4.2). Même quand la hauteur $H(P)$ est remplacée par $|P(0)|$ (problème a priori plus simple à résoudre), on ne connait la réponse que dans le seul cas $|\beta|=1$ [1]. Pour le lecteur intéressé, évoquons brièvement les étapes qui ont conduit vers elle. Dans les années 70, G. Halasz posa le problème de déterminer

$$\mu(n) := \max\left\{\frac{|P(0)|}{\|P\|} : P\in\mathbb{C}[z] \text{ de degré } n\geq 1 \text{ et } P(1)=0\right\}.$$

Il était clair que $\mu(n)\leq\frac{n}{n+1}$ (ce que l'on peut déduire par exemple de la relation 1.3 (§1) avec $q=n+1$ et $a=1$). Les premiers travaux ont donc visé à obtenir une minoration de $\mu(n)$ (Q.I. Rahman et F. Stenger [1974] (théorème 2), Q.I. Rahman et G. Schmeisser [1976] (théorème 1)). Au mieux était-on parvenu alors à $\mu(n)\geq 1-\frac{\pi^2}{8n}$ (ce qui se révèlera être d'ailleurs le meilleur résultat possible puisque $(1-\mu(n))\sim\frac{\pi^2}{8n}$ pour $n\to+\infty$). On a donc cherché ensuite à majorer plus finement $\mu(n)$ (Q.I. Rahman et G. Schmeisser [1979]). Ce sont finalement M. Lachance et al. [1979] qui fourniront la réponse, à savoir

$$\mu(n) = \left(\cos\frac{\pi}{2(n+1)}\right)^{n+1} .$$

---

1) Pour $|\beta|\neq 1$, le problème a été abordé par Q.I. Rahman et G. Schmeisser [1976] (théorème 3), mais on est loin de la majoration optimale.

Le même problème lorsque $|\beta| \neq 1$ semble très difficile. Pour s'en convaincre, il suffit de considérer le cas le plus simple, c'est-à-dire $n = 2$ (le cas $n = 1$ étant, lui, trivial) : on trouve alors

$$|P(0)| \leq \frac{3}{\sqrt{2}} |\beta| \cdot \frac{(\lambda+1+|\beta|^2)^{1/2}}{\lambda+2+2|\beta|^2} \cdot ||P||$$

avec

$$\lambda = (1+14|\beta|^2+|\beta|^4)^{1/2},$$

et comme disent les anglicistes : "This result is sharp".

4.2 ESTIMATION DE L(P).

Il est clair que la relation

$$||P|| = L(P)$$

ne peut avoir lieu que si $P(z) = \lambda R(\omega z)$ où R est un polynôme à coefficients réels positifs ou nuls et $(\lambda,\omega) \in \mathbb{C}^2$ quelconque. D'un autre côté, à l'aide du théorème 4.1, p. 14, on obtient si $P(z) = \sum_{k=0}^{n} a_k z^k$, $n \geq 1$

$$L(P) = |a_o|+|a_n| + \sum_{k=1}^{n-1} |a_k| \leq \sqrt{n}[(|a_o|+|a_n|)^2 + \sum_{k=1}^{n} |a_k|^2]^{1/2} \leq \sqrt{n}\ ||P||.$$

En fait, $L(P) < \sqrt{n}\ ||P||$ dès que $n \geq 5$. (La relation $L(P) = \sqrt{n}\ ||P||$ est équivalente à $|a_k| = |a_o|+|a_n|$ pour $k = 1,\dots,n-1$ et $\sum_{k=0}^{\nu} a_k \bar{a}_{n-\nu+k} = 0$ pour $\nu = 1,\dots,n-1$, ce qui n'est possible que si $n = 1,2$ ou 4). On définit donc

$$d_n = \max_{P \in E_n} L(P)$$

où E_n est l'ensemble des polynômes P de degré au plus égal à n vérifiant $||P|| = 1$. On obtient ainsi

$$L(P) \leq d_n ||P||$$

pour tout polynôme P de degré n.

Ce qui précède montre que $d_n \leq \sqrt{n}$ pour tout $n \geq 1$. D'un autre côté, E. Beller et D.J. Newman [1971] ont prouvé que $d_n \geq \sqrt{n} - 3n^{3/10}\log n$ pour n assez grand, donc en particulier que

$$d_n \sim \sqrt{n} \qquad \text{pour } n \to +\infty .$$

La minoration de d_n sera améliorée par J.P. Kahane [1980] qui obtiendra $d_n \geqslant \sqrt{n} - 3n^{1/6}$ pour n assez grand.

Nous ne donnerons pas ici la preuve de l'équivalence $d_n \sim \sqrt{n}$: celle-ci trouvera sa juste place lorsque sera abordé le problème plus général d'estimer, pour une suite $\varepsilon = (\varepsilon_k)_{k \geqslant 0}$ de réels positifs ou nuls donnée, la quantité $\max\limits_{P \in E_n} L_\varepsilon(P)$ où $L_\varepsilon(P) = \sum\limits_{k=0}^{n} \varepsilon_k |a_k|$ si $P(z) = \sum\limits_{k=0}^{n} a_k z^k$.

§5 COMPLEMENTS SUR LA NORME EUCLIDIENNE

Nous avons réuni ici quelques résultats concernant la norme euclidienne d'un polynôme. La plupart d'entre eux peuvent être obtenus assez rapidement et un moyen d'y parvenir est indiqué entre parenthèses à la suite de chaque énoncé. A l'exception peut-être de C.10, les indications fournies doivent permettre au lecteur d'établir sans peine une preuve rigoureuse de ceux-ci.

C.1 Soit $P(z) = \sum_{k=0}^{n} a_k z^k$ un polynôme de degré $n \geq 2$. On suppose que $|a_o| \geq K|a_n|$, $K \geq 0$ (on peut donc prendre $K = k^n$ si $P(\omega) \neq 0$ pour $|\omega| < k$). Alors

$$1- \quad ||P'||_2^2 \leq \max\{\frac{n^2}{1+K^2}, (n-1)^2\} \; ||P||_2^2$$

$$2- \quad \sum_{\nu=0}^{n} \nu|a_\nu|^2 \leq \max\{\frac{n}{1+K^2}, n-1\} \; ||P||_2^2$$

3- Pour tout $R \geq 1$

$$||P(Rz)||_2^2 \leq \max\{\frac{R^{2n}+K^2}{1+K^2}, R^{2(n-1)}\} ||P||_2^2 .$$

Dans les trois relations, l'inégalité est stricte si le maximum n' est donné que par le second terme.

(En écrivant le second membre de ces inégalités sous la forme $\gamma_i ||P||_2^2$, $i = 1,2,3$, majorer pour $1 \leq \nu \leq n-1$, $\nu^2|a_\nu|^2$ par $\gamma_1|a_\nu|^2$, $\nu|a_\nu|^2$ par $\gamma_2|a_\nu|^2$ et $R^{2\nu}|a_\nu|^2$ par $\gamma_3|a_\nu|^2$. Q.I. Rahman [1964], théorèmes 3, 4, 5).

C.2 Soit $P(z) = \sum_{k=0}^{n} a_k z^k$ un polynôme de degré n et soit $\gamma \geq 0$. Les assertions suivantes sont équivalentes.

$$1- \quad \sum_{\nu=0}^{n} \nu|a_\nu|^2 \leq \frac{n}{1+\gamma} \; ||P||_2^2$$

$$2- \quad ||P(R_2 z)||_2^2 \leq \frac{\gamma+R_2^{2n}}{\gamma+R_1^{2n}} \; ||P(R_1 z)||_2^2 \qquad \text{pour } R_2 \geq R_1 \geq 1.$$

$$3- \quad ||P(Rz)||_2^2 \leq \frac{\gamma+R^{2n}}{\gamma+1} \; ||P||_2^2 \qquad \text{pour } R \geq 1.$$

(Noter tout d'abord que la relation 1 est en fait équivalente à

$$\gamma \sum_{\nu=0}^{n} \nu|a_\nu|^2 x^{2\nu} \leq x^{2n} \sum_{\nu=0}^{n} (n-\nu)|a_\nu|^2 x^{2\nu} \qquad \text{pour } x \geq 1.$$

Considérer alors l'application $f : x \to (\sum_{\nu=0}^{n} |a_\nu|^2 x^{2\nu})(\gamma+x^{2n})^{-1}$ et vérifier que les conditions de l'énoncé se traduisent par

1- $f'(1) \leq 0$ $(\Leftrightarrow f'(x) \leq 0$ pour $x \geq 1)$.

2- f décroissante sur $[1,+\infty[$

3- $f(x) \leq f(1)$ pour $x \geq 1$).

C.3 Soit $P(z) = \sum_{k=0}^{n} a_k z^k$ un polynôme de degré n vérifiant

$$|P(z)| \leq |P^*(z)| \qquad \text{pour } |z| \geq 1,$$

ce qui est naturellement le cas si P est réciproque ou encore si $P(\omega) \neq 0$ pour $|\omega| < 1$.

Alors

$$\sum_{\nu=0}^{n} \nu|a_\nu|^2 \leq \frac{n}{2} \|P\|_2^2.$$

(Noter que $\sum_{\nu=0}^{n} \nu|a_\nu|^2 = \lim_{R\to 1} \left(\frac{\|P(Rz)\|_2^2 - \|P\|_2^2}{R^2-1}\right)$).

C.4 Soit P un polynôme de degré $n \geq 1$ tel que $P(\omega) \neq 0$ pour $|\omega| < 1$

Pour $R_2 \geq R_1 > 0$, on a

$$\|P(R_2 z)\|_2^2 \leq \frac{1+R_2^{2n}}{1+R_1^{2n}} \|P(R_1 z)\|_2^2 \qquad \text{si } R_1R_2 \geq 1,$$

et

$$\|P(R_2 z)\|_2^2 \leq \left(\frac{1+R_2}{1+R_1}\right)^{2n} \|P(R_1 z)\|_2^2 \qquad \text{si } R_1R_2 \leq 1.$$

(Pour la première inégalité, comme $|P(z)| \leq |P^*(z)|$ pour $|z| \geq 1$, c'est-à-dire $R_1^n|P(\frac{\omega}{R_1})| \leq |P(R_1\omega)|$ si $|\omega| = 1$ et $R_1 \leq 1$, on se ramène au cas où $R_2 \geq R_1 \geq 1$. Utiliser alors C.3 et C.2. Q.I. Rahman [1961] ($R_1=1$), M.A. Malik [1963] ($R_1 \leq 1$), Q.I. Rahman [1964] ($R_1 \geq 1$). Pour la seconde inégalité, noter que l'hypothèse $(R_2-R_1)(1-R_1R_2) \geq 0$ entraine

$$|R_1\omega-\alpha| \geq \frac{1+R_1}{1+R_2} |R_2\omega-\alpha| \qquad \text{pour } |\omega| = 1 \text{ et } |\alpha| \geq 1.$$

Q.I. Rahman [1965]).

C.5 Soit $P(z) = \sum_{\nu=0}^{n} a_\nu z^\nu$ un polynôme de degré n vérifiant $P(\omega) \neq 0$ pour $|\omega| < k$, $k \leq 1$. Alors

$$\sum_{\nu=0}^{n} \nu|a_\nu|^2 \leq \frac{n}{1+k^{2n}} \|P\|_2^2$$

et $$||Q_j'||_2^2 \leq \frac{(n+j)^2+j^2k^{2n}}{1+k^{2n}} ||Q_j||_2^2$$

où $Q_j(z) = z^jP(z)$, $j \geq 0$.

(Le polynôme $P_1(z) = P(kz)$ ne s'annule pas dans le disque $|z| < 1$. Soit $R \geq$ Appliquer C.4 à P_1 avec $R_2 = \frac{R}{k}$ et $R_1 = \frac{1}{k}$, puis conclure en utilisant C.2. Q.I. Rahman [1964]. Pour la seconde relation, noter que $\nu^2 \leq \nu n$ si $0 \leq \nu \leq n$. P.D. Lax [1944] (k=1, j=0), Q.I. Rahman [1964] (k≤1, j=0), V.K. Jain [1977] (k=1, j≥0)). Voir également K.K. Dewan et N.K. Govil [1983].

C.6 Soit $P(z) = \sum_{\nu=0}^{n} a_\nu z^\nu$ un polynôme de degré n vérifiant $P(\omega) \neq 0$ pour $|\omega| < k$, $k > 1$. Alors

$$\sum_{\nu=0}^{n} \nu |a_\nu|^2 \leq \frac{n}{1+k} ||P||_2^2$$

et $$||P'||_2^2 \leq \frac{n^2}{1+k^2} ||P||_2^2 .$$

(Utiliser C.4 afin d'obtenir une majoration de $||P(Rz)||_2$ pour $1 \leq R \leq k^2$ et en déduire le résultat par un passage à la limite (cf. C.3). V.K. Jain [1977] Pour la seconde inégalité, on pourra montrer que $k|P'(\omega)| \leq |n P(\omega) - \omega P'(\omega)|$ pour $|\omega| = 1$ en écrivant $\frac{\omega P'(\omega)}{n P(\omega)} = \frac{1}{n} \sum_{\alpha, P(\alpha)=0} \omega (\omega-\alpha)^{-1}$ et en notant que l'ensemble $\{\beta \in \mathbb{C} : k|\beta| \leq |1-\beta|\}$ est un disque fermé, donc est convexe. N.K. Govil et Q.I. Rahman [1969]. Ces derniers ont conjecturé que

$$||P'||_2 \leq n \max\left\{\frac{1}{||z^n+k^n||_2}, \frac{||(z+k)^{n-1}||_2}{||(z+k)^n||_2}\right\} ||P||_2 \quad).$$

C.7 Soient ρ un réel positif non nul et $\Lambda = (\lambda_o, \lambda_1, \ldots, \lambda_n) \in \mathbb{R}^{n+1}$ tel que (pour un certain entier j)

$$\lambda_j > \lambda_k \geq 0 \qquad \text{pour } 0 \leq k \leq n, \ k \neq j.$$

On note $\alpha = \alpha(\rho, \Lambda)$ la plus grande des racines (et en fait l'unique racine) de l'équation

$$\sum_{k=0}^{n} \frac{\rho^{2k}}{\lambda_j - \lambda_k - \alpha} = 0$$

vérifiant $0 < \alpha < \min_{\substack{0 \leq k \leq n \\ k \neq j}} (\lambda_j - \lambda_k)$.

---

(1) Le résumé de cet article (M R 58 #1103) énonce le résultat avec le facteur $\frac{1}{1+k^2}$ mais ceci est erroné (considérer $(z+k)^n$).

On considère un polynôme $P(z) = \sum_{k=0}^{n} a_k z^k$ et on suppose que $P(\omega) = 0$ avec $|\omega| = \rho$. Alors

$$\sum_{k=0}^{n} \lambda_k |a_k|^2 \leq (\lambda_j - \alpha) \|P\|_2^2 .$$

(L'existence de α résulte du théorème de Rolle appliqué à la fonction $x \longrightarrow \prod_{0\leq k\leq n} (\lambda_j - \lambda_k - x)^{\rho^{2k}}$, $x \leq \min_{\substack{0\leq k\leq n \\ k\neq j}} (\lambda_j - \lambda_k)$. On définit $\beta_k = (\lambda_j - \lambda_k - \alpha)\rho^{-2k}$ de sorte que $\beta_k > 0$ pour $k \neq j$ et $\sum_{\substack{k=0 \\ k\neq j}}^{n} \frac{1}{\beta_k} = \frac{\rho^{2j}}{\alpha}$. Il vient alors

$$|a_j \omega_j|^2 = \Big| \sum_{\substack{k=0 \\ k\neq j}}^{n} a_k \omega_k \Big|^2 \leq \sum_{\substack{k=0 \\ k\neq j}}^{n} |a_k|^2 \rho^{2k} \beta_k \Big(\sum_{\substack{k=0 \\ k\neq j}}^{n} \frac{1}{\beta_k} \Big) ,$$

d'où le résultat. En prenant $P(z) = \sum_{k=0}^{n} \frac{\rho^k}{\lambda_j - \lambda_k - \alpha} z^k$, on obtient l'égalité.

Un choix convenable de Λ permet ainsi d'estimer $\|P'\|_2$, $\|P(Rz)\|_2$, $|P^{(j)}(0)|$, $\int_0^{2\pi} e^{i\theta} P'(e^{i\theta}) \overline{P(e^{i\theta})} d\theta$, etc. A. Giroux et Q.I. Rahman [1974], p. 72-76).

C.8 Soit β une racine d'un polynôme P de degré n. On pose $Q(z) = \frac{P(z)}{z-\beta}$. Alors

$$(1+|\beta|^2+2|\beta|\cos \frac{\pi}{n+1})^{-1/2} \|P\|_2 \leq \|Q\|_2 \leq (1+|\beta|^2-2|\beta|\cos \frac{\pi}{n+1})^{-1/2} \|P\|_2 .$$

(En se ramenant au cas où $\beta = |\beta|$, utiliser la relat on 1.6 (§1) avec $q = n+1$ et $a = -1$ (resp. $a = (-1)^n$) pour la majoration (resp. la minoration). L'égalité est atteinte si par exemple $P(z) = (z-\beta)Q_o(z)$ (resp. $P(z) = (z-\beta)Q_o(-z)$ où $Q_o(z) = \frac{z^{n+1}+1}{(z-e^{i\pi/n+1})(z-e^{-i\pi/n+1})}$. J.D. Donaldson et Q.I. Rahman [1972]).

C.9 Soit P un polynôme de degré n vérifiant $P(\beta) = 0$ où β est un nombre réel positif ou nul et soit $Q(z) = \frac{P(z)}{z-\beta}$. On a

$$\frac{1-\beta^n}{(1-\beta^2)(1+\beta^n)} \cdot \min_{\alpha,\alpha^n=-1} |P(\alpha)|^2 \leq \|Q\|_2^2 \leq \frac{1-\beta^n}{(1-\beta^2)(1+\beta^n)} \cdot \max_{\alpha,\alpha^n=-1} |P(\alpha)|^2 .$$

(Calculer $\|Q\|_2$ en utilisant la relation (1.6) avec $a = -1$, $q = n$ et conclure à l'aide de la remarque 3.2, p. 36. Noter que l'égalité a lieu si $P(z) = z^n - \beta^n$. A. Aziz [1982]).

C.10 Si P est un polynôme vérifiant $P(0)=1$, on note Q_n l'unique polynôme Q de degré au plus égal à $n \geq 0$ tel que $\frac{P(z)Q(z)-1}{z^{n+1}}$ soit un polynôme. On définit ensuite

$$P_n(z) = (-1)^n(P(z)Q_n(z)-1).$$

Notons Λ_p l'ensemble des polynômes P de degré au plus égal à $p \geq 1$ vérifiant $P(0)=1$ et $P(\omega) \neq 0$ pour $|\omega| < 1$. Alors

$$\binom{p+n-1}{n}\binom{2p-2}{p-1}^{1/2} \leq \max_{P\in\Lambda_p} \|P_n\|_2 \leq \binom{p+n}{n+1}\binom{2p-2}{p-1}^{1/2} .$$

(Si $P(z) = \prod_{j=1}^{p} (1+\alpha_j z)$, montrer tout d'abord (seul point délicat) que $P_n(z) = \sum_{k=n+1}^{n+p} c_{k,n}(\alpha_1,\dots,\alpha_p)z^k$ où $c_{k,n}(z_1,\dots,z_p)$ est un polynôme en $z_1,\dots,z_p$ à coefficients réels positifs ou nuls. Il en résulte que $\|P_n\|_2$ est maximal lorsque $\alpha_1 = \alpha_2 = \dots = \alpha_p = 1$. Or si $P(z) = (1+z)^p$, on a $Q_n(z) = \sum_{k=0}^{n} \binom{k+p-1}{p-1}(-1)^k z^k$ et $P_n'(z) = p\binom{n+p}{p}z^n(1+z)^{p-1}$, d'où le résultat puisque $(n+1)\|P\|_2 \leq \|P_n'\|_2 \leq (n+p)\|P_n\|_2$. E. Makai [1958]).

<u>Remarque 5.1</u>. - Nous avons volontairement omis d'énoncer les résultats qui se déduisent des précédents par dualité (c'est-à-dire en supposant que les hypothèses sont vérifiées non pas par le polynôme P, mais par P^*). De C.6 par exemple, on déduit que si $P(z) = \sum_{\nu=0}^{n} a_\nu z^\nu$ est un polynôme de degré n ayant toutes ses racines dans le disque $|z| < 1$, alors

$$\sum_{\nu=0}^{n} \nu |a_\nu|^2 > \frac{n}{2} \|P\|_2^2 .$$

(D.J. Newman [1962]). Nous laissons le soin au lecteur d'effectuer les autres traductions.

3- OPERATEURS DE CONVOLUTION

§1 INTRODUCTION

On désigne par π_n le $\mathbb{C}$-espace vectoriel des polynômes de degré au plus égal à n. On identifie π_o à $\mathbb{C}$, ce qui permet de considérer le dual π_n^* de π_n comme sous-espace de $\mathrm{End}(\pi_n)$ (algèbre des endomorphismes de π_n). On norme π_n et $\mathrm{End}(\pi_n)$ respectivement par

$$P \longmapsto \|P\| := \max_{|z|\leq 1} |P(z)|$$

et

$$u \longmapsto \|u\| := \max\{\|u(P)\| : P\in\pi_n, \|P\|=1\} .$$

Etant donné un endomorphisme u de π_n, il est clair qu'il existe au moins un polynôme $P_o \in \pi_n$ tel que $\|P_o\|=1$ et $\|u(P_o)\|=\|u\|$. Un tel polynôme sera dit *extrémal* pour u.

Pour $a\in\mathbb{C}$, notons χ_a l'endomorphisme de π_n défini par $P \mapsto P_a$ où $P_a(z)=P(a\,z)$. Si $\omega_1,\ldots,\omega_{n+1}$ sont des nombres complexes deux à deux distincts, la formule d'interpolation de Lagrange permet d'écrire

$$\chi_a = \sum_{j=1}^{n+1} \frac{T(a)}{T'(\omega_j)(a-\omega_j)} \cdot \chi_{\omega_j}$$

où $T(z)=\prod_{j=1}^{n+1}(z-\omega_j)$.

Comme de plus $\chi_a \circ \chi_b = \chi_{a\,b}$ pour tout $(a,b)\in\mathbb{C}^2$, il en résulte que l'espace vectoriel $\mathrm{Conv}(\pi_n)$ engendré par les opérateurs χ_a, $a\in\mathbb{C}$, est une sous-algèbre commutative de $\mathrm{End}(\pi_n)$, de dimension n+1. Un élément de $\mathrm{Conv}(\pi_n)$ sera appelé *opérateur de convolution* sur π_n.

Etant donné $u\in\mathrm{End}(\pi_n)$, il est facile de vérifier l'équivalence des assertions suivantes :

(i) $u\in\mathrm{Conv}(\pi_n)$

(ii) $u\circ\chi_a = \chi_a$ ou pour tout $a\in\mathbb{C}$

(iii) la matrice de u par rapport à la base canonique de π_n est diagonale, i.e il existe $(b_o,b_1,\ldots,b_n)\in\mathbb{C}^{n+1}$ tel que

$$u(P)(z) = \sum_{k=0}^{n} a_k b_k z^k \quad \text{si} \quad P(z) = \sum_{k=0}^{n} a_k z^k.$$

Qu'un endomorphisme u de π_n vérifiant (iii) soit élément de $\mathrm{Conv}(\pi_n)$ résulte simplement du fait que cette condition peut s'écrire sous la forme

$$u = \frac{1}{n+1} \sum_{\alpha, \alpha^{n+1}=1} Q(\bar{\alpha})\chi_\alpha$$

avec $Q(z) = \sum_{k=0}^{n} b_k z^k$. Cette même condition montre en outre qu'à tout opérateur de convolution u sur π_n est associée canoniquement une forme linéaire $\tilde{u}$ sur π_n, à savoir la forme définie par $P \to u(P)(1)$ (d'où $(\tilde{u} \circ \chi_a)(P) = u(P)(a)$ pour tout $a \in \mathbb{C}$). On vérifie sans peine que l'application $u \to \tilde{u}$ est une isométrie linéaire de $\mathrm{Conv}(\pi_n)$ sur π_n^*.

§2 THEOREME DE DECOMPOSITION

Théorème 2.1. - *Soit T un opérateur de convolution sur π_n. Il existe des nombres complexes $\omega_1,\ldots,\omega_{n+1},c_1,\ldots,c_{n+1}$ tels que*

$$T = \sum_{1\leq j\leq n+1} c_j \chi_{\omega_j}$$

avec

$$|\omega_j| = 1 \quad pour \quad j = 1,\ldots,n+1$$

et

$$||T|| = \sum_{1\leq j\leq n+1} |c_j| \; .$$

Preuve : Soit u la forme linéaire associée à T. En notant

$$\Delta = \{z \in \mathbb{C} \; : \; |z|=1\},$$

on peut considérer π_n comme sous-espace du $\mathbb{C}$ -espace vectoriel $C(\Delta)$ des applications complexes continues sur Δ muni de la norme de la convergence uniforme. D'après le théorème d'extension de Hahn-Banach et le théorème de Riesz sur la représentation des formes linéaires continues sur $C(\Delta)$, il existe ainsi une mesure borélienne positive μ sur Δ et une application mesurable $h : \Delta \to \Delta$ telles que

$$(1) \qquad u(P) = \int_\Delta P.h \, d\mu \qquad \text{pour tout} \quad P \in \pi_n$$

et

$$||u|| = \mu(\Delta).$$

(cf. par exemple W. Rudin [1975], chapitre 6).

Considérons alors un polynôme extrémal P_o pour u, normalisé par $u(P_o) = ||u||$. Pour ce polynôme, la relation (1) s'écrit

$$\mu(\Delta) = \int_\Delta P_o \cdot h \, d\mu \, ,$$

d'où l'on déduit (puisque $Re(P_o \cdot h) \leq |P_o \cdot h| \leq 1$)

$$P_o \cdot h = 1 \qquad \mu \text{ - presque partout.}$$

Par suite

$$(2) \qquad u(P) = \int_\Delta P \cdot \overline{P}_o \, d\mu \qquad \text{pour tout} \quad P \in \pi_n.$$

Cette dernière relation peut encore s'écrire sous la forme

$$u(P) = H(P,P_o)$$

où H est la forme hermitienne positive définie sur π_n par

$$(P,Q) \longmapsto \int_\Delta P\cdot\overline{Q}\,d\mu \ .$$

Si H n'est pas définie positive, il existe donc un polynôme non nul $Q \in \pi_n$ tel que

$$\int_\Delta |Q|^2 d\mu = 0,$$

ce qui entraîne

$$Q = 0 \qquad \mu \text{ - presque partout.}$$

Il en résulte que μ est portée par l'ensemble des racines de Q situées sur le cercle unité. Si $\omega_1,\ldots,\omega_m$ $(m \leq n)$ sont ces racines et $\gamma_j = \mu(\{\omega_j\})$ (d'où $\mu(\Delta) = \sum_{j=1}^{m} \gamma_j$), on obtient par conséquent d'après (2)

$$u(P) = \sum_{j=1}^{m} \gamma_j \overline{P_o(\omega_j)}\, P(\omega_j) \qquad \text{pour tout } P \in \pi_n ,$$

d'où le résultat avec $c_j = \gamma_j \overline{P_o(\omega_j)}$ pour $j = 1,\ldots,m$ et $c_j = 0$ pour $m+1 \leq j \leq n+1$.

Il reste donc à étudier le cas où H est définie positive. Nous allons nous ramener au cas précédent. Définissons pour cela

$$\lambda := \inf\{H(P,P) : P \in \pi_n,\ |P(1)|=1\},$$

de sorte que la forme hermitienne H_1 définie sur π_n par

$$(P,Q) \longmapsto H(P,Q) - \lambda\, P(1)\overline{Q(1)}$$

soit positive, mais non définie positive.

<u>Lemme</u>. - *La forme linéaire* u_1 *définie sur* π_n *par*

$$P \longmapsto H_1(P,1)$$

admet le polynôme constant égal à 1 comme polynôme extrémal.

<u>Preuve</u> : Puisque H_1 est positive, l'inégalité de Cauchy-Schwarz donne pour tout $P \in \pi_n$

$$|u_1(P)| \leq \left(H_1(P,P)\right)^{1/2} \cdot \left(u_1(1)\right)^{1/2}.$$

Or si $P \in \pi_n$ vérifie $\|P\|=1$, il existe $Q \in \pi_n$ tel que (cf. I. lemme 3.1 p. 8)

$$|P(z)|^2 + |Q(z)|^2 = 1 \qquad \text{pour } |z|=1,$$

d'où

$$H_1(P,P) + H_1(Q,Q) = \mu(\Delta) - \lambda = u_1(1),$$

et par suite

$$H_1(P,P) \leq u_1(1). \blacksquare$$

D'après ce qui précède, on déduit de ce lemme l'existence d'une mesure borélienne positive ν sur Δ telle que

$$u_1(P) = \int_\Delta P\, d\nu \qquad \text{pour tout } P \in \pi_n,$$

d'où

$$H_1(P,Q) = \int_\Delta P \cdot \overline{Q}\, d\nu \qquad \text{pour } P,Q \in \pi_n .$$

Comme H_1 est non définie positive, on obtient comme précédemment l'existence d'éléments $\omega_1,\ldots,\omega_m$ $(m \leq n)$ de Δ et de réels positifs ou nuls $\gamma_1,\ldots,\gamma_m$ tels que

$$H_1(P,Q) = \sum_{1 \leq j \leq m} \gamma_j\, P(\omega_j)\overline{Q(\omega_j)} \qquad \text{pour } P,Q \in \pi_n ,$$

et

$$(3) \qquad \sum_{j=1}^{m} \gamma_j = \|u_1\| = \mu(\Delta) - \lambda = \|u\| - \lambda .$$

D'après (2) et la définition de H_1, il vient alors

$$u(P) = \sum_{1 \leq j \leq m+1} \gamma_j\, \overline{P_o(\omega_j)}P(\omega_j) \qquad \text{pour tout } P \in \pi_n$$

avec $\omega_{m+1}=1$ et $\gamma_{m+1}=\lambda$, d'où le résultat compte-tenu de (3). $\blacksquare$

<u>Références</u> : H.S. Shapiro [1961]. On pourra consulter également Q.I. Rahman [1968].

<u>Remarques 2.1</u>. - 1- Considérons un opérateur de convolution T sur π_n. Du théorème 2.1 on déduit l'existence d'un polynôme Q vérifiant les propriétés suivantes :

a) Q est un C-polynôme de degré $q \leq n+1$,

$$Q(z) = \prod_{j=1}^{q}(z-\omega_j)$$

avec $\omega_i \neq \omega_j$ si $i \neq j$.

b) Les opérateurs $T, \chi_{\omega_1},\ldots,\chi_{\omega_q}$ sont linéairement dépendants.

c) Si $Q_j := \frac{Q(z)}{Q'(\omega_j)(z-\omega_j)}$ $(j=1,\dots,q)$, alors $\tilde{T}(Q_j) \neq 0$ pour $j=1,\dots,q$ et

$$\sum_{j=1}^{q} |\tilde{T}(Q_j)| = ||T||$$

où $\tilde{T}$ est la forme linéaire associée à T.

(La propriété c) résulte du fait que la relation $T = \sum_{j=1}^{q} c_j \chi_{\omega_j}$ entraine $c_j = \tilde{T}(Q_j)$ pour $j=1,\dots,q$).

Pour résumer ces propriétés, nous dirons que Q est un *noyau normal d'interpolation* pour T. Si P_o est un polynôme extrémal pour $\tilde{T}$, la relation

$$|\sum_{j=1}^{q} \tilde{T}(Q_j)P_o(\omega_j)| = \sum_{j=1}^{q} |\tilde{T}(Q_j)|$$

implique $|P_o(\omega_j)| = 1$ pour $j=1,\dots,q$. Autrement dit, les racines d'un noyau normal pour T sont nécessairement dans l'ensemble $\omega(P_o)$ des points maximaux de P_o. Si P_o n'est pas un monôme, on peut écrire $\omega(P_o) = \{\nu_1,\dots,\nu_N\}$ avec $N \leq n$ et comme les opérateurs $\chi_{\nu_1},\dots,\chi_{\nu_N}$ sont linéairement indépendants, il n'existe donc dans ce cas qu'un seul noyau normal d'interpolation pour T et ce dernier est de degré au plus égal à n. On a donc unicité du noyau normal dès que $\tilde{T}$ admet un polynôme extrémal qui n'est pas un monôme. Si $\tilde{T}$ ne vérifie pas cette condition, cela signifie que pour un unique entier $j \in \{0,1,\dots,n\}$, les monômes εz^j avec $|\varepsilon| = 1$ sont les seuls polynômes extrémaux pour $\tilde{T}$. Deux cas se présentent alors :

i) $1 \leq j \leq n-1$.

On peut ici avoir plusieurs noyaux normaux d'interpolation. Par exemple, les polynômes (z^n-1) et $(z^{n+1}-1)$ sont des noyaux normaux pour l'opérateur $T : P \to P'(0)\cdot z$ puisque

$$T = \frac{1}{m} \sum_{\alpha,\alpha^m=a} \bar{\alpha}\, \chi_\alpha$$

dès que $m \geq n$ et $|a| = 1$.

On sait néanmoins que si $\omega_1,\dots,\omega_q$ sont les racines d'un noyau normal pour T, alors (en supposant $\tilde{T}(z^j) = ||T||$)

$$T = \sum_{k=1}^{q} \varepsilon_k \bar{\omega}_k^j \chi_{\omega_k} \qquad \text{avec } \varepsilon_k \in \mathbb{R},\ \varepsilon_k > 0 \text{ pour } k=1,\dots,q$$

ii) $j=0$ ou $j=n$.

On retrouve ici l'unicité du noyau normal à une petite restriction près.

Traitons le cas $j=0$ (le cas $j=n$ s'en déduit en considérant l'opérateur associé à la forme $P \mapsto \tilde{T}(z^n P(\frac{1}{z}))$). On peut supposer que le polynôme constant $P_o(z)=1$ vérifie $\tilde{T}(P_o)=\|T\|$. En reprenant la démonstration du théorème 2.1, on voit que l'on peut dans ce cas déterminer un noyau normal pour T. On définit pour cela la matrice hermitienne $A=(a_{ij})_{1\leq i,j\leq n+1}$ avec $a_{ij}=\tilde{T}(z^{j-i})$ pour $j\geq i$ (donc A est positive).

• Si $\det A=0$, soit q le plus petit entier tel que le mineur principal d'ordre q soit nul. Alors l'unique noyau normal d'interpolation pour T est le polynôme Q de degré $q-1$ défini (au coefficient directeur près) par le déterminant

$$\begin{vmatrix} 1 & z & \dots & z^{q-1} \\ a_{21} & a_{22} & \dots & a_{2q} \\ \vdots & & & \\ a_{q1} & a_{q2} & \dots & a_{qq} \end{vmatrix}$$

• Si $\det A\neq 0$, soit λ_o l'unique racine de l'équation en λ

$$\det(A-\lambda J)=0$$

où $J=(\beta_{ij})_{1\leq i,j\leq n+1}$ avec $\beta_{ij}=1$ pour tout (i,j).

Alors tout noyau normal pour T est de degré $n+1$. Un seul de ces polynômes, disons Q_o, s'annule au point $z=1$ et $\frac{Q_o(z)}{z-1}$ est défini (au coefficient directeur près) par le déterminant de la matrice obtenue à partir de $A-\lambda_o J$ en remplaçant la première ligne par la ligne $1,z,\dots,z^n$.

2- Supposons qu'un opérateur de convolution T puisse s'écrire sous la forme

$$T=\sum_{j=1}^{N} c_j \chi_{\omega_j} \qquad \text{avec } N\leq n+1.$$

On ne peut pas alors en déduire qu'un noyau normal d'interpolation pour T est de degré au plus égal à N. Par exemple, soit $a\in]0,\frac{1}{4}[$ et soit j une racine du polynôme $1+z+z^2$. Dans π_3, l'opérateur $T=\chi_1+\chi_j+a\,\chi_{j^2}$ admet pour unique noyau normal le polynôme z^3-1. Or si ω_1 et ω_2 sont les racines du $\mathbb{C}$-polynôme $z^2+\lambda j^2 z+j$ avec $\lambda=\frac{2a+1}{1-a}$, les opérateurs T, χ_{ω_1} et χ_{ω_2} sont linéairement dépendants.

3- Soit P un polynôme de degré $n \geq 1$ dont les points maximaux forment un ensemble fini $\{z_1,\ldots,z_q\}$. Supposons $\|P\| = 1$. Si T est un opérateur de convolution sur π_n tel que $T, \chi_{z_1},\ldots,\chi_{z_q}$ soient linéairement indépendants, il résulte de ce qui précède que P ne peut être extrémal pour $\tilde{T}$, d'où l'existence de $Q \in \pi_n$ tel que $\tilde{T}(Q) = \tilde{T}(P)$ et $\|Q\| < 1$. On reconnaîtra dans ce dernier résultat un cas particulier du théorème 3.3, vol. I.

4- Soit $T \in \text{Conv}\,\pi_n$. Si T admet plusieurs noyaux normaux d'interpolation, il résulte du 1- que T ne possède qu'un seul polynôme extrémal normalisé P_o (c'est-à-dire vérifiant $\tilde{T}(P_o) = \|T\|$) et P_o est alors nécessairement un monôme. Par contre si T n'admet qu'un unique noyau normal d'interpolation, T peut posséder plusieurs polynômes extrémaux normalisés (considérer par exemple les opérateurs χ_ω).

5- Pour terminer, prenons note de cette évidence : *tout* polynôme $P \in \pi_n$ vérifiant $\|P\| = 1$ est un polynôme extrémal normalisé pour un *certain* opérateur $T \in \text{Conv}(\pi_n)$. Sans commentaires ...

§3 QUELQUES EXEMPLES

Le théorème de décomposition des opérateurs de convolution est avant tout un théorème d'existence. Pour quelques (rares) opérateurs, on peut cependant en donner une version effective.

Commençons par l'archétype des opérateurs de convolution, à savoir χ_θ , $\theta \in \mathbb{C}$. On peut se restreindre au cas où $|\theta| < 1$ et le résultat qui suit est l'analogue de la formule de Poisson pour les fonctions analytiques dans le disque unité.

Théorème 3.1. - *Soient* θ *un nombre complexe,* $|\theta| < 1$ *et* n *un entier non nul. Pour* $a \in \mathbb{C}$, $|a|=1$, *soit* T_a *le C-polynôme*

$$T_a(z) = z^{n+1} - \theta z^n + a\bar{\theta} z - a.$$

Dans $Conv(\pi_n)$, *l'opérateur* χ_θ *admet la décomposition*

$$\chi_\theta = (1-|\theta|^2) \cdot \sum_{\omega, T_a(\omega)=0} (n|\omega-\theta|^2 + 1 - |\theta|^2)^{-1} \cdot \chi_\omega .$$

Preuve : Que T_a soit un C-polynôme résulte du fait que la relation $T_a(\omega) = 0$ équivaut à

$$\omega^n \left(\frac{\omega-\theta}{1-\bar{\theta}\,\omega}\right) = a .$$

On remarque que

$$T_a(\theta) = a(|\theta|^2 - 1),$$

et d'autre part, que si $T_a(\omega) = 0$, alors

$$\left(\frac{\omega-\theta}{a}\right) T_a'(\omega) = n\left(1 - \bar{\theta}\,\omega - \theta\frac{\omega^n}{a} + \theta^2\frac{\omega^{n-1}}{a}\right) + 1 - |\theta|^2,$$

d'où

$$\left(\frac{\omega-\theta}{a}\right) T_a'(\omega) = n\left[1 - \bar{\theta}\,\omega + \theta\left(\frac{\theta}{\omega} - 1\right)\left(\frac{1-\bar{\theta}\,\omega}{\omega-\theta}\right)\right] + 1 - |\theta|^2 = n|\omega-\theta|^2 + 1 - |\theta|^2 .$$

Le résultat s'obtient en écrivant la formule d'interpolation de Lagrange

$$\chi_\theta = \sum_{\omega, T_a(\omega)=0} \frac{T_a(\theta)}{T_a'(\omega)(\theta-\omega)} \chi_\omega \qquad \blacksquare$$

Remarque 3.1. - Si θ est réel, on vérifiera que pour tout entier $q \geq n$, l'opérateur χ_θ se décompose dans $\mathrm{Conv}(\pi_n)$ également sous la forme

$$\chi_\theta = \frac{1-\theta^2}{2q} \cdot \sum_{\alpha,\alpha^{2q}=1} \frac{(1-\alpha^q\theta^q)}{|\alpha-\theta|^2} \cdot \chi_\alpha$$

Théorème 3.2. - *Soit $(R,\omega) \in \mathbb{R} \times \mathbb{C}$ avec $R>0$, $R \neq 1$ et $|\omega|=1$. Dans $\mathrm{Conv}(\pi_n)$ on peut écrire*

$$\chi_R + \omega R^n \chi_{1/R} = (1+\omega R^n)\left(\frac{1-R^2}{1-R^{2n}}\right) \cdot \frac{1}{n} \cdot \sum_{\alpha,\alpha^n=a} \left|\frac{R^n-a}{R-\alpha}\right|^2 \chi_\alpha$$

où

$$a = \frac{\omega+R^n}{1+\omega R^n} \qquad \textit{(donc } |a|=1\textit{).}$$

Preuve : Par la formule d'interpolation de Lagrange, on a dans $\mathrm{Conv}(\pi_n)$

$$\frac{1}{R^n-a}\chi_R - \frac{R^n}{1-a R^n}\chi_{1/R} = \frac{1}{n a} \sum_{\alpha,\alpha^n=a} \alpha\left(\frac{1}{R-\alpha} - \frac{R}{1-\alpha R}\right) \chi_\alpha ,$$

d'où le résultat puisque

$$\omega = \frac{R^n-a}{a R^n-1} \quad \text{et} \quad 1-a R^n = \frac{1-R^{2n}}{1+\omega R^n} . \ \blacksquare$$

Remarque 3.2. - Notons la relation suivante, aisément déduite du théorème précédent

$$\frac{1}{n} \sum_{\alpha,\alpha^n=a} \left|\frac{z^n-a}{z-\alpha}\right|^2 = \frac{1-|z|^{2n}}{1-|z|^2}$$

pour tout $(n,a,z) \in \mathbb{N}^* \times \mathbb{C}^2$, $|a|=1$.

Théorème 3.3. - *Soit $a \in \mathbb{C}$, $|a|=1$. Dans $\mathrm{Conv}(\pi_n)$, l'opérateur*

$$D_a : P(z) \longmapsto n P(z) - zP'(z) + a\, zP'(z)$$

admet la décomposition

$$D_a = \frac{1}{n} \sum_{\alpha,\alpha^n=a} \left|\frac{1-a}{1-\alpha}\right|^2 \chi_\alpha .$$

Preuve : Nous allons montrer un résultat un peu plus général. Soit $q \geq n$. Si $P \in \pi_n$, on peut écrire (avec une certaine constante c dépendante de P)

$$\frac{P(z)}{z^q-a} = c + \frac{1}{q a} \sum_{\alpha,\alpha^q=a} \alpha \frac{P(\alpha)}{z-\alpha} .$$

En dérivant (par rapport à z) les deux membres de cette relation, on obtient en particulier

$$(1-a)P'(1) - q\,P(1) = -\frac{(1-a)^2}{q\,a} \cdot \sum_{\alpha,\alpha^q=a} \alpha \frac{P(\alpha)}{(1-\alpha)^2} .$$

On remarque alors que

$$\frac{\omega}{(1-\omega)^2} = -\frac{1}{|1-\omega|^2} \qquad \text{pour } |\omega| = 1. \quad ∎$$

Références : P.J. O' Hara [1973], A. Aziz et Q.G. Mohammad [1980].

Il est à noter que le cas $a=-1$ conduit à la classique formule d'interpolation de M. Riesz [1914]

$$f'(\theta) = \frac{1}{2n} \sum_{k=1}^{2n} \frac{(-1)^k}{1-\cos(2k+1)\frac{\pi}{2n}} f(\theta+(2k+1)\frac{\pi}{2n})$$

si f est un polynôme trigonométrique de degré au plus égal à n.

REFERENCES

A. AZIZ [1982] : Inequalities for polynomials with a prescribed zero ; Canad. J. Math. 34 (1982), 737-740.

A. AZIZ, Q.G. MOHAMMAD [1980] : Simple proof of a theorem of Erdős and Lax ; Proc. Amer. Math. Soc. 80 (1980), 119-122.

E. BELLER, D.J. NEWMAN [1971] : An ℓ_1 extremal problem for polynomials ; Proc. Amer. Math. Soc. 29 (1971), 474-481.

R.P. BOAS [1962] : Inequalities for polynomials with a prescribed zero ; Studies in mathematical analysis and related topics ; p. 42-47. Stanford Univ. Press, Stanford, Calif. 1962.

D.W. BOYD [1980] : Reciprocal polynomials having small measure ; Math. Comp. 35 (1980), 1361-1377.

F.P. CALLAHAN [1959] : An extremal problem for polynomials ; Proc. Amer. Math. Soc. 10 (1959), 754-755.

J.G. van der CORPUT, C. VISSER [1946] : Inequalities concerning polynomials and trigonometric polynomials ; Nederl. Akad. Wetensch. Proc. 49 (1946), 383-392.

K.K. DEWAN, N.K. GOVIL [1983] : Some integral inequalities for polynomials ; Indian J. Pure. Appl. Math. 14 (1983), 440-443.

J.D. DONALDSON, Q.I. RAHMAN [1972] : Inequalities for polynomials with a prescribed zero ; Pacific J. Math. 41 (1972), 375-378.

R.L. DUNCAN [1966] : Some inequalities for polynomials ; Amer. Math. Monthly 73 (1966), 58-59.

M. FAIT, J. STANKIEWICZ, J. ZYGMUNT [1975] : On some classes of polynomials ; Ann. Univ. Mariae Curie -Sklodowska Sect. A 29 (1975), 61-67.

K. FAN, O. TAUSSKY, J. TODD [1955] : An algebraic proof of the isoperimetric inequality for polygons ; J. Washington Acad. Sci. 45 (1955), 339-342.

A. GIROUX, Q.I. RAHMAN [1974] : Inequalities for polynomials with a prescribed zero ; Trans. Amer. Math. Soc. 193 (1974), 67-98.

G.M. GOLUZIN [1969] : Geometric theory of functions of a complex variable ; Translations of Math. Monographs, vol. 26, Amer. Math. Soc. Providence R.I. 1969.

J.V. GONCALVES [1950] : L'inégalité de W. Specht ; Univ. Lisboa Revista Fac. de Ciências (2) ser A (1950), 167-171.

N.K. GOVIL, Q.I. RAHMAN [1969] : Functions of exponential type not vanishing in a half-plane and related polynomials ; Trans. Amer. Math. Soc. 137 (1969), 501-517.

F. HOLLAND [1973] : Some extremum problems for polynomials with positive real part ; Bull. London Math. Soc. 5 (1973), 54-58.

V.K. JAIN [1977] : Some inequalities for polynomials ; Glasnik Mat. Ser III. 12 (1977), 263-269.

J.P. KAHANE [1980] : Sur les polynômes à coefficients unimodulaires ; Bull. London Math. Soc. 12 (1980), 321-342.

M. LACHANCE, E.B. SAFF, R.S. VARGA [1979] : Inequalities for polynomials with a prescribed zero ; Math. Z. 168 (1979), 105-116.

P.D. LAX [1944] : Proof of a conjecture of P. Erdős on the derivative of a polynomial ; Bull. Amer. Math. Soc. 50 (1944), 509-513.

K. MAHLER [1960] : An application of Jensen's formula to polynomials ; Mathematika 7 (1960), 98-100.

E. MAKAI [1958] : On a maximum problem ; Acta Math. Acad. Sci. Hungar. 9 (1958), 105-110.

M.A. MALIK [1963] : An inequality for polynomials ; Canad. Math. Bull. 6 (1963), 65-69.

L. MIRSKY [1962] : Estimates of zeros of a polynomial ; Proc. Cambridge Philos. Soc. 58 (1962), 229-234.

H.P. MULHOLLAND [1956] : On two extremum problems for polynomials on the unit circle ; J. London Math. Soc. 31 (1956), 191-199.

D.J. NEWMAN [1962] : Problem 5040 ; Amer. Math. Monthly 69 (1962), 670.

P.J. O'HARA [1973] : Another proof of Bernstein's theorem ; Amer. Math. Monthly 80 (1973), 673-674.

A.M. OSTROWSKI [1960] : On an inequality of J. Vicente Gonçalves ; Univ. Lisboa Revista Fac. de Ciências (2) ser A (1960), 115-119.

G. POLYA, G. SZEGÖ [1976] : Problems and theorems in analysis I,II ; Springer Verlag ; Berlin, Heidelberg 1976.

Q.I. RAHMAN [1961] : Some inequalities for polynomials and related entire functions ; Illinois J. Math. 5 (1961), 144-151.

Q.I. RAHMAN [1963] : Inequalities concerning polynomials and trigonometric polynomials ; J. Math. Anal. Appl. 6 (1963), 303-324.

Q.I. RAHMAN [1964] : Some inequalities for polynomials and related entire functions II ; Canad. Math. Bull. 7 (1964), 573-595.

Q.I. RAHMAN [1965] : L^2 inequalities for polynomials and asymetric entire functions ; Indian J. Math. 7 (1965), 67-72.

Q.I. RAHMAN [1968] : Applications of functional analysis to extremal problems for polynomials ; Les Presses de l'Université de Montréal, vol. n° 29, Montréal 1968.

Q.I. RAHMAN, F. STENGER [1974] : An extremal problem for polynomials with a prescribed zero ; Proc. Amer. Math. Soc. 43 (1974), 84-90.

Q.I. RAHMAN, G. SCHMEISSER [1976] : Some inequalities for polynomials with a prescribed zero ; Trans. Amer. Math Soc. 216 (1976), 91-103.

Q.I. RAHMAN, G. SCHMEISSER [1979] : An extremal problem for polynomials with a prescribed zero II ; Proc. Amer. Math. Soc. 73 (1979), 375-378.

M. RIESZ [1914] : Eine trigonometrische Interpolationsformel und einige Ungleichungen für Polynome ; Jahresbericht der Deutschen Math. Vereinigung 23 (1914), 354-368.

W.W. ROGOSINSKI [1955] : Some elementary inequalities for polynomials ; Math. Gaz 39 (1955), 7-12.

W. RUDIN [1975] : Analyse réelle et complexe. Masson et Cie. Paris 1975.

H.S. SHAPIRO [1961] : On a class of extremal problems for polynomials in the unit circle ; Portugaliae Math. 20 (1961), 67-93.

J.R.. SLAGLE [1968] : Generalizations of a complex analogue of the real Tchebichev polynomial theorem ; Amer. Math. Monthly 75 (1968), 58-59.

C. VISSER [1945] : A simple proof of certain inequalities concerning polynomials ; Nederl. Akad. Wetensch. Proc. 47 (1945), 276-281.

RELATION DE SZEGÖ SUR LA DERIVEE D'UN POLYNOME

ALAIN DURAND

1. Si P est un polynôme à coefficients complexes de degré n, un célèbre théorème dû à Bernstein établit que

$$(*) \qquad \max_{|z|\leq 1} |P'(z)| \leq n \max_{|z|\leq 1} |P(z)| .$$

Ce résultat est à l'origine d'une masse importante de travaux, tant sur les polynômes algébriques $P(z) = \sum_{k=0}^{n} a_k z^k$, que sur les polynômes trigonométriques $f(\theta) = \sum_{k=0}^{n} (a_k \cos k\theta + b_k \sin k\theta)$. Un grand nombre de ces travaux ont visé à obtenir des inégalités plus précises que $(*)$ en faisant, par exemple, des hypothèses sur la localisation des racines du polynôme P. Il se trouve que ces derniers résultats peuvent être déduits, pour certains d'entre eux, d'une relation fondamentale, bien qu'hélas assez peu connue, et due à Szegö [9] (voir aussi de Bruijn [3]). Pour la formuler, convenons d'appeler <u>région circulaire</u> l'image du disque unité (ouvert ou fermé) par une transformation homographique non dégénérée $z \mapsto \gamma(z) = \frac{az+b}{cz+d}$. (Suivant la position du pôle éventuel de γ, une région circulaire est donc un disque ou son complémentaire, ou encore un demi-plan). La relation de Szegö s'énonce ainsi

<u>THEOREME</u>.- *Soit* $\mathcal{C}$ *une région circulaire. Soient* P *un polynôme de degré* $n \geq 1$ *et*

$$S = \{P(z) \,/\, z \in \mathcal{C}\} .$$

Alors pour tout couple $(\alpha, z) \in \mathcal{C} \times \mathcal{C}$*, on a*

$$(\alpha - z)\,\frac{P'(z)}{n} + P(z) \in S .$$

Notre but ici est de démontrer ce théorème et en donner quelques applications.

2. INEGALITE DE BASE.

La preuve donnée ici de la relation de Szegö s'appuie sur le résultat suivant

LEMME.- *Soient* $\omega_1,\ldots,\omega_n$ *des nombres complexes tels que* $\lambda = \sup_{1\le j\le n} |\omega_j|\le 1$ *et* $\omega_j \neq -1$ $(j=1,\ldots,n)$. *Alors*

$$\Big| \sum_{1\le j\le n} \frac{\omega_j}{1+\omega_j} \Big| \le \lambda \Big| \sum_{1\le j\le n} \frac{1}{1+\omega_j} \Big| .$$

Preuve. En écrivant $\omega_j = \lambda\ \alpha_j$ $(j=1,\ldots,n)$, on doit donc montrer que

$$\Big| \sum_{1\le j\le n} \frac{\alpha_j}{1+z\alpha_j} \Big| \le \Big| \sum_{1\le j\le n} \frac{1}{1+z\alpha_j} \Big|$$

pour tout $(\alpha_1,\ldots,\alpha_n,z)\in \mathbb{C}^{n+1}$ tel que $\max_{1\le j\le n} |\alpha_j| \le 1$ et $|z| < 1$ (cette relation sera alors aussi vérifiée, par continuité, si $|z| = 1$ avec $z\alpha_j \neq -1$ pour $j=1,\ldots,n$). On raisonne par récurrence sur $n \ge 1$, le cas $n=1$ étant évident. A l'ordre $n+1$ $(n \ge 1)$, par hypothèse de récurrence on peut alors écrire

$$\sum_{2\le j\le n+1} \frac{\alpha_j}{1+z\alpha_j} = n\ \frac{\gamma}{1+z\gamma}$$

avec γ tel que $|\gamma| \le 1$. On doit donc montrer que

$$\Big|\frac{\alpha_1}{1+z\alpha_1} + \frac{n\gamma}{1+\gamma z}\Big| \le \Big|\frac{1}{1+\alpha_1 z} + \frac{n}{1+\gamma z}\Big|$$

pour $|\alpha_1| \le 1$, $|\gamma| \le 1$ et $|z| < 1$, c'est-à-dire, sous les mêmes hypothèses,

$$|f(z,\alpha_1,\gamma)| \le 1$$

où f est définie par

$$f(z,\alpha_1,\gamma) = \frac{az + b}{cz + 1}$$

avec $a = \alpha_1\gamma$, $b = \dfrac{n\gamma+\alpha_1}{n+1}$ et $c = \dfrac{\gamma+n\alpha_1}{n+1}$.

Pour z fixé, $|z| < 1$, la fonction $(\alpha_1,\gamma) \to f(z,\alpha_1,\gamma)$ est analytique dans le polydisque $|\alpha_1| \le 1$, $|\gamma| \le 1$. Donc

$$\sup_{|\alpha_1|\le 1, |\gamma|\le 1} |f(z,\alpha_1,\gamma)| = \sup_{|\alpha_1|=|\gamma|=1} |f(z,\alpha_1,\gamma)|.$$

Or pour $|\alpha_1| = |\gamma| = 1$, on a $b = a\bar{c}$ et $|a| = 1$, d'où

$$|f(z,\alpha_1,\gamma)| = \left|\frac{z+\bar{c}}{cz+1}\right| \le 1$$

puisque $|z| < 1$ et $|c| \le 1$.

3. PREUVE DU THEOREME.

Soit $(\alpha,z) \in \mathfrak{C} \times \mathfrak{C}$ et posons $\omega = (\alpha - z)\frac{P'(z)}{n} + P(z)$. Si $\omega \notin S$, alors le polynôme $Q(u) = P(u) - \omega$ vérifie $Q(u) \neq 0$ pour tout $u \in \mathfrak{C}$. Pour obtenir une contradiction, il suffit donc de montrer que pour un tel polynôme

$$(\beta - u)\frac{Q'(u)}{n} + Q(u) \neq 0$$

pour tout $(\beta,u) \in \mathfrak{C} \times \mathfrak{C}$. (Cela revient à traduire le cas $0 \notin S$). Comme ceci est trivial si $\beta = u$, on peut supposer $\beta \neq u$ et en introduisant le polynôme

$$T(y) = Q(u + y(\beta - u))$$

pour $(\beta,u) \in \mathfrak{C} \times \mathfrak{C}$ fixé, il suffit par conséquent de montrer que si $\mathfrak{C}_1$ est une région circulaire contenant 0 et 1 ($\mathfrak{C}_1$ est ici l'image de $\mathfrak{C}$ par la similitude $\omega \mapsto \frac{\omega-u}{\beta-u}$) et si T est un polynôme de degré n ne s'annulant pas dans $\mathfrak{C}_1$, alors

(*) $$\frac{T'(0)}{n} + T(0) \neq 0.$$

Remarquons que si $\alpha_1, \dots, \alpha_n$ sont les racines de T, on a

$$\frac{T'(y)}{T(y)} = \sum_{1\le j\le n} \frac{1}{y - \alpha_j}.$$

Ecrire que α_j n'appartient pas à $\mathfrak{C}_1$ revient à écrire (en tenant compte du fait que $0 \in \mathfrak{C}_1$ et $1 \in \mathfrak{C}_1$) :

$$\frac{1}{\alpha_j} = 1 + (1-c)\left(\frac{\alpha z_j - 1}{bz_j + 1}\right)$$ pour $j = 1,\dots,n$ où $c \neq 1$, $|\alpha| \le 1$, $|b| \le 1$, $|z_j| \le 1$ et $\max\{|z_j|, |bz_j|\} < 1$. (La transformation homographique associée à $\mathfrak{C}_1$ est ici $z \mapsto \frac{z+b}{cz+d}$ avec $d = b + \alpha(1-c)$).

Sous ces hypothèses, la relation (*) devient

$$\alpha \cdot \sum_{1\le j\le n} \frac{z_j}{1+bz_j} \neq \sum_{1\le j\le n} \frac{1}{1+bz_j},$$

ce qui est une conséquence directe du lemme précédent.

4. QUELQUES RESULTATS SUR LES POLYNOMES ALGEBRIQUES.

Si $P \in \mathbb{C}[x]$ est de degré n, on note

$P^*(z) = z^n \bar{P}(\frac{1}{z})$ $(\bar{P}(z) = \overline{P(\bar{z})}$ pour $|z| = 1)$ et $\|P\| = \sup_{|z|\le 1} |P(z)|$.

Pour $|z| = 1$, il est facile de vérifier que

$$|P^{*\prime}(z)| = |n\, P(z) - z\, P'(z)|.$$

4.1. D'après la relation de Szegö, pour tout z, $|z| = 1$, le disque fermé de centre $P(z) - z\,\frac{P'(z)}{n}$ et de rayon $\frac{|P'(z)|}{n}$ est contenu dans l'ensemble $S = \{P(z) \;/\; |z| \le 1\}$. En écrivant que S est contenu dans le disque fermé de centre 0 et de rayon $\|P\|$, ou encore que S est contenu dans la bande $\{\omega \in \mathbb{C} \;/\; |\mathrm{Re}\,\omega| \le \sup_{|z|\le 1} |\mathrm{Re}(P(z))|\}$, on obtient ainsi

LEMME 1.- *Soit* $P \in \mathbb{C}[x]$ *un polynôme de degré* n. *Alors pour* $|z| = 1$

$$n\,|P(z)| \le |P'(z)| + |P^{*\prime}(z)| \le n\|P\|$$

et

$$n\,|\mathrm{Re}(P(z))| \le |P'(z)| + |\mathrm{Re}(n\,P(z) - z\,P'(z))| \le n\,.\sup_{|z|\le 1} |\mathrm{Re}(P(z))|.$$

En particulier

$$\|P'\| \le n \cdot \sup_{|z|\le 1} |\mathrm{Re}(P(z))| \le n\,\|P\|.$$

Remarquons au passage que si $P^* = \lambda P$, $\lambda \in \mathbb{C}$ (ce qui implique $|\lambda| = 1$), donc en particulier si P a toutes ses racines sur le cercle $|z| = 1$, alors $\|P'\| = \frac{n}{2}\|P\|$.

4.2. Supposons à présent que P n'ait pas de racines dans le disque $|z| < k$ $(k \ge 1)$. D'après la relation de Szegö, on a donc pour z fixé, $|z| < k$,

$$(\alpha - z)\,\frac{P'(z)}{n} + P(z) \ne 0$$

pour tout α tel que $|\alpha| < k$. On en déduit que la fonction continue $r \mapsto r|P'(z)| - |n\,P(z) - z\,P'(z)|$ ne s'annule pas sur $[0,k[$, donc garde un signe constant et par suite $r|P'(z)| \le |n\,P(z) - z\,P'(z)|$ pour $r \in [0,k[$, d'où $k|P'(z)| \le |n\,P(z) - z\,P'(z)|$. Cette inégalité étant vérifiée pour $|z| < k$, elle est aussi vérifiée à la limite pour $|z| = 1$ (puisque $k \ge 1$). On a donc obtenu

LEMME 2.- *Soit* $P \in \mathbb{C}[x]$ *un polynôme non nul n'ayant pas de racines dans le disque* $|z| < k$ $(k \ge 1)$. *Alors pour* $|z| = 1$

$$k|P'(z)| \le |P^{*\prime}(z)|.$$

Compte-tenu du lemme 1, on en déduit

LEMME 3.- *Soit* $P \in \mathbb{C}[x]$ *un polynôme de degré* $n \ge 1$ *n'ayant pas de racines dans le disque* $|z| < k$ $(k \ge 1)$. *Alors*

$$\|P'\| \le \frac{n}{1+k} \|P\| .$$

En considérant le polynôme P^*, le lemme 3 permet de minorer $\|P'\|$ si on suppose que P a toutes ses racines dans le disque $|z| \le k$ $(k < 1)$. On obtient en effet

$$\|P'\| \ge \frac{n+kj}{k+1} \|P\|$$

si $P(z) = z^j P_1(z)$ avec $P_1(0) \ne 0$.

En fait, une meilleure minoration peut être facilement obtenue.

LEMME 4.- *Soit* $P \in \mathbb{C}[x]$ *un polynôme non nul ayant toutes ses racines dans le disque* $|z| \le 1$. *Alors pour* $|z| = 1$

$$|P'(z)| \ge \left(\sum_{\alpha, P(\alpha)=0} \frac{1}{1+|\alpha|}\right) |P(z)|.$$

Preuve : La relation est immédiate si z est racine de P. Sinon on écrit :

$$\left|\frac{P'(z)}{P(z)}\right| = \left|\frac{z\,P'(z)}{P(z)}\right| \ge \left|\mathrm{Re}\left(\frac{z\,P'(z)}{P(z)}\right)\right| = \sum_{\alpha, P(\alpha)=0} \frac{1-\mathrm{Re}(\alpha\bar{z})}{|z-\alpha|^2} .$$

Il suffit alors de remarquer que

$$\frac{1-\mathrm{Re}(\beta)}{|1-\beta|^2} \ge \frac{1}{1+|\beta|}$$

si $|\beta| \le 1$, $\beta \ne 1$.

Note : L'inégalité $\|P'\| \le n\|P\|$ est connue sous le nom de théorème de Bernstein. On pourra se reporter par exemple aux livres de Bernstein [1] (Chap. I. § 10) et de Lorentz [7] (p. 40), ou encore à un article de Boas [2] (pour une forme généralisée de ce théorème).

L'inégalité meilleure $\|P'\| \le n \sup_{|z|\le 1} |\mathrm{Re}(P(z))|$ a quant à elle été obtenue par Szegö [10].

Les lemmes 2 et 3 sont dûs à Malik [8] (ainsi que le principe de démonstration de ces lemmes). Par le résultat énoncé dans le lemme 3, Malik généralisait un théorème de Lax [6] (dont l'énoncé correspond au cas $k=1$).

Le lemme 4 se trouve énoncé dans Giroux et al. [4], alors que la relation déduite du lemme 3 (avec $k=1$) est due à Turan [11].

Parmi les très nombreux travaux concernant le théorème de Bernstein, citons, par exemple, ceux de Giroux, Rahman et Schmeisser ([4] et [5]).

5. DEUX INEGALITES SUR LES POLYNOMES TRIGONOMETRIQUES.

Si $$f(t) = a_0 + \sum_{k=1}^{n} (a_k \cos kt + b_k \sin kt)$$
est un polynôme trigonométrique de degré n, on note
$$\tilde{f}(t) = \sum_{k=1}^{n} (a_k \sin kt - b_k \cos kt)$$
et
$$\|f\| = \sup_{t\in\mathbb{R}} |f(t)|.$$
Remarquons que pour $z=e^{it}$, on a
$$z^n f(t) = z^n P(z) + P^*(z)$$
avec $P(z) = \frac{a_0}{2} + \sum_{k=1}^{n} \frac{(a_k - ib_k)}{2} z^k$.

5.1. Inégalité de Schaake. Van der Corput.

Soit f *un polynôme trigonométrique à ceofficients réels de degré* n. *Alors pour tout* $t\in\mathbb{R}$
$$(f'(t))^2 + n^2(f(t))^2 \le n^2 \|f\|^2 \quad .$$
Preuve : Si $f(t) = a_0 + \sum_{k=1}^{n} (a_k \cos kt + b_k \sin kt)$, on a pour $z=e^{it}$
$$z^n f(t) = z^n P(z) + P^*(z) = Q(z)$$
avec $P(z) = \frac{a_0}{2} + \sum_{k=1}^{n} \frac{(a_k - ib_k)}{2} z^k$.

Donc Q est de degré $2n$ vérifiant $Q^* = Q$ et $\|Q\| = \|f\|$. Il vient
$$Q(e^{it}) = e^{int} f(t),$$
d'où
$$i\, e^{it} Q'(e^{it}) = e^{int}(f'(t) + i n f(t)),$$

et par conséquent, compte-tenu du lemme 1

$$(f'(t))^2 + n^2(f(t))^2 = |Q'(e^{it})|^2 \le (\frac{2n}{2})^2 \|Q\|^2 = n^2 \|f\|^2 .$$

5.2. Inégalité de Szegö.

Soit f *un polynôme trigonométrique à coefficients réels de degré* n. *Alors pour tout* $t \in \mathbb{R}$

$$|n f(t) - \tilde{f}'(t)| + \sqrt{(f'(t))^2 + (\tilde{f}'(t))^2} \le n \|f\| .$$

Preuve : Là encore, on écrit pour $z = e^{it}$

(1) $$z^n f(t) = z^n P(z) + P^*(z) = 2z^n \operatorname{Re}(P(z)).$$

Donc P est de degré n vérifiant $\sup_{|z|=1} |\operatorname{Re}(P(z)| = \frac{1}{2} \|f\|$. On obtient alors

(2) $$f'(t) = 2 \operatorname{Re}(i\, e^{it}\, P'(e^{it})).$$

D'autre part, d'après la définition de $\tilde{f}'$, on a pour $z = e^{it}$

$$z^n \tilde{f}'(t) = z^n P_1(z) + P_1^*(z)$$

avec $P_1(z) = z\, P'(z)$, d'où

(3) $$\tilde{f}'(t) = 2 \operatorname{Re}(e^{it}\, P'(e^{it})).$$

Des relations (2) et (3), on tire donc

$$\sqrt{(f'(t))^2 + (\tilde{f}'(t))^2} = 2|P'(e^{it})|.$$

D'autre part, des relations (1) et (3), on déduit

$$|n f(t) - \tilde{f}'(t)| = 2|\operatorname{Re}(n\, P(e^{it}) - e^{it} P'(e^{it}))|.$$

L'inégalité de l'énoncé se déduit du lemme 1 en notant que

$$\sup_{|z|=1} |\operatorname{Re}(P(z))| = \frac{1}{2} \|f\| .$$

REFERENCES

[1] S. BERNSTEIN. *Leçons sur les propriétés extrémales et la meilleure approximation des fonctions analytiques d'une variable réelle.* Gauthier-Villars, Paris (1926).

[2] R.P. BOAS. *The derivative of a trigonometric integral.* J. London Math. Soc. 12 (1937), 164-165.

[3] N.G. de BRUIJN. *Inequalities concerning polynomials in the complex domain.* Nederl. Akad. Wetensch. Pro. 50 (1947), 1265-1272 = Indag. Math. 9 (1947), 591-598.

[4] A. GIROUX, Q.I. RAHMAN, G. SCHMEISSER. *On Bernstein's inequality.* Can. J. Math. 31 n° 2 (1979), 347-353.

[5] A. GIROUX, Q.I. RAHMAN. *Inequalities for a polynomial with a prescribed zero.* Trans. Amer. Math. Soc. 193 (1974), 67-98.

[6] P.D. LAX. *Proof of a conjecture of P. Erdös on the derivative of a polynomial.* Bull. Amer. Math. Soc. 50 (1944), 509-513.

[7] G.G. LORENTZ. *Approximation of functions.* Athena Series. Selected Topics in Math. Holt, Rinehart and Winston. USA (1966).

[8] M.A. MALIK. *On the derivative of a polynomial.* J. London Math. Soc. (2) 1 (1969), 57-60.

[9] G. SZEGÖ. *Bermerkungen zu einem Satz von J.H. Grace über die Wurzeln algebraischer Gleichungen.* Math. Z. 13 (1922), 28-55.

[10] G. SZEGÖ. *Uber einen Satz des Herrn Serge Bernstein.* Schriften der Königsberger Gelehrten Gesellschaft. 5 (1928), 59-70.

[11] P. TURAN. *Uber die Ableitung von Polynomen.* Compositio Math. 7 (1939), 89-95.

A. DURAND
Département de Mathématiques
Université de Limoges
123, Rue Albert Thomas

87060 LIMOGES Cedex

APPROXIMATIONS ALGÉBRIQUES D'UN NOMBRE TRANSCENDANT

Alain DURAND

Jadis et naguère. Parallèlement (Paul Verlaine).

Un atavisme profond, conforté d'ailleurs par des mathématiciens proche d'un certain mysticisme tels Kronecker, nous fait considérer les nombres entiers, voire les nombres rationnels, comme seules réalitées tangibles, les nombres irrationnels (cachez ces nombres que je ne saurais voir !) n'étant même pour certains qu'un concept issu de la pensée "vaniteuse" de l'homme. Indépendamment de la façon d'appréhender ces nombres irrationnels, il faut cependant bien admettre qu'un nombre tel que π ne se prête guère à une utilisation "physique" et se verra le plus souvent remplacé par le nombre décimal 3,1415. Cet aspect effectif a conduit tout naturellement à étudier les approximations rationnelles d'un nombre réel. Ce domaine a été largement étudié et les résultats obtenus, grâce en partie à l'algorithme des fractions continues, sont assez précis. Dans ce contexte topologique, on peut vouloir remplacer le passage $\mathbb{Q} \to \mathbb{R}$ par $\overline{\mathbb{Q}} \to \mathbb{C}$, autrement dit étudier les approximations algébriques d'un nombre complexe. Dans le premier cas, il s'agit de majorer ou minorer la différence $|\theta-\alpha|$ où $\theta \in \mathbb{R}$ et $\alpha \in \mathbb{Q}$, et cette majoration ou minoration s'exprime tout naturellement en fonction du dénominateur de α puisque l'on étudie en fait $\|q\theta\|$ où $q \in \mathbb{N}$ (en notant, pour $x \in \mathbb{R}$, $\|x\| = \inf_{p\in\mathbb{Z}} (|x-p|)$. Dans le second cas, où $\theta \in \mathbb{C}$ et $\alpha \in \overline{\mathbb{Q}}$, il n'existe pas une telle expression canonique des résultats et, pour la formulation de ces derniers, un choix préalable entre les divers paramètres liés au nombre algébrique α doit être fait. Nous utiliserons ici le paramètre

$$\Lambda(\alpha) = 2^d \cdot L$$

où, en notant P le polynôme minimal de α sur $\mathbb{Q}$, d est le *degré* de P et L sa *longueur*, c'est-à-dire la somme des valeurs absolues de ses coefficients. Si $\alpha = p/q$, $(p,q)=1$, alors $\Lambda(\alpha) = 2(|p|+|q|)$.

On trouvera ci-après quelques résultats concernant le passage $\overline{\mathbb{Q}} \to \mathbb{C}$, avec en regard ceux, plus classiques, concernant le passage $\mathbb{Q} \to \mathbb{R}$. Cette confrontation permet de mieux faire ressortir tous les progrès à réaliser dans le premier domaine.

1. Théorème d'existence.

Soit $\theta \in \mathbb{R}$. Pour tout $Q \in \mathbb{R}$, $Q \geq 1$, il existe $(p,q) \in \mathbb{Z}^2$ avec $1 \leq q \leq Q$ tel que

$$|\theta - p/q| \leq \frac{1}{qQ} .$$

(Dirichlet 1842).

Corollaire. - Soit $\theta \in \mathbb{R}$ irrationnel. Il existe une infinité de rationnels p/q avec $(p,q) = 1$, tels que

$$|\theta - p/q| \leq \frac{1}{q^2} .$$

Soit $\theta \in \mathbb{C}$. Pour tout $u \in \mathbb{R}$, $u \geq 3$, il existe $\alpha \in \overline{\mathbb{Q}}$ avec $\Lambda(\alpha) \leq u$ tel que

$$|\theta-\alpha| \leq c(\theta)\, \Lambda(\alpha)^{-\frac{\log u}{24\sigma \log 2}+\frac{\log\log u}{8 \log 2}}$$

où $c(\theta)$ est une constante explicite ne dépendant que de θ et $\sigma=1$ si $\theta \in \mathbb{R}$ et $\sigma=2$ sinon.

Corollaire. - Soit $\theta \in \mathbb{C}$ transcendant. Pour tout $c \in \mathbb{R}$ avec

$$c < \frac{1}{24 \log 2} ,$$

il existe une infinité de nombres algébriques α tels que

$$|\theta-\alpha| \leq e^{-\frac{c}{\sigma}(\log \Lambda(\alpha))^2}$$

où $\sigma=1$ si $\theta \in \mathbb{R}$ et $\sigma=2$ sinon.

2. Meilleures approximations.

On considère l'affirmation suivante (où $c \in \mathbb{R}$, $c > 0$)

« Pour tout $\theta \in \mathbb{R}$ irrationnel, il existe une infinité de rationnels p/q, $(p,q)=1$, vérifiant

$$|\theta - p/q| \leq \frac{1}{c\, q^2} »$$

Cette affirmation est vraie si $c \leq \sqrt{5}$ et fausse si $c > \sqrt{5}$.

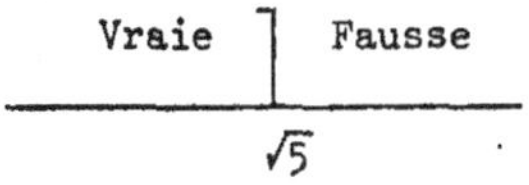

(Hurwitz, 1891)

« Pour tout $\theta \in \mathbb{C}$ transcendant, il existe une infinité de nombres algébriques α vérifiant

$$|\theta-\alpha| \leq e^{-\frac{c}{\sigma}(\log \Lambda(\alpha))^2}$$

où $\sigma=1$ si $\theta \in \mathbb{R}$ et $\sigma=2$ sinon »

Cette affirmation est vraie si $c < \frac{1}{24 \log 2}$ et fausse si $c > \frac{1}{4 \log 2}$.

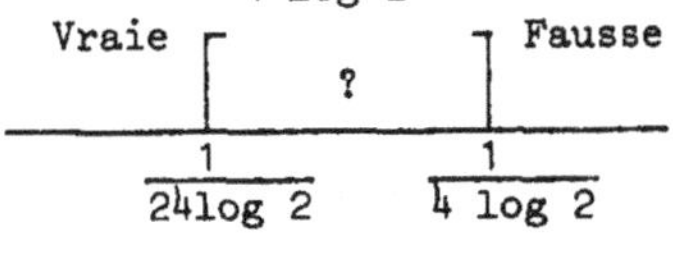

3. Critères d'irrationalité et de transcendance.

Pour que $\theta \in \mathbb{R}$ soit irrationnel, il faut et il suffit qu'il existe une suite $(\lambda_n)_{n \geq 1}$ de réels positifs non nuls vérifiant $\lim_{n \to +\infty} \lambda_n = +\infty$ et une suite $\left(p_n/q_n\right)_{n \geq 1}$ de rationnels telles que

$$0 < \left|\theta - \frac{p_n}{q_n}\right| \leq \frac{1}{\lambda_n q_n} \quad \text{pour } n \geq 1.$$

Pour que $\theta \in \mathbb{C}$ soit transcendant, il faut et il suffit qu'il existe une suite $(\lambda_n)_{n \geq 1}$ de réels positifs non nuls vérifiant $\overline{\lim_{n \to +\infty}}\, \lambda_n = +\infty$ et une suite $(\alpha_n)_{n \geq 1}$ de nombres algébriques telles que

$$0 < |\theta - \alpha_n| \leq \Lambda(\alpha_n)^{-\lambda_n} \quad \text{pour } n \geq 1.$$

4. Propriétés métriques.

Soit μ_1 (resp. μ_2) la mesure de Lebesgue sur $\mathbb{R}$ (resp. sur $\mathbb{C}$).

Soit $f : \mathbb{N} \to]0,+\infty[$ une fonction croissante vérifiant $\lim_{n\to+\infty} f(n) = +\infty$ et telle que la série

$$\sum_{q\geq 1} \frac{1}{f(q)}$$

diverge (resp. converge).

Alors, pour μ_1-presque tous les nombres réels θ, il existe une infinité (resp. il n'existe qu'un nombre fini) de rationnels p/q, $(p,q)=1$ tels que

$$0 < |\theta - p/q| \leq \frac{1}{q\, f(q)} .$$

(Khintchine, 1926)

Soit $c \in \mathbb{R}$, $c > \frac{1}{4 \log 2}$ (resp. $c > \frac{1}{8 \log 2}$). Alors pour μ_1-presque tous les nombres réels θ (resp. μ_2-presque tous les nombres complexes θ), il n'existe qu'un nombre fini de nombres algébriques α tels que

$$0 < |\theta - \alpha| \leq e^{-c(\log A(\alpha))^2} .$$

U.E.R. des Sciences de Limoges
Département de Mathématiques
123 rue Albert Thomas
87060 LIMOGES Cédex.

Polynômes à coefficients positifs multiples d'un polynôme donné

Jean-Pierre Borel
Dept. de Mathématiques, Université de Limoges
123, av. Albert Thomas, F-87060 LIMOGES CEDEX

Abstract : For a given polynômial P with real coefficients, does there exist an other polynômial Q suth that the product PQ has only positive coefficients, and what can be said about the minimal value of the degree of such a polynômial Q ? Some general answers are given, and some more precise results are obtained for polynômials P of a particular form : in this case, the estimates of the lowest degree of Q is of interest to study some normal sets, in the uniform distribution theory.

§ 1 Introduction

1.1 Le problème évoqué ici a une formulation très simple : soit P un polynôme donné à coefficients réels, déterminer les deux quantités suivantes :

$$\delta P = \inf \{ d^o Q \ , \ Q \in \mathbb{R}[X], Q \neq 0 \ / \ PQ \geq 0 \}$$

$$\delta^+ P = \inf \{ d^o Q \ , \ Q \in \mathbb{R}[X] \ / \ PQ > 0 \}$$

où, si R est un polynôme, $R \geq 0$ (resp. $R > 0$) signifie dans tout ce travail que R a tous ses coefficients positifs ou nuls (resp. tous les coefficients de $X^k, 0 \leq k \leq d^o R$, strictement positifs).

1.2 Un exemple simple : prenons $P_1 = X^2 - X + 1$. Alors :

$\delta P_1 = 1$ car $(X+1) . P_1 = X^3 + 1$ a tous ses coefficients positifs

$\delta^+ P_1 = 2$ car $(aX+b) . P_1 \geq 0$ entraîne $a = b \geq 0$, et donc ce polynôme a des coefficients nuls ;

$$(2X^2 + 3X + 2) . P_1 = 2X^4 + X^3 + X^2 + X + 2 > 0$$

Dans le cas général, deux problèmes se posent :

quantitatif : a-t-on δP et δ^+P finis (problème de l'existence d'un polynôme Q) ;
qualitatif : si oui, calculer (ou estimer...) leur valeur.

1.3 J'ai rencontré ce problème pour certains polynômes très particuliers, qui seront précisés au §.4. Il s'agit pour ces polynômes de comparer δP et δ^+P avec le degré d^oP, pour essayer de répondre à un problème lié à la répartition modulo 1 de certaines suites. Les résultats obtenus sont les suivants, pour ces polynômes :

$$\delta^+P \ll k\, d^oP \ \mathrm{Log}(d^oP) \quad ;$$

$$\delta^+P \leq d^oP \quad \text{sous certaines conditions précisées plus tard ;}$$

l'hypothèse $\delta^+P \ll d^oP$ est fausse ;
(k est une constante liée à P, souvent très petite, mais pouvant dans certains mauvais cas être de la taille de $\sqrt{d^oP}$ essentiellement).

Des estimations générales de δP et δ^+P sont aussi données, qui montrent que ces quantités dépendent un peu du degré d^oP, mais surtout de l'argument des racines de P (la valeur de ces arguments sera toujours choisie dans l'intervalle $[-\pi, \pi]$). Par exemple, on obtient :

Théorème 1. *Soit* P *un polynôme n'ayant pas de racine réelle positive, et* θ_1 *l'argument positif minimal des racines de* P. *On a alors :*

$$\frac{\pi}{\theta_1} \leq \delta P + d^oP \leq \delta^+P + d^oP \leq \frac{3}{2} d^oP \cdot \frac{\pi}{\theta_1} \tag{1}$$

(des estimations plus précises seront données au §.2).

1.4 En fait, le problème d'origine concernant la répartition modulo 1 conduit à la quantité plus compliquée suivante :

$$\delta^*P = \inf\{d^oQ\ ,\ Q \in \mathbb{R}[X]\ \ /\ \ PQ \geq 0 \ \text{ et } \left.\begin{matrix} Q(z)=0 \\ |z|=1 \end{matrix}\right\} \Rightarrow \exists\ n \geq 1,\ \ PQ(z^n) \neq 0\ \}$$

(seul les z racines de l'unité peuvent alors poser problème).

Une méthode simple de petites variations de racines (et donc des coefficients) de PQ conduit immédiatement à la majoration :

$$\delta^*P \leq \delta^+P \tag{2}$$

De même, si Q est de degré minimal tel que $PQ > 0$ et si n est le nombre maximal de coefficients nuls consécutifs dans le polynôme PQ, il est clair que l'on a :

$$\delta P \le \delta^+ P \le \delta P + n \le \delta P + d^o PQ \le 2\,\delta P + d^o P. \tag{3}$$

1.5 Je tiens à rappeler ici la mémoire d'Alain Durand, à qui j'avais posé le problème de l'estimation de δP et $\delta^+ P$, et qui m'a très vite fourni une première réponse, qualitative et quantitative, que l'on trouvera au §.2. Je remercie aussi C. Smyth de m'avoir signalé, suite à cet exposé, que ce problème avait déjà été abordé en 1911 par E. Meissner, qui avait obtenu la caractérisation des polynômes tels que $\delta P < \infty$, caractérisation retrouvée par Alain Durand.

§.2 Estimations générales de δP et $\delta^+ P$

2.1 Soit $R \in \mathbb{R}[X]$, et z un nombre réel positif. Il est clair que $R(z) = 0$ et $R > 0$ sont incompatibles. De même, si z est strictement positif et $R \neq 0$, $R(z) = 0$ et $R \geq 0$ sont incompatibles. D'où les conditions nécessaires suivantes :

$$\begin{aligned} &\delta P < +\infty \quad \Rightarrow \quad P \text{ n'a pas de racine réelle strictement positive ;} \\ &\delta^+ P < +\infty \quad \Rightarrow \quad P \text{ n'a pas de racine réelle positive.} \end{aligned} \tag{4}$$

Ces conditions sont en fait suffisantes. La démonstration d'Alain Durand comme celle de Meissner, ainsi que toutes les méthodes que je connais pour majorer δP et $\delta^+ P$, sont basées sur un principe très simple : on sépare les racines de P (en factorisant P sur $\mathbb{R}$), et on recolle les morceaux puisqu'il est immédiat que $R_1 > 0$ et $R_2 > 0$ (resp. ≥ 0) entraîne $R_1 R_2 > 0$ (resp. ≥ 0). On écrit alors :

$$P = \pm\, d X^n \prod_j (X + c_j) \prod_k (X^2 + e_k X + f_k) \prod_i (X^2 - a_i X + b_i) \tag{5}$$

où tous les coefficients sont positifs, et avec $4\, b_i > a_i^2$ pour que P vérifie la condition nécessaire à $\delta P < +\infty$ ci-dessus.

2.2
Lemme (A. Durand, J-P. B.).

(i) *Si* a, b *et* $4b - a^2$ *sont strictement positifs, et si* $n = \left[\dfrac{1 + a + b}{2\sqrt{b} - a}\right]$, *on a :*

$$P_n := (1+X)^n (X^2 - aX + b) > 0$$

(ii) *Si de plus* b=1, *d'où* $a = 2\cos\theta$, $0 < \theta < \frac{\pi}{2}$, *et en posant* $m = \left\lceil \frac{n+1}{2} \right\rceil$, *on a* :

$$P_n \geq 0 \quad \Leftrightarrow \quad \cos\theta \leq \frac{m}{m+1} \quad \Leftrightarrow \quad n \geq 2\left\lceil \frac{\cos\theta}{1-\cos\theta} \right\rceil - 1 \quad ;$$

$$P_n > 0 \quad \Leftrightarrow \quad \cos\theta < \frac{m}{m+1} \quad \Leftrightarrow \quad n \geq 2\left\lfloor \frac{\cos\theta}{1-\cos\theta} \right\rfloor + 1 \quad .$$

<u>Démonstration</u> ($\lceil x \rceil$ désigne ici le plus petit entier supérieur ou égal à x) :
Soit c_k le coefficient de X^k dans le produit $(1+X)^n (X^2 - aX + b)$. Si $2 \leq k \leq n$, on a alors :

$$c_{n,0} = b \;\; ; \;\; c_{n,1} = nb - a \;\; ; \;\; c_{n,n+1} = n - a \;\; ; \;\; c_{n,n+2} = 1 \;\; ,$$

et pour $1 \leq k \leq n-1$, on a :

$$c_{n,k+1} = b\,C_n^{k+1} - a\,C_n^k + C_n^{k-1} = C_n^k\left(\frac{k}{n-k+1} + b\frac{n-k}{k+1} - a\right) = C_n^k\left((n+1)\,f_n(k) - (1+a+b)\right)$$

si on pose $f_n(x) = (n+1-x)^{-1} + b\,(x+1)^{-1}$. Dans tous les cas (car b>0), f_n a un minimum unique sur l'intervalle $]1,n+1[$, atteint en $x_0 = \frac{\sqrt{b}(n+1) - 1}{1+\sqrt{b}}$, et qui vaut $m_0 = \frac{(\sqrt{b}+1)^2}{n+2}$. Sur cet intervalle, f_n décroit avant x_0 et croit après. $P_n > 0$ (resp. ≥ 0) est donc conséquence de $(n+1)\,m_0 > 1+a+b$ (resp. $\geq 1+a+b$), ce qui équivaut à :

$$n + 1 > \frac{1+a+b}{2\sqrt{b} - a} \qquad \text{(resp. } \geq \text{...)}.$$

et pour le n choisi, $c_0, c_1, c_{n+1}, c_{n+2}$ sont strictement positifs (vérification facile).

Lorsque b = 1, et donc $a = 2\cos\theta$, la valeur minimale de n répondant au problème peut être précisée, car on a alors :

<u>cas n pair, n = 2m</u> : $x_0 = m$ est entier, l'implication précédente devient une équivalence :

$$P_{2m} > 0 \quad \Leftrightarrow \quad 2m + 1 > \frac{2 + 2\cos\theta}{2 - 2\cos\theta} \quad \Leftrightarrow \quad m > \frac{\cos\theta}{1-\cos\theta} \quad \Leftrightarrow \quad \cos\theta < \frac{m}{m+1}$$

(et de même pour les inégalités larges);

<u>cas n impair, n = 2m - 1</u> : $f_n(k)$ est minimal soit en k = m-1, soit en k = m. Or le polynôme P_n est réciproque, et donc $c_{n,m} = c_{n,m-1} = \frac{1}{2} c_{2m,m}$. Cela entraine donc :

$$P_{2m-1} > 0 \quad \Leftrightarrow \quad c_{2m-1,m} > 0 \quad \Leftrightarrow \quad c_{2m,m} > 0 \quad \Leftrightarrow \quad P_{2m} > 0 \quad \Leftrightarrow \quad \cos\theta < \frac{m}{m+1}$$

(et de même pour les inégalités larges).

Dans les deux cas, $m = \left\lceil \frac{n+1}{2} \right\rceil$, ce qui donne (ii).

On en déduit, à l'aide du principe énoncé en 2.1 les deux résultats suivants :

Théorème 2 (Meissner [8], Durand) $\delta P < +\infty \Leftrightarrow P$ *n'a pas de racine sur* $]0, +\infty[$;

$\delta^+ P < +\infty \Leftrightarrow P$ *n'a pas de racine sur* $[0, +\infty[$.

Théorème 3 *Si* P *n'a pas de racine sur* $[0, +\infty]$, *on a* :

$$\delta^+ P \ll \sum_{P(\rho e^{i\theta}) = 0} \frac{1}{\theta^2} \leq \frac{d^o P}{\theta_1^2} \tag{6}$$

Démonstration

Il suffit d'écrire :

$$(X - \rho e^{i\theta})(X - \rho e^{-i\theta}) = \rho^2 (Y^2 - 2\cos\theta\, Y + 1) \quad \text{où} \quad Y = X/\rho.$$

et d'appliquer le lemme avec $a = 2\cos\theta$ et $b = 1$, lorsque $|\theta| < \pi/2$.

2.3 Pour ce qui concerne les minorations, il est possible de donner un résultat général optimal.

Théorème 4 (A. Durand) *Soit* $S \in \mathbb{R}[X]$, $S \geq 0$, *et* $n = d^o S \geq 1$. *Alors* $S(\rho e^{i\theta}) \neq 0$ *pour* $|\theta| < \frac{\pi}{n}$. *Ce résultat est optimal, car* $S_0 = X^n + 1$ *s'annule au point* $e^{i\frac{\pi}{n}}$.

Démonstration

Si on écrit $S = \sum_{k=0}^{n} a_k X^k$, on a alors $S(\rho e^{i\theta}) = e^{i\frac{n}{2}} \sum_{k=0}^{n} a_k \rho^k e^{i\left(k - \frac{n}{2}\right)\theta}$, et donc si $|\theta| < \frac{\pi}{n}$:

$$\operatorname{Re}\left(S(\rho e^{i\theta}) \cdot e^{-i\frac{n}{2}\theta} \right) = \sum_{k=0}^{n} a_k \rho^k \cos\left(k - \frac{n}{2}\right)\theta > 0$$

d'où $S(\rho e^{i\theta}) \neq 0$.

Corollaire *Si* P *n'a pas de racine sur* $]0, +\infty[$, *on a* :

$$\frac{\pi}{\theta_1} \leq d^o P + \delta P \tag{7}$$

Démonstration

Immédiat, $\rho_1 e^{i\theta_1}$ (racine de P) est racine de PQ pour tout polynôme Q

2.4 On voit donc que δP et $\delta^+ P$ dépendent de l'argument positif minimal des racines de P. Il est possible, par une autre méthode que celle d'Alain Durand, de rapprocher les estimations du théorème 3 et du corollaire, en supprimant l'exposant 2 de θ_1.

Théorème 5 *Si* P *n'a pas de racine sur* $]0, +\infty[$ (resp. $[0, +\infty[$), *on a* :

$$\delta P + d^\circ P \le \pi \sum_{P(\rho e^{i\theta}) = 0} \frac{1}{|\theta|} \le \frac{\pi\, d^\circ P}{\theta_1}$$

$$(\textit{resp.} \quad \delta^+ P + d^\circ P \le \frac{3\pi}{2} \sum_{P(\rho e^{i\theta}) = 0} \frac{1}{|\theta|} \le \frac{3\pi}{2}\, \frac{d^\circ P}{\theta_1}\ ) \tag{8}$$

Cela provient du lemme suivant, dont la démonstration est immédiate :

Lemme

$(0 < \theta \le \pi\ ,\ \rho > 0)$ $z = \rho e^{i\theta}$ *est racine de* $P_n = X^{2^{n+1}} - 2\rho^{2^n} \cos(2^n \theta)\, X^{2^n} + \rho^{2^{n+1}}$,

et $P_n \ge 0$ *si on prend* $n = \left[\mathrm{Log}\, \dfrac{\pi}{\theta} / \mathrm{Log}\, 2 \right]$.

On recolle alors les morceaux selon le principe du 2.1, ce qui donne :

pour une racine réelle négative : $\delta + d^\circ = d^\circ = 1 \le \dfrac{\pi}{|\theta|}$ (car $|\theta| = \pi$ ici...)

$$\delta^+ + d^\circ = d^\circ = 1$$

pour deux racines complexes conjuguées, P_n est multiple de $(X - \rho e^{i\theta})(X - \rho e^{-i\theta})$, ce qui entraîne :

$$\delta + d^\circ \le d^\circ P_n = 2^{n+1} \le 2 \frac{\pi}{\theta} = \frac{\pi}{|\theta|} + \frac{\pi}{|-\theta|}$$

De même, $P'_n = P_n \dfrac{X^{2^n} - 1}{X - 1}$ est strictement positif, d'où :

$$\delta^+ + d^\circ \le d^\circ P'_n = \frac{3}{2}\, d^\circ P_n \le \frac{3}{2} \left(\frac{\pi}{|\theta|} + \frac{\pi}{|-\theta|} \right)$$

Le théorème 1 est donc démontré. A la constante près 3/2, c'est, d'après le théorème 4, le meilleur résultat que l'on peut obtenir à l'aide de la méthode de séparation des racines (cela donne donc l'ordre de grandeur exact de δP et $\delta^+ P$, pour P de degré 2) . Si on a des renseignements sur la distribution dans $[0, \pi]$ des $|\theta|$ il est possible de préciser la majoration obtenue au théorème 5.

Par exemple, soit $0 < \theta_1 \leq \theta_2 \leq ... \leq \theta_r < \pi$ la suite des arguments des racines de P dans le demi-plan $\mathrm{Im}(z) > 0$, et supposons que sa distribution est régulière, ce qui se traduit par une discrépance à l'origine D_r^* petite, où l'on pose :

$$D_r^* = \sup_{0<x<1} \left| x - \frac{1}{r} \sum_{\theta_i < \pi x} 1 \right|$$

A l'aide de l'inégalité de Koksma ([7] , p. 143), on obtient alors :

Corollaire *Si* P *n'a pas de racine sur* $]0, +\infty[$, *on a* :

$$\delta P + d^o P \leq (2r)\, \pi \left(1 + \mathrm{Log}\, \frac{1}{\theta_1} + \frac{D_r^*}{\theta_1}\right) \tag{9}$$

(et une estimation analogue pour $\delta^+ P + d^o P$).

Il est à noter que l'on a nécessairement $\frac{1}{r} \leq D_r^* \leq 1$, et que pour une suite infinie $r\, D^*_r \geq 0{,}06 \,\mathrm{Log}\, r$ pour une infinité de r. Si les coefficients de P sont petits, la discrépance D_r^* est assez petite (voir la conférence de M. Mignotte).

2.5 Il peut être intéressant de remarquer que, contrairement à ce que suggèrent les majorations obtenues aux théorèmes 3 et 5, δP et $\delta^+ P$ ne dépendent pas uniquement des arguments des racines de P. Un exemple :

$P_1 = X^2 - X + 1$ (étudié en 1.2, $\delta^+ P_1 = 2$)

$P_2 = 2X^2 - 3X + 2$

alors $\delta^+ P_2 = 3$ (prendre $Q_2 = 3X^3 + 5X^2 + 5X + 3$)

$P_3 = P_1 P_2 = 2X^4 - 5X^3 + 7X^2 - 5X + 2$

$\delta^+ P_3 = 4$ (prendre $Q_3 = (1 + X) . Q_2$
$= 3X^4 + 8X^3 + 10X^2 + 8X + 1$)

$P_4 = P_{4,\rho} = P_1 P_2 (\rho X)$ pour $\rho > 0$.

Les racines de P_3 et P_4 ont donc mêmes arguments. En prenant $Q_1 = 2X^2 + 3X + 2$ (d'où $P_1 Q_1 > 0$), $P_4 Q_1 = P_1 Q_1 (2 + \rho X\, Q(\rho X)) > 0$ pour ρ assez petit, et donc pour ces ρ on a $\delta^+ P_4 \leq 2$, donc $\delta^+ P_4 \neq \delta^+ P_3$.

(remarque : le calcul de $\delta^+ P_2$ et $\delta^+ P_3$ utilise la propriété suivante : si P est réciproque, i.e. $P = P^* := X^{d^\circ P}\ P(X^{-1})$, les polynômes Q donnant δP et $\delta^+ P$ peuvent être choisis réciproques).

§.3 Un exemple d'estimation globale

3.1 Le but de ce paragraphe est de présenter un exemple où la majoration de $\delta^+ P$ s'obtient en considérant globalement toutes les racines de P. Le mécanisme est le suivant : soit S un polynôme, $S > 0$. Les coefficients de S sont des fonctions continues des racines, et donc on peut un peu modifier les racines et obtenir encore un polynôme $S' > 0$. Si les racines de P sont proches de certaines racines de S, avec $S > 0$, on aura alors $\delta^+ P + d^\circ P \leq d^\circ S$. Le résultat suivant met en œuvre ce principe, avec :

$$S := \phi_N = \frac{X^N - 1}{X - 1} = 1 + X + X^2 + \ldots + X^{N-1}$$

3.2 Soit $P \in \mathbb{R}[X]$, dont toutes les racines sont simples, de module 1, et soit $0 < \theta_1 < \theta_2 < \ldots < \theta_r < \pi$ la suite des arguments des racines de P dans le demi-plan $\mathrm{Im}(z) > 0$.

Théorème 6 *Soit* N *un bon dénominateur commun des* θ_j, *dans le sens suivant : il existe des entiers* k_j, $1 \leq j \leq r$, *deux à deux distincts, non nuls, et tels que :*

$$\forall\ j \in \{1, 2, \ldots, r\} \qquad \left| \frac{\theta_j}{2\pi} - \frac{k_j}{N} \right| < \frac{\operatorname{Log} 2}{4 \pi r N}$$

Soit $P = \prod_{j=1}^{r} (X - e^{i\theta_j})\ (X - e^{-i\theta_j})$. *Alors* $\delta^+ P + d^\circ P \leq N$.

Démonstration

Soit S un polynôme, dont les coefficients complexes sont majorés par M. Soit a une racine de S, de module 1. Soit $b \in \mathbb{C}$, et :

$$\tilde{S} = \frac{X - b}{X - a}\ S \in \mathbb{C}[X]$$

$\tilde{S}$ peut aussi se considérer comme série formelle, ce qui donne :

$$S = \left(1 - \frac{b}{X}\right)\left(1 + \frac{a}{X} + \frac{a^2}{X^2} + \frac{a^3}{X^3} + \ldots\right) S$$

$$= S + \frac{a-b}{a}\left(\frac{a}{X} + \frac{a^2}{X^2} + \frac{a^3}{X^3} + \ldots\right) S = S + \frac{a-b}{a} T$$

où T est en fait un polynôme, dont le coefficient de X^s vaut $\sum_{i=1}^{d-s} a^i a_{s+i}$ en notant d le degré de S et a_k son coefficient de X^k : il est donc majoré par dM.

Les coefficients de S sont donc de la forme $a_k + \varepsilon_k$, avec $|\varepsilon_k| \le |a-b|\, dM$. Si on itère $2r$ fois ce procédé, avec à chaque fois $|a-b| \le \varepsilon$, les coefficients du nouveau polynôme S_{2r} seront donc de la forme $a_k + \varepsilon_{k,2r}$, avec :

$|\varepsilon_{k,2r}| \le \varepsilon.d.M\,(1 + (1+\varepsilon d) + \ldots + (1+\varepsilon d)^{2r-1}) = ((1+\varepsilon d)^{2r} - 1).M \le (e^{2r\varepsilon d} - 1).M$

Prenons $S = \phi_N$, d'où $d = N-1$, et par le procédé précédent remplaçons la racine $e^{2\pi i k_j/N}$ par $e^{i\theta_j}$, de même que les conjugués. Donc S_{2r} est un multiple de P, et est à coèfficients réels, de la forme :

$$1 + \varepsilon_{k,2r} \qquad \text{avec} \qquad |\varepsilon_{k,2r}| \le (e^{2r\varepsilon N} - 1)$$

$$\varepsilon = \max_{1\le j\le r} |e^{2\pi i k_j/N} - e^{i\theta_j}| = 2 \sin\left(\max_{1\le j\le r}\left|\frac{\theta_j}{2} - \pi\frac{k_j}{N}\right|\right)$$

$$\varepsilon < \frac{\text{Log } 2}{2r N} \qquad \text{d'où} \qquad e^{2r\varepsilon N} < 2.$$

Donc on obtient $S_{2r} > 0$, et donc $\delta^+ P + d^oP \le d^oS_{2r} = d^oS = N - 1$.

§.4 L'origine du problème

4.1 Le problème de l'évaluation des quantités δP et $\delta^+ P$, pour certains polynômes P, a pour moi son origine dans une question liée à la répartition molulo 1 des suites. Rappelons ici deux notions très classiques :

la suite $\Lambda = (\lambda_n)_{n\ge 1}$ de nombres réels est dite <u>équirépartie modulo 1</u> lorsque la suite des probabilités associée :

$$N \mapsto \frac{1}{N} \sum_{n=1}^{N} \delta_{\{\lambda_n\}}$$

converge (au sens de la convergence étroite des mesures) vers la probabilité uniforme sur [0,1] ;

la partie A de $\mathbb{R}$ est dite normale s'il existe une suite Λ telle que :

$$A = B(\Lambda) := \{x \in \mathbb{R},\ x\Lambda \text{ équirépartie modulo } 1\}.$$

4.2 Les parties normales de $\mathbb{R}$ ont été caractérisées par G. Rauzy, [9]. Il s'agit ici de préciser les parties b-normales de $\mathbb{R}$, c'est-à-dire normales associées à une suite Λ bornée. A une telle partie A, on peut associer la quantité :

$$M(A) = \inf\{M > 0 \ / \ \exists\ \Lambda \text{ à valeurs dans } [0, M],\ A = B(\Lambda)\}$$

L'étude des parties b-normales passe par l'évaluation des $M(\Gamma_k)$, où l'on pose :

$$\begin{cases} 0 < \gamma_1 < \gamma_2 < \dots < \gamma_k & \text{(nombres entiers)} \\ \Gamma_k = \bigcup_{j=1}^{k} \gamma_j \mathbb{Z}^* \end{cases}$$

un passage à la limite sur k étant possible, d'après un mécanisme exposé dans [2]. D'après Dress et Mendès France, [3], on a $M(\Gamma_k) \le 1$. Le problème est en fait de comparer $M(\Gamma_k)$ à la densité asymptotique $d(\Gamma_k)$ de Γ_k. Dans toute la suite, on supposera que $\text{pgcd}(\gamma_1, \dots, \gamma_k) = 1$.

4.3 J'ai donné dans [1] une estimation de $M(\Gamma_k)$, qui est la suivante. Posons $m = \text{ppcm}(\gamma_1, \gamma_2, \dots, \gamma_k)$, $\zeta = e^{2\pi i/m}$, et $\Delta_k = \Gamma_k \cap \{1, 2, \dots, m-1\}$. Considérons alors le polynôme :

$$P = \prod_{a \in \Delta_k} (X - \zeta^a) \quad \text{d'où} \quad P \in \mathbb{R}[X]\ ,\ d^\circ P = m\, d(\Gamma_k) - 1$$

Théorème 7 (cf. [1]) 1) *Si* $P \ge 0$, *on a* $M(\Gamma_k) = d(\Gamma_k)$

2) *Dans le cas général, on a l'encadrement* :

$$d(\Gamma_k) + \frac{\delta P}{m} \le M(\Gamma_k) \le d(\Gamma_k) + \frac{\delta^+ P}{m} \le 1 \qquad (10)$$

(en fait, on peut remplacer $\delta^+ P$ par la quantité $\delta^* P$ définie en 1.4). Comparer $M(\Gamma_k)$ à $d(\Gamma_k)$ revient à comparer les ordres de grandeur de $\delta^+ P$ et δP par rapport à $d^\circ P$.

4.4 Ce résultat provient du lemme fondamental suivant :

Lemme *Soit* Λ *une suite à valeurs dans l'intervalle* $[0, M]$, *et telle que* $\Gamma_k \subset B(\Lambda)$. *Soit* μ *une mesure de probabilité adhérente à la suite des probabilités :*

$$\left(\frac{1}{N}\sum_{n=1}^{N}\delta_{\lambda_n}\right)_{N\geq 1}$$

et soit $\tilde{\mu}$ *la probabilité* $\tilde{\mu} = \boldsymbol{\lambda}_{\frac{1}{m}} * \sum_{n=0}^{nM} \mu\left(\left[\frac{n}{m}, \frac{n+1}{m}\right[\right) \delta_{\frac{n}{m}}$, où $\boldsymbol{\lambda}_{\frac{1}{m}}$ *est la probabilité uniforme sur l'intervalle* $\left[0, \frac{1}{m}\right]$.

Soit $\tilde{\Lambda}$ *une suite quelconque admettant* $\tilde{\mu}$ *comme mesure de répartition asymptotique. Alors* $\Gamma_k \subset B(\tilde{\Lambda})$.

et de deux remarques simples :

- si la suite Λ admet une mesure de répartition asymptotique μ, alors :

$$x \in B(\Lambda) \Leftrightarrow \forall n \geq 1, \quad \hat{\mu}(n x) = 0$$

- si μ s'écrit sous la forme :

$$\mu = \boldsymbol{\lambda}_{\frac{1}{m}} * \sum_{n=0}^{N} c_n \, \delta_{\frac{n}{m}}$$

alors l'ensemble des zéros de $\hat{\mu}$ est constitué :
- des multiples non nuls de m :
- des x tels que ζ^x soit racine du polynôme $S = \sum_{n=0}^{N} c_n X^n$.

Dans ce cas, $\Gamma_k \subset B(\Lambda)$ équivaut donc à P divise S. Or, μ étant une probabilité, c'est une mesure positive et donc $S \geq 0$.

§ 5 Estimations de δP et $\delta^+ P$ particulières

5.1 Je considèrerai donc ici les polynômes P introduits au §.4, qui sont de la forme :

$$P = \prod_{\substack{1 \leq a \leq m-1 \\ \exists j, \gamma_j | a}} \left(X - e^{2\pi i \frac{a}{m}}\right) \tag{11}$$

qui sont donc des diviseurs de ϕ_m.

5.2 Ces polynômes peuvent aussi s'écrire sous la forme :

$$P = \prod_{i=1}^{n} \frac{X^{r_i} - 1}{X^{s_i} - 1}$$

pour certains entiers $n, r_1, s_1, r_2, s_2, \ldots, r_n, s_n$. Grosswald, [5], et Reich, [10], ont donné des conditions nécessaires et suffisantes sur les r_i et s_i pour qu'une telle expression soit un polynôme à coefficients positifs. Ces conditions, qui portent sur le nombre de représentation des entiers à l'aide des r_i et des s_i ne sont pas concrêtement utilisable ici.

5.3

L'application directe du théorème 5 donne ici, puisque $\theta_1 = \dfrac{\gamma_1}{m}$:

$$\delta^+ P + d^o P \ll \frac{m\, d^o P}{\gamma_1} \leq \frac{(d^o P)^2}{\gamma_1\, d(\Gamma_k)} \leq (d^o P)^2$$

et même, en utilisant la première majoration :

$$\delta^+ P + d^o P \ll \sum \frac{1}{|\theta|} = 2m \sum_{\substack{a \in \Delta_k \\ a < \frac{m}{2}}} \frac{1}{a} \leq k \frac{m}{\gamma_1} \operatorname{Log} \frac{m}{\gamma_1}$$

$$\delta^+ P + d^o P \ll k\, d^o P \operatorname{Log} d^o P \tag{12}$$

En supposant qu'il n'y a pas de relation de divisibilité $\gamma_i \mid \gamma_j$ avec $i \neq j$ (ce qui est possible sans changer l'ensemble Γ_k), l'ordre de grandeur maximal de k en fonction de $d^o P$ est obtenu lorsque l'on a :

$$\gamma_j = \frac{q_k}{p_j} \quad \text{où } p_j \text{ est le } j^{\text{ième}} \text{ nombre premer, et } q_k = \prod_{j=1}^{k} p_j$$

correspond à $k \sim 2 \sqrt{\dfrac{d^o P}{\operatorname{Log} d^o P}}$. D'où :

$$\delta^+ P + d^o P \ll (d^o P)^{3/2} (\operatorname{Log} d^o P)^{-1/2} \tag{13}$$

5.4 Il est possible d'écrire une relation de récurrence sur les polynômes P, liée à la construction de Δ_{k+1} à partir de Δ_k. J'écrirai donc ici $P = P_k$ et $m = m_k$ pour faire apparaître clairement la dépendance en k.

Proposition 1 (voir [1]) *Soit* $0 < \gamma_1 < \gamma_2 < ... < \gamma_k < \gamma_{k+1}$, $m_k = \text{ppcm}\ (\gamma_1, ..., \gamma_k)$,

$m_{k+1} = \text{ppcm}\ (m_k, \gamma_{k+1})$, *avec* :

$$m_{k+1} = m_k\ \alpha = \gamma_{k+1}\ q$$

Alors on a :

$$P_{k+1}(X) = P_k(X^\alpha)\ \phi_\alpha(X)\ \frac{\phi_q(X)}{P'(X)} \tag{14}$$

où P' *est le polynôme* $P' = \prod_{a \in \Delta'} (X - e^{2\pi i \frac{a}{q}})$, Δ' *étant un ensemble analogue à* Δ_k, *plus exactement l'ensemble des entiers* $1 \leq a \leq q-1$ *tel que* a *soit multiple d'au moins un des nombres* $\frac{\gamma_j}{(\gamma_j, \gamma_{k+1})}$, $1 \leq j \leq k$.

Cette relation traduit tout simplement la propriété :

$$\Gamma_{k+1} = \Gamma_k \cup \gamma_{k+1} \left(Z^* - \bigcup_{j=1}^{k} \frac{\gamma_j}{(\gamma_j, \gamma_{k+1})} Z^*\right)$$

cette réunion étant disjointe.

Corollaire 1 (voir [1]) *Si* $k = 1$ *ou* $k = 2$, $P_k > 0$. *Si* $k = 3$, $P_k \geq 0$.

2 et 3 sont <u>les plus grandes valeurs possible</u> pour lesquelles les propriétés ci-dessus sont toujours vraies (quel que soit le choix des γ_j).

Corollaire 2 *Si les* γ_j *sont premiers entre eux deux à deux,* $\delta^+ P \leq d^o P$.

La démonstration se fait par récurrence sur k. Les γ_j étant premiers entre eux, on a $P' = P_k$ dans la relation de récurrence.

La propriété est vraie pour $k = 2$ $(\delta^+ P = 0$ d'après le corollaire 1), supposons la vraie pour k et soit Q_k tel que $P_k Q_k > 0$ et $d^o Q_k = \delta^+ P_k$. Deux cas sont alors possibles :

1er cas : $d^o P_k \leq \frac{1}{2} m_k$. Alors posons $Q_{k+1}(X) = Q_k(X^{\gamma_{k+1}})\ P_k(X)$.

$P_k Q_k (X^{\gamma_{k+1}})$ a ses coefficients des $X^{n\gamma_{k+1}}$ strictement positifs, les autres coefficients étant nuls. $P_k\, Q_k\, (X^{\gamma_{k+1}})\ \phi_{\gamma_{k+1}}(X)$ a donc tous ses coefficients strictement positifs.

donc, comme ici $\alpha = \gamma_{k+1}$ et $q = m_k$:

$$P_{k+1}\ Q_{k+1} = P_k\,(X^{\gamma_{k+1}})\ Q_k\,(X^{\gamma_{k+1}})\ \phi_{\gamma_{k+1}}\ \phi_{m_k} > 0$$

ce qui entraîne :

$$\delta^+ P_{k+1} \leq d^o Q_{k+1} = \gamma_{k+1}\ \delta^+ P_k + d^o P_k$$

$$\leq \gamma_{k+1}\ d^o P_k + m_k - d^o P_k$$

alors que l'on a :

$$d^o P_{k+1} = \gamma_{k+1}\ d^o P_k + (\gamma_{k+1} - 1) + (m_k - 1) - d^o P_k$$

ce qui donne le résultat cherché puisque $\gamma_{k+1} \geq k+1 \geq 3$.

2e cas : $d^o P_k > \frac{1}{2} m_k$. P_{k+1} est un diviseur de $\phi_{m_{k+1}}$, ce qui entraîne :

$$\delta^+ P_{k+1} \leq m_{k+1} - 1 - d^o P_{k+1}$$

$$\leq m_{k+1} - 1 - (\gamma_{k+1}\, d^o P_k + \gamma_{k+1} - 1 + (m_k - 1 - d^o P_k))$$

$$\leq m_{k+1} - \gamma_{k+1}\, d^o P_k$$

$$\leq m_{k+1} \left(1 - \frac{1}{2}\right)$$

puisque $\gamma_{k+1}\ d^o P_k > \frac{1}{2}\ \gamma_{k+1}\ m_k = \frac{1}{2}\ m_{k+1}$.

D'autre part :

$$d^o P_{k+1} \geq \gamma_{k+1}\ d^o P_k$$

$$\geq \frac{1}{2}\ m_{k+1}$$

<u>5.5</u> Le corollaire 2 peut se généraliser sous la forme suivante : soient $a, a_1, a_2, \ldots, a_k$ des entiers donnés $(k \geq 1)$. On définit alors l'indépendance (multiplicative) de a par rapport à $a_1, \ldots, a_k$ par :

$$\text{prob}\,(a \mid n\ /\ \forall i,\ a_i \nmid n) = \text{Ind}\,(a\,;\, a_1, a_2, \ldots, a_k)\ .\ \text{prob}\,(a \mid n)$$

(prob ne désignant ici qu'une densité asymptotique de parties de $\mathbb{N}$).

Alors $0 \leq \text{Ind} \leq 1$, et :

Ind = 0 signifie que a est multiple d'un des a_i ;

Ind = 1 signifie que $(a, a_i) = 1$ pour tout i.

Pour Γ_k donné, posons :

$$I = I_k = \min_{1 \le j \le k-1} \operatorname{Ind}(\gamma_{j+1} ; \gamma_1, \gamma_2, \dots, \gamma_j)$$

les γ étant ici écrits dans un ordre arbitraire de façon à maximiser I_k. On peut alors montrer :

Corollaire 3

$$\delta^+ P \le \left(\frac{2}{I} - 1\right) d^oP$$

ce qui entraîne la majoration (très grossière en général) : $\delta^+ P \le \prod_{p \mid \gamma_1 \gamma_2 \cdots \gamma_k} \left(1 - \frac{1}{p}\right)^{-1} d^oP.$

5.6 Il est possible de donner de nombreuses majorations de $\delta^+ P$ fonction à la fois de d^oP et de certaines autres quantités, qui souvent peuvent être considérées comme des constantes mais qui peuvent, pour certains choix particuliers de $\gamma_1, \gamma_2, \dots, \gamma_k$, devenir très grandes. (12) est un exemple d'une telle majoration. Par exemple, soit ℓ le nombre défini par :

$$\ell = \operatorname{card} \{2 \le j \le k \quad / \quad \gamma_j \mid \operatorname{ppcm}(\gamma_1, \dots, \gamma_{j-1})\}$$

(ces j correspondent à $\alpha = 1$ dans la relation de récurrence (14) écrite entre P_j et P_{j-1}).

Proposition 2

$$\delta^+ P \ll d^oP \left((\operatorname{Log}\operatorname{Log} d^oP)^2 + \ell \frac{\operatorname{Log}\operatorname{Log} d^oP}{\operatorname{Log} d^oP} \right)$$

(estimation un peu meilleure que (12)) ; de même, on peut montrer :

Proposition 3

$$\delta^+ P \ll d^oP \operatorname{Log}\operatorname{Log}\left(\frac{\gamma_1 \cdot \gamma_2 \cdots \gamma_k}{m_k} d^oP \right)$$

(estimation générale, mais qui est moins bonne que le corollaire 2 lorsque les γ_j sont premiers entre eux deux à deux). La relation de récurrence (14) est à la base de la démonstration de ces deux résultats.

5.7 L'hypothèse $\delta^+ P \ll d^oP$ pour les polynômes (11), et qui est d'après (10) équivalente à $M(\Gamma_k) << d(\Gamma_k)$, est fausse. Je n'ai de ce résultat qu'une démonstration indirecte. Il serait intéressant de pouvoir obtenir directement des minorations suffisantes, contredisant l'hypothèse ci-dessus. La seule minoration donnée ici, à savoir (7), s'écrit pour les polynômes P considérés :

$$\delta P \geq \frac{\pi}{\theta_1} - d^oP = m\left(\frac{1}{2\gamma_1} - d(\Gamma_k)\right)$$

quantité qui est négative !

Dans [1], j'ai montré le résultat suivant :

Théorème 8

$$M(\Gamma_k) \geq s(\Gamma_k) := \max_{1 \leq N \leq m_k} \frac{1}{N} \sum_{\substack{a \in \Gamma_k \\ 1 \leq a \leq N}} 1$$

Erdös a établi dans [4] (voir aussi [6], p. 256), que si on choisit Γ_T associé à

$\gamma_i = T + i$, $1 \leq i \leq T$, la densité $d(\Gamma_T)$ tend vers 0 lorsque T tend vers $+\infty$. Mais il est immédiat que l'on a ici :

$$M(\Gamma_T) \geq s(\Gamma_T) \geq \frac{1}{2}$$

ce qui contredit l'hypothèse $M(\Gamma_T) << d(\Gamma_T)$.

Le résultat d'Erdös a été amélioré par Tenenbaum, [11], ce qui permet de construire des

Γ_k tels que l'on ait simultanément :

$$\begin{cases} \lim\limits_{k \to \infty} M(\Gamma_k) = 1 & \text{(plus grande valeur possible)} \\ \lim\limits_{k \to \infty} d(M_k) = 0 \end{cases}$$

(voir [1] pour ces Γ_k).

5.8 Revenons à l'exemple Γ_T dû à Erdös. La densité de Γ_T a été précisée par Tenenbaum, [12], qui a montré :

$$d(\Gamma_T) = (\text{Log } T)^{-\delta + o(1)} \quad (d^oP \to \infty) \quad \text{avec} \quad \delta = 1 - \frac{1 + \text{Log Log } 2}{\text{Log } 2} = 0.0860... \qquad (15)$$

Théorème 9 *Il existe des polynômes de la forme* (11), *de degré aussi grand que l'on veut, et tels que :*

$$\delta P \gg d^oP\,(\text{Log Log } d^oP)^{\delta + o(1)} \qquad (d^oP \to +\infty)$$

Démonstration

Soit P le polynôme associé à Γ_T. On a donc ici :

$$m = \text{ppcm}\,(T+1, T+2, ..., 2T) = \text{ppcm}\,(1, 2, ..., 2T)$$

et donc Log Log m ~ Log T. Donc en utilisant (15), on a :

$$\begin{aligned} d^oP + \delta^+P \ &\geq \ m\,M(\Gamma_T) \ \geq \ m\,s\,(\Gamma_T) \ \gg \ m \\ &\gg \frac{d^oP}{d(\Gamma_T)} = \frac{d^oP}{(\text{Log } T)^{-\delta + o(1)}} \\ &\gg d^oP\ (\text{Log Log } m)^{\delta + o(1)} \end{aligned}$$

en utilisant $m \sim d^oP\,(\text{Log } T)^{\delta + o(1)}$, on obtient Log Log m ~ Log Log d^oP. Donc :

$$\delta^+P \gg d^oP\,(\text{Log Log } d^oP)^{\delta + o(1)}$$

et avec (3) la même estimation est valable pour δP.

Remarques : pour les Γ_T, il est facile de voir que ℓ, T et Log d^oP ont même ordre de grandeur. La proposition 2 donne donc une majoration en $d^oP\,(\text{Log Log } d^oP)^2$, elle est donc peu améliorable.

En fait, le $\gg$ obtenu au théorème 9 peut être remplacé par un $\asymp$, c'est-à-dire :

$$\exists\ c_1, c_2 \qquad c_1\ d^oP\,(\text{Log log } d^oP)^{\delta + o(1)} \leq \delta P \leq \delta^+P \leq c_2\, d^oP\,(\text{log log } d^oP)^{\delta + o(1)}$$

5.2 Un exemple de calcul de δ et δ^+ est donné dans [1] : si k = 4, et en prenant $\gamma_1 = 2$, $\gamma_2 = 3$, $\gamma_3 = 5$ et $\gamma_4 = 7$, on vérifie que :

$$d^oP = 161 \qquad ; \qquad \delta P = \delta^+P = \delta^*P = 6$$

ce qui entraîne que :

$$M(\Gamma_4) = \frac{4}{5} \quad \text{alors que} \quad d(\Gamma_4) = \frac{27}{35}$$

Addendum (janvier 1989)

Un problème analogue à l'estimation des quantités δP et δ^+P a été considéré (**DIAMOND H. G. et ESSEN, M.** Functions with Non-Negative Convolutions, J. of Math. Anal. and Appl. 63 (1978), p.463-489, chapitres 4 et 5). Dans le cadre général de la recherche d'une fonction g positive telle que le produit de convolution f * g est positif, ils étudient le cas où f est définie sur Z et à support borné, et une quantité M(f) analogue à δP, correspondant aux polynômes Q>0 uniquement. La valeur exacte est alors donnée lorsque d°P = 2 .

D'autre part, le résultat du lemme 2.2 semble déjà connu (W. L. Putnam Math. Competition, Amer. Math. Monthly 80 (1973), p.172-174). D'autres auteurs ont cependant démontré depuis des résultats plus faibles !

Ces phénomènes illustrent bien la nécessité d'un grand travail de synthèse sur les résultats concernant les polynômes, idée chère à Alain Durand.

Bibliographie

[1] **BOREL J-P.** Suites de longueur minimale associées à un ensemble normal donné, Israel J. of Math. 64 (1989), à paraître.

[2] **BOREL J-P.** Parties d'ensembles b-normaux, Manuscripta Math. 62 (1988), p. 317-335.

[3] **DRESS F. et MENDES-FRANCE M.** Caractérisation des ensembles normaux dans Z, Acta Arith. 17 (1970), p. 115-120.

[4] **ERDÖS P.** Note on sequences of integers no one of which is divisible by any other, J. London Math. Soc. 10 (1935), p. 126-128.

[5] **GROSSWALD E.** Reductible rational fractions of the type of Gaussian polynômials with only non negative coefficients, Canad. Math. Bull. 21 (1978), p. 21-30.

[6] **HALBERSTAM H. et ROTH K.F.** "Sequences", Oxford at the Clarendon Press, 1966.

[7] **MEISSNER E.** Uber positive Darstellung von Polynomen, Math. Annalen 70 (1911), p. 223-235.

[8] **KUIPERS L. et NIEDERREITER H.** Uniform distribution of sequences, Wiley Interscience, New York, 1974.

[9] **RAUZY G.** Caractérisation des ensembles normaux, Bull. SMF 98 (1970), p. 401-414.

[10] **REICH D.** On certain polynomials of Gaussian type, Canad. J. Math. 31 n°2 (1979), p. 274-281.

[11] **TENENBAUM G.** Sur la probabilité qu'un entier possède un diviseur dans un intervalle donné, Compositio Math. 51 (1984), p. 243-263.

[12] **TENENBAUM G.** Un problème de probabilité conditionnelle en Arithmétique, Acta Arith. 49 (1987), p. 165-187.

INDEPENDANCE ALGEBRIQUE PAR DES METHODES D'APPROXIMATIONS

P. Bundschuh
Mathematisches Institut der Universität
Weyertal 86-90, D-5000 Köln 41

1. Introduction

Pendant le dernier demi-siècle le problème suivant fut souvent traité dans la littérature. Donner des conditions pour qu'une série entière lacunaire à coefficients algébriques non nuls, de rayon de convergence positif, ait une valeur transcendante en tout point algébrique non nul de son disque de convergence. Dans cette direction le résultat le plus général et satisfaisant fut démontré en 1973 par Cijsouw et Tijdeman [8] :

Soit $(e_k)_{k\geq 0}$ une suite strictement croissante d'entiers naturels et soit $(a_k)_{k\geq 0}$ une suite de nombres algébriques non nuls. On suppose que le rayon de convergence R de la série entière $\sum_{k\geq 0} a_k z^{e_k}$ est positif et qu'elle définit la fonction $f(z)$ dans $|z| < R$. Avec $S_k := [\mathbb{Q}(a_0,\ldots,a_k):\mathbb{Q}]$, $A_k := \max(1, \overline{|a_0|},\ldots, \overline{|a_k|})$ et $M_k := \mathrm{ppcm}(d(a_0),\ldots,d(a_k))$ on suppose de plus

$$S_k(e_k+\mathrm{Log}A_kM_k) = o(e_{k+1})$$

si $k \to \infty$. Alors pour tout nombre algébrique α vérifiant $0 < |\alpha| < R$ le nombre $f(\alpha)$ est transcendant.

Ici, pour β algébrique, on a posé $\overline{|\beta|} := \max(|\beta_1|,\ldots,|\beta_n|)$, où $n := \partial(\beta)$ est le degré de β et $\beta_1,\ldots,\beta_n$ sont les conjugués de β. De plus, on note $d(\beta)$ le dénominateur de β.

D'une part le théorème de Cijsouw et Tijdeman complétait le développement des résultats de transcendance concernant les séries lacunaires à coefficients algébriques. D'autre part il suggérait la question de savoir s'il etait aussi possible de démontrer l'indépendance algébrique de $f(\alpha_1)$ $\ldots, f(\alpha_t)$ pour des nombres algébriques $\alpha_1,\ldots,\alpha_t$ non nuls, deux à deux distincts, du disque de convergence de f.

Des résultats dans cette direction, encore très particuliers, furent trouvés par Adams [1] et Pass [18] en 1978. Pendant que ces deux auteurs utilisaient des conditions suffisantes d'indépendance algébrique ssez faibles, nous pouvions démontrer peu après, avec Wylegala [6], resque la généralisation complète du théorème de Cijsouw et Tijdeman:

n suppose que les hypothèses du théorème de Cijsouw et Tijdeman sont atisfaites. Si $\alpha_1,\dots,\alpha_t$ *sont des nombres algébriques non nuls, de va- eurs absolues deux à deux distinctes et inférieures à* R, *alors les nom- res* $f(\alpha_1),\dots,f(\alpha_t)$ *sont algébriquement indépendants*.

a démonstration de ce résultat s'appuyait sur une condition suffisan- e d'indépendance algébrique de Durand [10] utilisant le théorème des onctions implicites dans le domaine complexe, mais sa preuve n'était as du tout simple du point de vue technique. Plus tard d'autres au- eurs utilisèrent notre procédé d'application de la condition suffisante de urand pour des résultats d'indépendance algébrique, par exemple Cijsouw 7] et Zhu [20].

otre but ici est de présenter une nouvelle condition suffisante d'in- épendance algébrique de nombres complexes dont la démonstration est urement algébrique et beaucoup plus simple que celle de Durand dans 10] (voir section 2). Dans les sections 3 et 4 nous indiquons quelques pplications.

. Condition suffisante d'indépendance algébrique

a démonstration de cette condition dépend essentiellement d'un lemme lassique, dû à Fel'dman [11], sur des polynômes et en citant ce lemme ous touchons une première fois le thème général de ces Journées.

NEGALITE DE LIOUVILLE. *Soient* $\beta_1,\dots,\beta_t$ *des nombres algébriques et soit* $:= [\mathbb{Q}(\beta_1,\dots,\beta_t):\mathbb{Q}]$. *Si* $P(\beta_1,\dots,\beta_t) \neq 0$ *pour* $P \in \mathbb{Z}[X_1,\dots,X_t]$, *alors n a l'inégalité*

$$|P(\beta_1,\dots,\beta_t)| \geq L(P)^{1-D} \prod_{\tau=1}^{t} (H(\beta_\tau)(1+\partial(\beta_\tau)))^{-\partial_\tau(P)D/\partial(\beta_\tau)} .$$

ci $\partial_\tau(P)$ est le degré de P par rapport à X_τ et L(P) est la longueur e P, c'est-à-dire la somme des valeurs absolues des coefficients de P. our un nombre algébrique β on note $H(\beta)$, la hauteur de β, i.e. le maxi- um des valeurs absolues des coefficients du polynôme minimal de β sur . On définit $s(\beta) := \partial(\beta)+\mathrm{Log}H(\beta)$ et en appliquant l'inégalité de Liou- ille au polynôme $P = X-Y$ on obtient aisément par contraposition la

ONDITION SUFFISANTE DE TRANSCENDANCE. *Soit* β *un nombre complexe*. *Pour* $: \mathbb{N}_+ \to \mathbb{R}_+$ *on suppose* $g(n) \to \infty$, *si* $n \to \infty$. *On suppose de plus qu'il exi-*

ste une suite $(\beta_n)_{n\geq 1}$ *de nombres algébriques tels que pour tout* $n \in \mathbb{N}_+$ *les inégalités*

$$0 < |\beta-\beta_n| \leq \exp(-g(n)s(\beta_n))$$

soient satisfaites. Alors β *est transcendant.*

Dans [9] Durand avait démontré cette condition dont il déduisait le théorème de Cijsouw et Tijdeman. En effet, Durand donnait dans le même papier un critère de transcendance.

Maintenant nous allons généraliser la condition susmentionnée de transcendance de la manière suivante.

CONDITION SUFFISANTE D'INDEPENDANCE ALGEBRIQUE. *Soient* $\beta_1,\ldots,\beta_t$ *des nombres complexes. Pour* $g\colon \mathbb{N}_+ \to \mathbb{R}_+$ *on suppose* $g(n) \to \infty$, *si* $n \to \infty$. *On suppose de plus que pour tout* $\tau \in \{1,\ldots,t\}$ *il existe un sous-ensemble infini* N_τ *de* $\mathbb{N}_+$ *et* τ *suites* $(\beta_{1n})_{n\in N_\tau},\ldots,(\beta_{\tau n})_{n\in N_\tau}$ *de nombres algébriques tels que pour tout* $n \in N_\tau$ *les inégalités*

$$g(n)\sum_{\sigma=1}^{\tau-1}|\beta_\sigma-\beta_{\sigma n}| < |\beta_\tau-\beta_{\tau n}| \leq \exp\Big(-g(n)[\mathbb{Q}(\beta_{1n},\ldots,\beta_{\tau n}):\mathbb{Q}]\sum_{\sigma=1}^{\tau}\frac{s(\beta_{\sigma n})}{\partial(\beta_{\sigma n})}\Big)$$

soient satisfaites. Alors $\beta_1,\ldots,\beta_t$ *sont algébriquement indépendants.*

La *démonstration* de ce résultat, esquissée dans la suite, s'effectue par récurrence sur τ. Elle généralise une idée de Flicker [12] qui fut appliquée, pour la première fois dans ce contexte, par Shiokawa [19], plus tard par Adams [2], Amou [3], Laohakosol et Ubolsri [14], Zhu [21], [22].

Pour $\tau = 1$ notre condition est exactement la condition suffisante de transcendance mentionnée auparavant. Soit $\tau \geq 2$ et supposons que β_1, $\ldots,\beta_{\tau-1}$ sont algébriquement indépendants pendant que $\beta_1,\ldots,\beta_\tau$ sont algébriquement dépendants. Supposons que $P \in \mathbb{Z}[X_1,\ldots,X_\tau]$ est un polynôme, non nul, de degré total minimal tel que $P(\beta_1,\ldots,\beta_\tau) = 0$. Alors on a le développement de Taylor suivant

$$P(X_1,\ldots,X_\tau) = \sum_{\nu_1+\ldots+\nu_\tau\geq 1} c(\nu_1,\ldots,\nu_\tau)(X_1-\beta_1)^{\nu_1}\cdot\ldots\cdot(X_\tau-\beta_\tau)^{\nu_\tau}.$$

Si $c(0,\ldots,0,1) = \frac{\partial P}{\partial X_\tau}(\beta_1,\ldots,\beta_\tau)$ était nul, alors $\frac{\partial P}{\partial X_\tau}$ serait identiquement nul ce qui voudrait dire que P ne dépend pas de X_τ et, à cause de cela, $\beta_1,\ldots,\beta_{\tau-1}$ seraient algébriquement dépendants. C'est pourquoi on a $c(0,\ldots,0,1) \neq 0$ d'où on déduit, pour $n \in N_\tau$ assez grand,

$$P(\beta_{1n},\dots,\beta_{\tau n}) = c(0,\dots,0,1)(\beta_{\tau n}-\beta_\tau)(1+o(1))$$

en considérant les inégalités supposées pour $|\beta_{\tau n}-\beta_\tau|$ dans notre théorème. La dernière égalité montre $P(\beta_{1n},\dots,\beta_{\tau n}) \neq 0$ pour tout $n \in N_\tau$ assez grand, et l'inégalité de Liouville conduit à une minoration de $|P(\beta_{1n},\dots,\beta_{\tau n})|$ contredisant, pour $n \in N_\tau$ suffisamment grand, la majoration de l'hypothèse du théorème exprimant que $|\beta_{\tau n}-\beta_\tau|$ est extrêmement petit.

3. Applications aux séries lacunaires

Comme première application de notre condition d'indépendance algébrique nous présentons une généralisation des résultats de Zhu dans [20] se réduisant, pour m = 1, à notre théorème avec Wylegala cité plus haut.

THEOREME 1. On suppose que, pour tout $\mu = 1,\dots,m$, $(e_{\mu k})_{k\geq 0}$ est une suite strictement croissante d'entiers naturels, pendant que $(a_{\mu k})_{k\geq 0}$ est une suite de nombres algébriques non nuls. On suppose que, pour $\mu = 1,\dots,m$, le rayon de convergence R_μ de la série entière $\sum_{k\geq 0} a_{\mu k} z^{e_{\mu k}}$ est positif et qu'elle définit la fonction $f_\mu(z)$ dans $|z| < R_\mu$. Avec $S_k := [\mathbb{Q}(a_{10},\dots,a_{1k},\dots,a_{m0},\dots,a_{mk}):\mathbb{Q}]$, $A_k := \max(1, \overline{|a_{10}|},\dots,\overline{|a_{mk}|})$, $M_k := \mathrm{ppcm}(d(a_{10}),\dots,d(a_{mk}))$ on suppose de plus, si $k \to \infty$,

(*) $\qquad e_{\mu+1,k} = o(e_{\mu k})$ pour $\mu = 1,\dots,m-1$,

(**) $\qquad S_k(e_{1k}+\mathrm{Log}A_k M_k) = o(e_{m,k+1})$.

Si, pour tout $\mu = 1,\dots,m$, $\alpha_{\mu 1},\dots,\alpha_{\mu t_\mu}$ sont des nombres algébriques non nuls, de valeurs absolues deux à deux distinctes et inférieures à R_μ, alors les nombres $f_1(\alpha_{11}),\dots,f_1(\alpha_{1t_1}),\dots,f_m(\alpha_{m1}),\dots,f_m(\alpha_{mt_m})$ sont algébriquement indépendants.

Un autre problème, traité souvent dans la littérature, est aussi touché par le Théorème 1: A savoir la construction de systèmes de nombres (réels ou complexes) algébriquement indépendants ayant la puissance du continu. Le premier système de ce type avait été trouvé par von Neumann [15]. Le Corollaire 1 suivant donne un autre système de ce genre dont le cas spécial $\alpha = \frac{1}{2}$ est dû à Kneser [13].

COROLLAIRE 1. Si α est un nombre algébrique avec $0 < |\alpha| < 1$, alors l'ensemble

$$\{\sum_{k\geq 1} \alpha^{[k^{k+\lambda}]} : \lambda \in \mathbb{R},\ 0 \leq \lambda < 1\}$$

<u>est algébriquement indépendant</u>.

Notre condition d'indépendance algébrique contient non seulement les deux premiers théorèmes d'Amou [3], mais encore leurs corollaires. Ici nous ne citons que son premier résultat.

THEOREME 2. <u>Supposons que les hypothèses du Théorème</u> 1 <u>sont satisfaites</u>, <u>sauf la condition</u> (*), <u>et que la condition</u> (**) <u>est remplacée par</u>

$$S_k(\max_{\mu} e_{\mu k}+\mathrm{Log}A_kM_k) = o(\min_{\mu} e_{\mu,k+1}).$$

<u>Soient</u> $\alpha_1,\dots,\alpha_m$ <u>des nombres algébriques avec</u> $0 < |\alpha_\mu| < R_\mu$ $(\mu=1,\dots,m)$ <u>et</u>

$$a_{\mu k}\alpha_\mu^{e_{\mu k}} = o(|a_{\mu+1,k}\alpha_{\mu+1}^{e_{\mu+1,k}}|) \quad (\mu=1,\dots,m-1),$$

<u>si</u> $k\to\infty$. <u>Alors</u> $f_1(\alpha_1),\dots,f_m(\alpha_m)$ <u>sont algébriquement indépendants</u>.

De ce résultat on déduit aisément le théorème principal de Cijsouw [7] qui, lui aussi, généralise notre résultat de [6].

COROLLAIRE 2. <u>Supposons que les hypothèses du théorème de Cijsouw et Tijdeman sont satisfaites. Soient</u> $\alpha_1,\dots,\alpha_t$ <u>des nombres algébriques non nuls, de valeurs absolues deux à deux distinctes et inférieures à</u> R. <u>Alors les nombres</u> $f^{(\lambda)}(\alpha_\tau)$ $(\tau=1,\dots,t;\lambda=0,1,\dots)$ <u>sont algébriquement indépendants</u>.

Une autre conséquence du Théorème 2, due à Durand [10], est la suivante.

COROLLAIRE 3. <u>Si</u> α <u>est un nombre algébrique avec</u> $0 < |\alpha| < 1$, <u>alors l'ensemble</u>

$$\{\sum_{k\geq 1} \alpha^{[\lambda k!]} : \lambda \in \mathbb{R}_+\}$$

<u>est algébriquement indépendant</u>.

4. Quelques remarques

I. Dans nos théorèmes et corollaires il est impossible, au moins en général, d'affaiblir l'hypothèse que les valeurs absolues des α sont deux à deux distinctes en l'hypothèse que les α eux-mêmes sont différents. Pour voir ça, nous considérons la fonction Λ, définie dans le cercle unité par la série entière $\sum_{k\geq 1} z^{k!}$. Si $t\geq 2$ et si un des quotients $\alpha_\sigma/\alpha_\tau$ avec $\sigma\neq\tau$ est une racine de l'unité, alors il est évident que les nombres

$$\Lambda^{(\lambda)}(\alpha_\tau) \qquad (\tau = 1,\ldots,t;\ \lambda = 0,1,\ldots))$$

sont algébriquement dépendants. D'autre part Mme. Nishioka [16] a démontré que ces nombres sont, en effet, algébriquement indépendants, si $\alpha_1,\ldots,\alpha_t$ sont des nombres algébriques non nuls du cercle unité tels qu'aucun quotient $\alpha_\sigma/\alpha_\tau$ avec $\sigma \neq \tau$ soit une racine de l'unité.

Par la même méthode Mme. Nishioka [17] pouvait décrire précisément les conditions que l'on doit imposer aux nombres algébriques non nuls α_1, $\ldots,\alpha_t$, deux à deux distincts et de valeurs absolues inférieures à R, pour que les nombres $f(\alpha_1),\ldots,f(\alpha_t)$ dans notre théorème avec Wylegala soient algébriquement indépendants. Dans son travail elle avait seulement besoin de la légère condition supplémentaire que tous les coefficients $a_0,a_1,\ldots$ de la série entière f appartiennent à un corps de nombres fixé.

II. Il est aussi facile de déduire de notre condition suffisante d'indépendance algébrique le résultat principal d'Adams [2], c'est-à-dire son théorème 4. Adams avait utilisé ce résultat pour généraliser des théorèmes du présent auteur [4], [5] et de Laohakosol et Ubolsri [14] concernant l'indépendance algébrique de certaines fractions continues.

III. Il nous reste à signaler finalement que la plupart des résultats susmentionnés se traduit en p-adique. On trouvera les détails correspondants chez Zopes [23].

Références

[1] W.W. ADAMS, On the algebraic independence of certain Liouville numbers, J. Pure Appl. Algebra 13 (1978), 41-47.

[2] W.W. ADAMS, The algebraic independence of certain Liouville continued fractions, Proc.Amer.Math.Soc. 95 (1985), 512-516.

[3] M. AMOU, On algebraic independence of special values of gap series, Tôhoku Math.J. 37 (1985), 385-393.

[4] P. BUNDSCHUH, Über eine Klasse reeller transzendenter Zahlen mit explizit angebbarer g-adischer und Kettenbruch-Entwicklung, J. Reine Angew.Math. 318 (1980), 110-119.

[5] P. BUNDSCHUH, Transcendental continued fractions, J. Number Theory 18 (1984), 91-98.

[6] P. BUNDSCHUH und F.J. WYLEGALA, Über algebraische Unabhängigkeit bei gewissen nichtfortsetzbaren Potenzreihen, Arch.Math. 34 (1980), 32-36.

[7] P.L. CIJSOUW, Gap series and algebraic independence, EUT-Report Eindhoven 84-WSK-03 (1984), 111-119.

[8] P.L. CIJSOUW and R. TIJDEMAN, On the transcendence of certain power series of algebraic numbers, Acta Arith. 23 (1973), 301-305.

[9] A. DURAND, Un critère de transcendance, Sém. Delange-Pisot-Poitou, 15e année, 1973/1974, no G11, 9p.

[10] A. DURAND, Indépendance algébrique de nombres complexes et critère de transcendance, Compositio Math. 35 (1977), 259-267.

[11] N.I. FEL'DMAN; Estimate for a linear form of logarithms of algebraic numbers, Mat.Sb. (N.S.) 76 (1968), 304-319 (Russian); Engl. transl.: Math. USSR Sb. 5 (1968), 291-307.

[12] Y. FLICKER, Algebraic independence by a method of Mahler, J.Austral Math.Soc. Ser. A 27 (1979), 173-188.

[13] H. KNESER, Eine kontinuumsmächtige, algebraisch unabhängige Menge reeller Zahlen, Bull.Soc.Math.Belg. 12 (1960), 23-27.

[14] V. LAOHAKOSOL and P. UBOLSRI, Some algebraically independent continued fractions, Proc.Amer.Math.Soc. 95 (1985), 169-173.

[15] J. von NEUMANN, Ein System algebraisch unabhängiger Zahlen, Math. Ann. 99 (1928), 134-141.

[16] K. NISHIOKA, Proof of Masser's conjecture on the algebraic independence of values of Liouville series, Proc. Japan Acad. Ser. A 62 (1986), 219-222.

[17] K. NISHIOKA, Conditions for algebraic independence of certain power series of algebraic numbers, Compositio Math. 62 (1987), 53-61.

[18] R. PASS, Results concerning the algebraic independence of sets of Liouville numbers. Thesis Univ. of Maryland, College Park, 1978.

[19] I. SHIOKAWA, Algebraic independence of certain gap series, Arch. Math. 38 (1982), 438-442.

[20] Y.C. ZHU, On the algebraic independence of certain power series of algebraic numbers; Chin.Ann.Math. Ser. B 5 (1984), 109-117.

[21] Y.C. ZHU, Criteria of the algebraic independence of complex numbers Kexue Tongbao 29 (1984), 61-62.

[22] Y.C. ZHU, Algebraic independence property of values of certain gap series, Kexue Tongbao 30 (1985), 293-297.

[23] J. ZOPES, Algebraische Unabhängigkeit im p-adischen mittels Approximationsmethoden, Diplomarbeit, Köln 1989.

FONCTIONS ENTIERES D'UNE OU PLUSIEURS VARIABLES COMPLEXES PRENANT DES VALEURS ENTIERES SUR UNE PROGRESSION GEOMETRIQUE

François GRAMAIN
Département de Mathématiques, Faculté de Sciences et Techniques
23 rue du Docteur Paul Michelon, F-42023 ST-ETIENNE CEDEX 2

§1 INTRODUCTION.

En 1914, G. Polya [Po] montrait qu'une fonction entière f d'une variable complexe, vérifiant $f(\mathbb{N})\subset\mathbb{Z}$ et de croissance limitée par $\limsup_{r\to+\infty} (\log|f|_r)/r < \log 2$ est nécessairement un polynôme. On a noté, et dans toute la suite on notera $|f|_r = \sup\{\,|f(z)|\ ;\ |z|\leq r\}$, et la constante log2 est optimale, comme le montre la fonction entière $f(z) = 2^z$. La démonstration de Polya reposait sur l'étude de la série d'interpolation de f aux points de $\mathbb{N}$. Après diverses améliorations, un pas crucial fut accompli par Ch. Pisot ([Pi] 1942) qui introduisit la transformation de Laplace dans l'étude de ces fonctions qu'il appela fonctions entières arithmétiques, et qui résolut presque entièrement les questions qu'elles posent (cf.[Gra 1]). Quelque trente ans plus tard, M. Waldschmidt [Wald 2] redémontrait le théorème de Polya par la méthode de transcendance de Schneider mais avec une constante $c < \log 2$ à la place de log2. La quête du log2 par des méthodes de transcendance a suscité de nombreux travaux, publiés ou non, qui ont tous échoué. Mais, c'est de cette quête que provient la solution du problème des fonctions entières vérifiant $f(\mathbb{Z}[i])\subset\mathbb{Z}[i]$ (voir [Gra 2]).

Cet article présente la situation en 1988 d'une tentative du même genre : comment montrer, par une méthode de transcendance, un résultat obtenu en 1933 par A.O. Gel'fond sur les fonctions entières prenant des valeurs entières en tous les points d'une progression géométrique, analogue multiplicatif du problème additif précédent (voir [Gel 1] ou [Gel 2] chap.2, § 3.4. Théorème VIII, et aussi [Gel 3]).

THEOREME :

Soit $f : \mathbb{C} \to \mathbb{C}$ *une fonction entière et* $q \geq 2$ *un entier naturel. Si* $f(q^n)\in\mathbb{Z}$ *pour tout* $n\in\mathbb{N}$ *et*

$$\log|f|_r < \frac{1}{4}\frac{1}{\log q}(\log r)^2 - \frac{1}{2}\log r - \omega(r),$$

où $\omega(r) \to +\infty$ *quand* $r \to +\infty$, *alors* f *est un polynôme.*

La démonstration de Gel'fond utilise la série d'interpolation de Newton de f aux points q^n, et Gel'fond construit une telle série de croissance en $O\left(r^{-1/2}\exp\dfrac{(\log r)^2}{4\log q}\right)$ qui montre que son résultat est optimal.

Récemment, R. Walliser [Wall] a interprété ces calculs en termes de q-analogue de la transformation de Laplace. D'autre part, des résultats du même type pour des fonctions entières de plusieurs variables ont été obtenus par P. Bundschuh [Bu] et J.-P. Bézivin [Bé], le premier utilise les séries d'interpolation de Newton en plusieurs variables et le second les suites récurrentes linéaires. Il faut noter que Gel'fond [Gel 3] et Bundschuh [Bu] étudient le cas où les s premières dérivées de f sont aussi à valeurs entières.

Nous allons voir que la méthode de Schneider permet, elle aussi, d'étudier ces questions. Si la constante 1/4 du théorème de Gel'fond n'est pas (encore) atteinte, nous obtenons un cas particulier des résultats de P. Bundschuh et un théorème très général en n variables qui contient, modulo un lemme de Schwarz conjectural, le résultat de J.-P. Bézivin. Puisque la constante optimale n'est pas atteinte, nous n'avons pas rédigé les calculs dans le cas où l'on suppose que les dérivées de f sont aussi à valeurs entières, bien que la méthode s'applique sans grand changement (méthode de Gel'fond).

Le §2 rassemble des résultats classiques sur les polynômes à valeurs entières, résultats qui ne semblent pas disponibles dans la littérature, et des résultats moins connus sur les coefficients du binôme de Gauss.

Le §4 est consacré aux fonctions entières d'une variable complexe vérifiant $f(q^n) \in \mathbb{Z}$ pour tout $n \in \mathbb{N}$. On ne se limite pas au cas où q est un entier, mais on suppose q complexe (et non nul). Si $|q| < 1$, la suite des q^n tend vers 0, donc si n est suffisamment grand on a $f(q^n) = f(0) \in \mathbb{Z}$ et $f(z) - f(0)$ est une fonction entière nulle sur une suite de points ayant une valeur d'adhérence. Il en résulte que f est constante. Si q est une racine de l'unité, on ne peut pas dire grand'chose de f ; mais si $|q| = 1$ sans que q soit une racine de l'unité, la suite q^n est dense dans le cercle unité et, comme ci-dessus, f est constante. Le seul cas intéressant est donc celui où $|q| > 1$.

Le §5 traite des fonctions de plusieurs variables et le §3 contient des lemmes techniques qui peuvent avoir leur intérêt propre, en particulier le lemme 3.3 qui est un lemme de Schwarz pour les fonctions périodiques.

§2 POLYNOMES A VALEURS ENTIERES.

Les deux résultats suivants sont sans doute classiques.

PROPOSITION 2.1 :

L'ensemble des polynômes $P \in \mathbb{C}[X]$ *tels que* $P(\mathbb{Z}) \subset \mathbb{Z}$ (*ou* $P(\mathbb{N}) \subset \mathbb{Z}$) *est le* $\mathbb{Z}$*-module engendré par les polynômes binômiaux de Newton*

$$N_0 = 1\,, \quad N_n(X) = \binom{X}{n} = \frac{X\,(X-1)\ldots(X-n+1)}{n!}$$

pour tous les entiers $n \geq 1$.

PROPOSITION 2.2 :

Soit $q \geq 2$ *un entier naturel. L'ensemble des polynômes* $P \in \mathbb{C}[X]$ *tels que* $P(q^k) \in \mathbb{Z}$ *pour tout* $k \in \mathbb{N}$ *est le* $\mathbb{Z}$*-module engendré par les polynômes binômiaux de Gauss*

$$G_0 = 1\,, \quad G_n(X) = \frac{(X-1)\,(X-q)\ldots(X-q^{n-1})}{(q-1)\,(q^2-1)\ldots(q^n-1)}\; q^{-\frac{n(n-1)}{2}}$$

pour tous les entiers $n \geq 1$.

<u>Démonstration de la Proposition</u> 2.1 :

Il est clair que $N_n(\mathbb{Z}) \subset \mathbb{Z}$. En effet, on a

$$N_n(k) = \binom{k}{n} \text{ pour } k \geq n\,,\ 0 \text{ pour } 0 \leq k \leq n-1\,, \text{ et } (-1)^n \binom{n-k-1}{n} \text{ pour } k < 0\,.$$

Comme $\deg N_n = n$, les polynômes N_n forment une base de $\mathbb{C}[X]$. Si $P \in \mathbb{C}[X]$ est de degré p, on a $P = \sum_{0 \leq i \leq p} a_i N_i$, et il suffit de montrer que si $P(\mathbb{N})$ est contenu dans $\mathbb{Z}$, alors les a_i sont dans $\mathbb{Z}$. En fait, il suffit de supposer que $P(k) \in \mathbb{Z}$ pour $k = 0,1,\ldots,p$. En effet le système linéaire en les inconnues a_i

$$\begin{cases} P(0) = a_0 & \in \mathbb{Z} \\ P(1) = a_0 + a_1 & \in \mathbb{Z} \\ \ldots & \\ P(p) = a_0 + \binom{p}{1} a_1 + \ldots + \binom{p}{p-1} a_{p-1} + a_p & \in \mathbb{Z} \end{cases}$$

est triangulaire et ne comporte que des 1 sur sa diagonale, ce qui montre le résultat annoncé. ♥

Remarque :

On voit ainsi que, si $P \in \mathbb{C}[X]$ est de degré p, l'hypothèse $P(\mathbb{N} \cap [0,p]) \subset \mathbb{Z}$ entraîne $P(\mathbb{Z}) \subset \mathbb{Z}$. Plus généralement, l'hypothèse $P(\mathbb{Z} \cap [n, n+p]) \subset \mathbb{Z}$ implique $P(\mathbb{Z}) \subset \mathbb{Z}$ (appliquer le résultat précédent au polynôme $Q(X) = P(n+X)$).

Les polynômes $P \in \mathbb{C}[X]$ tels que $P(\mathbb{N}) \subset \mathbb{N}$ ne sont pas les combinaisons linéaires à coefficients dans $\mathbb{N}$ des N_n, comme le montre l'exemple de $2 N_2(X) - N_1(X) + N_0(X) = (X-1)^2$.

Démonstration de la Proposition 2.2 :

Montrons d'abord que $G_n(q^k) \in \mathbb{N}$, pour tous les entiers n et $k \geq 0$. C'est clair pour $n = 0$, et aussi pour $0 \leq k \leq n - 1$. On voit que $G_n(q^n) = 1$, et l'on vérifie facilement la formule de récurrence

$$G_n(q^{k+1}) = G_n(q^k) + q^{k-n+1} G_{n-1}(q^k)$$

qui fournit le résultat. On doit remarquer que, pour $k \geq n$, $G_n(q^k)$ n'est autre que le coefficient du binôme de Gauss décrit dans [P.-S.] Part I, Chap.1, §5, n°s 60.1 à 60.5 .

Puisque $\deg G_n = n$, les G_n forment une base de $\mathbb{C}[X]$. Comme dans la démonstration précédente, si le polynôme P s'écrit $P = \sum_{1 \leq i \leq p} a_i G_i$, l'hypothèse $P(q^k) \in \mathbb{Z}$ pour $k = 0, 1, \ldots, p$ fournit un système linéaire triangulaire ne comportant que des 1 sur la diagonale principale, et les a_i sont donc tous dans $\mathbb{Z}$. ♥

Remarque :

Comme ci-dessus, il suffit que $P(q^k) \in \mathbb{Z}$ pour $0 \leq k \leq \deg P$ pour que $P(q^{\mathbb{N}})$ soit contenu dans $\mathbb{Z}$. Mais le résultat devient faux si l'on suppose que k décrit l'intervalle $[n,n+p]$, comme le montre l'exemple du polynôme $P(X) = X/q$ qui vérifie $P(q^k) \in \mathbb{Z}$ pour tout $k \geq 1$. Cependant on a le lemme suivant

LEMME 2.3 :

Soit $P \in \mathbb{C}[X]$, $d \in \mathbb{N}$ *et* $q \in \mathbb{N}$ *avec* $q \geq 2$. *Si* $g(z) = q^{-dz} P(q^z)$ *vérifie* $g(\mathbb{N}) \subset \mathbb{Z}$, *alors* g *est une fonction polynômiale en* q^z.

Démonstration :

Sans perdre de généralité, on peut supposer que $g(z) = q^{-dz}(a_0 + a_1 q^z + \ldots + a_k q^{kz})$ avec des $a_i \in \mathbb{C}$ et $a_0 \neq 0$. Les relations linéaires en les a_i traduisant que $g(n) \in \mathbb{Z}$ pour $0 \leq n \leq k$ montrent que les a_i sont rationnels. Soit D un dénominateur commun aux a_i et notons $b_i = Da_i$. Alors, pour tout $n \in \mathbb{N}$ le nombre $q^{-dn}(b_0 + b_1 q^n + \ldots + b_k q^{kn})$ est un entier rationnel. Pour n suffisamment grand, on a $|b_0| < q^n$ donc

$$b_0 + b_1 q^n + \ldots + b_k q^{kn} \equiv b_0 \neq 0 \pmod{q^n}.$$

Mais g(n) est entier, donc, si $d > 0$ on a

$$q^{dn}(q^{-dn}(b_0 + b_1 q^n + \ldots + b_k q^{kn})) \equiv 0 \pmod{q^n}.$$

Ces deux congruences sont contradictoires, donc $d \leq 0$, et on a le résultat annoncé. ♥

Nous aurons aussi besoin d'une estimation de la croissance des polynômes binômiaux de Gauss.

LEMME 2.4 :

Soit $q \geq 2$ *un entier naturel. Il existe des constantes positives (et explicites)* c_1, c_2 *et* c_3 *ayant les propriétés suivantes :*

Soit λ *un entier naturel et* $A \geq \lambda$ *un nombre réel, on a*

$$|G_\lambda|_{q^A} = |G_\lambda(-q^A)| \leq c_1\, q^{\lambda A - \lambda^2 + \lambda}.$$

Soit de plus n *un entier naturel. Pour* $0 \leq n \leq \lambda - 1$ *on a* $G_\lambda(q^n) = 0$, *et pour* $n \geq \lambda$ *on a*

$$c_2\, q^{\lambda n - \lambda^2 + \lambda} \leq |G_\lambda(q^n)| \leq c_3\, q^{\lambda n - \lambda^2 + \lambda}.$$

<u>Démonstration</u> :

Il est clair, pour des raisons de signes, que $|G_\lambda|$ atteint son maximum sur le disque de rayon q^A au point $-q^A$, et on a

$$|G_\lambda(-q^A)| = \frac{(q^A+1)(q^A+q)\ldots(q^A+q^{\lambda-1})}{(q-1)(q^2-1)\ldots(q^\lambda-1)}\, q^{-\frac{\lambda(\lambda-1)}{2}} = q^{\lambda A - \lambda(\lambda-1)} \prod_{A-\lambda+1 \leq k \leq A} \left(1+\frac{1}{q^k}\right) \prod_{1 \leq k \leq \lambda} \left(1-\frac{1}{q^k}\right)^{-1}$$

d'où la première inégalité, avec

$$c_1 = \prod_{k \geq 1} \left(1+\frac{1}{q^k}\right) \prod_{k \geq 1} \left(1-\frac{1}{q^k}\right)^{-1}.$$

D'autre part, on a

$$G_\lambda(q^n) = q^{\lambda n - \lambda(\lambda-1)} \prod_{n-\lambda+1 \leq k \leq n} \left(1-\frac{1}{q^k}\right) \prod_{1 \leq k \leq \lambda} \left(1-\frac{1}{q^k}\right)^{-1}.$$

On peut donc choisir

$$1 \leq \prod_{1 \leq k \leq \lambda} \left(1-\frac{1}{q^k}\right)^{-1} \leq \prod_{k \geq 1} \left(1-\frac{1}{q^k}\right)^{-1} = c_3(q),$$

et, pour $n \geq \lambda$,

$$\frac{1}{c_3(q)} = c_2(q) = \prod_{k \geq 1} \left(1-\frac{1}{q^k}\right) \leq \prod_{n-\lambda+1 \leq k \leq n} \left(1-\frac{1}{q^k}\right) \leq 1 . \ \heartsuit$$

§3 QUELQUES LEMMES.

Les deux premiers lemmes précisent la forme de fonctions entières vérifiant des équations aux différences finies.

LEMME 3.1 :

Soit $q \in \mathbb{C}^\times$ *et* $\log q \neq 0$ *une détermination du logarithme de* q. *Soit* $g(z) = \sum_\gamma P_\gamma(z)\gamma^z$ *un polynôme exponentiel* (γ *parcourt une partie finie de* $\mathbb{C}^\times$ *et* $P_\gamma \in \mathbb{C}[X]$ *pour tout* γ). *Si la fonction* g *est périodique, de période* $2i\pi/(\log q)$, *alors* g *est de la forme* $g(z) = q^{-dz} P(q^z)$, *où* $d \in \mathbb{N}$ *et* $P \in \mathbb{C}[X]$.

Démonstration :

Elle est si simple qu'il est inutile faire appel à la théorie de Fourier. On peut supposer que, dans l'écriture de g, les γ sont deux à deux distincts. La périodicité de g s'écrit

$$\sum_{\gamma} \left(P_\gamma (z + \frac{2i\pi}{\log q})\ e^{(2i\pi/\log q)\log\gamma} - P_\gamma(z)\right) \gamma^z = 0$$

Or les fonctions $z \mapsto \gamma^z$ sont linéairement indépendantes sur $\mathbb{C}(z)$ ([Wald 1], 1.4.2), donc pour tout γ, on a

$$P_\gamma(z) = P_\gamma(z + \frac{2i\pi}{\log q})\ e^{2i\pi(\log\gamma/\log q)} .$$

L'identification des termes de plus haut degré de ces polynômes montre que $\log\gamma / \log q$ est un entier rationnel. Par suite le polynôme P_γ est périodique, donc constant et le résultat est prouvé. ♥

LEMME 3.2 :

Soit s *un entier* ≥ 1 *et* $g : \mathbb{C}^s \to \mathbb{C}$ *une fonction entière vérifiant les* s *équations non triviales aux différences finies et à coefficients complexes*

$$\sum_{0 \leq n \leq n_j} a_{j,n}\ g(z_1, \ldots, z_{j-1}, z_j + n, z_{j+1}, \ldots, z_s) = 0 \qquad (1 \leq j \leq s).$$

On suppose que, pour $1 \leq j \leq s$, *la fonction* $z_j \mapsto g(z_1, \ldots, z_s)$ *est périodique, de période imaginaire* $T_j \in \mathbb{C} \setminus \mathbb{R}$. *Soit* $q_j \in \mathbb{C}^\times$ *défini par* $\log q_j = 2i\pi / T_j$. *Alors* g *est de la forme*

$$g(z_1, \ldots, z_s) = \sum_{n \in \mathbb{Z}^s,\ |n| \leq N_0} a(n) \prod_{1 \leq j \leq s} q_j^{n_j z_j} ,$$

où, pour $n = (n_1, \ldots, n_s) \in \mathbb{Z}^s$, *on a noté* $|n| = \max_{1 \leq i \leq s} |n_i|$, *et où les* a(n) *sont des nombres complexes.*

Démonstration :

Remarquons d'abord que, T_j n'étant pas réel, on a $|q_j| \neq 1$; et que, quitte à remplacer T_j par son opposé, on peut supposer $|q_j| > 1$.

D'autre part, la périodicité de g et les équations aux différences finies vérifiées par g montrent que la croissance de g est au plus de type exponentiel : il existe une constante $c > 0$ telle que $\log |g|_r < c\, r$ pour tout r assez grand (où $|g|_r = \sup\{ |g(z)|;\ z = (z_1, \ldots, z_s),\ |z_j| \leq r\}$). La preuve de ce fait est analogue à celle du lemme 5 de [Gra 2].

Pour s = 1, il suffit de remarquer que l'équation fonctionnelle vérifiée par g montre qu'il s'agit d'un polynôme exponentiel (voir, par exemple, [Gel 2]) et alors le lemme 3.1 permet de conclure.

On procède alors par récurrence, en supposant le lemme démontré pour un $s \geq 1$ et en considérant une fonction g de s+1 variables. Comme g vérifie une équation aux différences finies en z_{s+1}, linéaire et à coefficients constants, c'est, pour $\zeta = (z_1, \ldots, z_s)$ fixé, un polynôme exponentiel en la variable $z = z_{s+1}$ (voir [Gel 2]). Le lemme 3.1 montre donc que g est de la forme

$$g(\zeta, z) = \alpha(\zeta)\, q^{d(\zeta) z} + \ldots + \beta(\zeta)\, q^{\delta(\zeta) z}$$

où les exposants $d(\zeta) < \ldots < \delta(\zeta)$ sont des entiers rationnels, et où $q = q_{s+1}$. Pour tout ζ fixé, quand $z = n$ tend vers $+\infty$, on a, puisque $|q| > 1$,

$$|q|^{\delta(\zeta) n} \ll\gg |g(\zeta, n)| \ll e^{c\, n}$$

donc $\delta(\zeta)$ est majoré uniformément. De même, pour $z = -n$ tendant vers $-\infty$, on voit que $d(\zeta)$ est minoré indépendamment de ζ. On peut donc écrire

$$g(\zeta, z) = q^{-dz} (\alpha_0(\zeta) + \alpha_1(\zeta)\, q^z + \ldots + \alpha_k(\zeta)\, q^{kz}) .$$

Alors l'équation aux différences finies vérifiée par g dans la direction z_j $(1 \le j \le s)$, après simplification par q^{-dz}, s'écrit

$$\sum_{0 \le h \le k} q^{hz} \sum_{0 \le n \le n_j} a_{j,n}\, \alpha_h(z_1, \ldots, z_j + n, \ldots, z_s) = 0 .$$

Il suffit de spécialiser cette identité pour k+1 valeurs différentes de z, par exemple 0,1,...,k, pour obtenir un système linéaire à déterminant de Van der Monde non nul (ou de considérer cette expression nulle comme un polynôme exponentiel en la variable z) qui montre que l'on a

$$\sum_{0 \le n \le n_j} a_{j,n}\, \alpha_h(z_1, \ldots, z_j + n, \ldots, z_s) = 0 \text{, pour } 0 \le h \le k.$$

Cela étant vrai pour tout j, $1 \le j \le s$, pour appliquer l'hypothèse de récurrence aux fonctions α_h qui sont clairement entières, et ainsi achever la preuve du lemme, il suffit de vérifier que les α_h sont périodiques. Or ce fait se montre en écrivant que g est périodique en z_j :

$$q^{-dz} \sum_{0 \le h \le k} q^{hz} \left(\alpha_h(z_1, \ldots, z_j + T_j, \ldots, z_s) - \alpha_h(z_1, \ldots, z_s)\right) = 0 .$$

En effet, un raisonnement analogue au précédent permet d'en déduire la périodicité des α_h. ♥

Le troisième lemme est un lemme de Schwarz pour des fonctions périodiques, inspiré par la méthode de Phragmen et Lindelöf.

LEMME 3.3 :

Soit $\tau \in \mathbb{C} \setminus \mathbb{R}$, *avec* $\theta = \mathrm{Im}\tau > 0$, a *et* c *deux nombres réels* > 0, *et* $f : \mathbb{C} \to \mathbb{C}$ *une fonction entière de module périodique de période* 1. *Soit* $N \ge \frac{1}{c}\left(-a + \frac{\log 2}{2\pi\theta}\right)$ *un entier naturel. Pour* α *et* β *réels, on note*

$$|f|_{\alpha,\beta} = \sup\{\, |f(x + \tau y)| ;\ x \in \mathbb{R},\ \alpha \le y \le \beta \,\}.$$

(i) *Si* $f(\tau n) = 0$ *pour tout entier* n *tel que* $0 \le n < N$, *alors*

$$\log |f|_{-a, N-1+a} \le \log |f|_{-a-cN,\, a+cN+N-1} - c\pi\theta N^2 + N \log 3 .$$

(ii) *Si* $f(\tau n) = 0$ *pour tout entier* n *tel que* $-N < n < N$, *alors*

$$\log |f|_{-N+1-a,\, N-1+a} \le \log |f|_{-cN-N+1-a,\, cN+N-1+a} - 2c\pi\theta N^2 + N(c\pi\theta + 2\log 3) - \log 3.$$

<u>Démonstration</u> :

Remarquons d'abord que $|f|_{\alpha,\beta} = \max \{\, |f(x + \tau y)| ;\ y = \alpha \text{ ou } y = \beta \,\}$. En effet par périodicité et continuité de $|f|$ on a $|f|_{\alpha,\beta} = \max\{\, |f(x + \tau y)| ;\ 0 \le x \le 1, \alpha \le y \le \beta \,\}$. Le principe du maximum montre que ce maximum est atteint sur le bord du parallélogramme $\{x + \tau y ;\ 0 \le x \le 1, \alpha \le y \le \beta\}$. S'il est atteint en un point où $\alpha < y < \beta$, ce maximum est, par périodicité de $|f|$, le même que le maximum de $|f|$ sur le plus grand parallélogramme $\{x + \tau y ;\ -1 \le x \le 2, \alpha \le y \le \beta\}$, et il est atteint en un point intérieur du grand parallélogramme, donc f est constante et le résultat annoncé est vrai. Sinon, on a évidemment l'égalité voulue.

Nous utiliserons aussi le fait que $|\sin z|^2 = \sin^2(\mathrm{R\acute{e}}z) + \mathrm{sh}^2(\mathrm{Im}z)$ et les inégalités évidentes

$$\log |\sin z| \le |\mathrm{Im}z|$$

$$\log |\sin z| \le |\mathrm{Im}z| - \log(4/3), \text{ si } |\mathrm{Im}z| \ge (1/2)\log 2$$

$$\log |\sin z| \ge |\mathrm{Im}z| - 2\log 2, \text{ si } |\mathrm{Im}z| \ge (1/2)\log 2,$$

qui résultent de $0 \le |\sin x| \le 1$ et $2\,\mathrm{sh}x = e^x - e^{-x}$.

Montrons alors l'inégalité (i). Les zéros de la fonction entière $\sin\pi z$ sont simples et sont les éléments de $\mathbb{Z}$. Le module de cette fonction est de période 1, donc, sous les hypothèses de (i), la fonction

$$g(z) = f(z) \prod_{0 \le n < N} \left(\sin\pi(z - \tau n)\right)^{-1}$$

est entière et son module admet la période 1. Le principe du maximum sous la forme vue ci-dessus appliqué à la fonction g montre que

$$\log |f|_{-a,N-1+a} - \log |f|_{-a-cN,\, a+cN+N-1} \le M - m,$$

où

$$M = \log \max \left\{ \prod_{0 \le n < N} |\sin\pi(z - \tau n)| \;;\; z = x + \tau\,(N - 1 + a) \text{ ou } z = x - \tau a \right\}$$

et

$$m = \log \min \left\{ \prod_{0 \le n < N} |\sin\pi(z - \tau n)| \;;\; z = x + \tau\,(a + c N + N - 1) \text{ ou } z = x + \tau\,(- a - c N) \right\}.$$

L'encadrement donné ci-dessus pour $|\sin z|$ montre que

$$M \le \sum_{0 \le n < N} (\pi\,\theta\,(a + n) - \log(4/3)) = \pi\,\theta\,\frac{N\,(N-1)}{2} + a\,\pi\,\theta\,N - N\log(4/3)$$

et

$$m \ge \sum_{0 \le n < N} (\pi\,\theta\,(a + c\,N + n) - 2\log 2) = a\,\pi\,\theta\,N + \pi\,\theta\,\frac{N\,(N-1)}{2} + c\,\pi\,\theta\,N^2 - 2N\log 2$$

sous réserve que N soit assez grand pour pouvoir utiliser la minoration ci-dessus de $|\sin z|$. Cela fournit immédiatement l'inégalité (i).

On obtient l'inégalité (ii) de façon analogue en considérant la fonction

$$h(z) = f(z) \prod_{-N < n < N} \left(\sin\pi(z - \tau n)\right)^{-1}.$$

On majore

$$M' = \log \max \left\{ \prod_{-N < n < N} |\sin\pi(z - \tau n)| \;;\; z = x \pm \tau\,(N - 1 + a) \right\}$$

et on minore

$$m' = \log \min \left\{ \prod_{-N < n < N} |\sin\pi(z - \tau n)| \;;\; z = x \pm \tau\,(c\,N + N - 1 + a) \right\}$$

par

$$M' \le \sum_{0 \le k \le 2N-2} (\pi\,\theta\,(a + k) - \log(4/3)) = \pi\,\theta\,(N-1)\,(2N-1) + a\,\pi\,\theta\,(2N-1) - (2N-1)\log(4/3)$$

et

$$m' \ge \sum_{0 \le k \le 2N-2} \pi\,\theta\,(a + c\,N + k) \;\; - 2\,(2\,N - 1)\log 2\,,$$

ce qui fournit l'inégalité (ii). ♥

<u>Remarque</u> :

Il n'est pas nécessaire que f soit entière : il est clair qu'il suffit que f soit analytique sur la plus grande bande utilisée dans l'énoncé.

§4 FONCTIONS D'UNE VARIABLE COMPLEXE.

4.1 La méthode de Schneider classique.

Elle fournit la

PROPOSITION 4.1 :

Soit $f : \mathbb{C} \to \mathbb{C}$ *une fonction entière et* $q \geq 2$ *un entier naturel. Si* $f(q^n) \in \mathbb{Z}$ *pour tout* $n \in \mathbb{N}$ *et si, pour tout* r *suffisamment grand, on a*

$$\log |f|_r \leq \frac{\alpha}{\log q} (\log r)^2 \quad , \text{avec } \alpha < \alpha_1 = 0,035\,860\,55\ldots ,$$

alors f *est un polynôme.*

Démonstration :

Soit f une fonction entière vérifiant les hypothèses de la Proposition, et soit N un entier suffisamment grand. On construit une fonction auxiliaire de la forme

$$F(z) = \sum_{0 \leq \lambda_1 \leq L_1} \sum_{0 \leq \lambda_2 \leq L_2} p(\lambda)\, G_{\lambda_1}(z)\, f(z)^{\lambda_2} ,$$

avec des $p(\lambda) \in \mathbb{Z}$ non tous nuls, pour $\lambda = (\lambda_1, \lambda_2) \in \mathbb{N}^2$, et telle que $F(q^n) = 0$ pour $0 \leq n < N$ (rappelons que les G_λ sont les polynômes binômiaux de Gauss étudiés au §2). Les paramètres L_i seront définis par le choix de constantes $b > 0$ réelle et $L \geq 1$ entière et par $L_1 = bN$, $L_2 = L$ (on verra que $L = 1$ et $b \geq 1/2$, cette dernière inégalité ayant une certaine incidence sur les estimations suivantes).

Ces conditions fournissent un système linéaire homogène de N équations à $([L_1] + 1)([L_2] + 1)$ inconnues (les $p(\lambda)$) dont les coefficients sont des entiers rationnels majorés en module par la croissance de f et le Lemme 2.4 . Sous la condition $b(L + 1) > 1$, et pour N assez grand, il y a plus d'inconnues que d'équations et un lemme de Siegel dû à K. Mahler (voir [M] ou [ERA] p.8) montre l'existence des entiers $p(\lambda)$ et la majoration

$$\log |p(\lambda)| \leq P N^2 \log q + O(N) , \text{ où } P = \frac{L\alpha + 1/4}{b(L+1) - 1} .$$

On montre alors par récurrence que, pour tout entier $M \geq N$, on a les propriétés suivantes :

(A_M) $\quad F(q^n) = 0$, pour $0 \leq n < M$

(B_M) $\quad |F|_{q^M} < 1$

Il est clair que (B_M) implique (A_{M+1}) puisque $F(q^n) \in \mathbb{Z}$ pour tout $n \in \mathbb{N}$. Comme (A_N) est vraie par construction, il suffit de montrer que (A_M) implique (B_M). Il en résultera alors que F est bornée, donc constante et égale à zéro. Par suite la fonction f est algébrique, donc c'est un polynôme, puisqu'elle est entière. Si (A_M) est vérifiée, un lemme de Schwarz ([Wald 3] lemme 7.1.3) montre que

$$\log |F|_{q^{M+1}} \leq \log |F|_R - M \log \frac{R}{3\, q^{M+1}}$$

pour $R \geq q^{M+1}$. On choisira plus tard $c \geq 0$ et $R = q^{(1+c)(M+1)}$ de sorte que

$$\log |F|_R \leq P N^2 \log q + G' + \alpha L (1+c)^2 M^2 \log q + O(N) + O(M) ,$$

avec

$$G'' = \frac{G'}{\log q} = \frac{(1+c)^2 M^2}{4} \quad \text{ou} \quad b N ((1+c) M - b N) \ \text{ si } \ b N \leq \frac{(1+c) M}{2} .$$

On a donc la conclusion si

$$P N^2 + G'' + \alpha L (1+c)^2 M^2 - c M^2 < 0 .$$

Il suffit en fait de vérifier cette inégalité pour $M = N$, ou, plus précisément

$$P + G + \alpha L (1 + c)^2 - c < 0 ,$$

avec $G = b(1 + c - b)$ si $b \leq (1 + c)/2$ (ce qui sera le cas) ou $(1 + c)^2/4$ si $b \geq (1 + c)/2$; sous réserve que $P \geq b^2$ (si $b \leq (1 + c)/2$) puisque $M \geq N$.

Les choix $b = 0,605\,474\,66$, $c = 4,493\,211$ et $L = 1$ fournissent α_1 comme valeur limite de α. ♥

Remarque :

Les valeurs optimales des paramètres montrent que la méthode doit encore être améliorée. D'autre part, il faut remarquer que l'usage des polynômes G_λ au lieu des polynômes z^λ ne fait qu'améliorer la constante α_1 (0, 035... au lieu de 0, 023 605...), alors que, dans [Wald 2], l'usage des polynômes N_λ était indispensable pour obtenir le bon ordre de croissance de la fonction f.

4.2 Une équation aux différences finies.

Une fonction auxiliaire d'un type différent permet de considérer le cas où q n'est pas nécessairement un nombre entier :

PROPOSITION 4.2 :

Soit $q \in \mathbb{C}$, *avec* $|q| = \rho > 1$, *et* $g : \mathbb{C} \to \mathbb{C}$ *une fonction entière, périodique de période* $T = \frac{2 i \pi}{\log q}$, *telle que* $g(\mathbb{N}) \subset \mathbb{Z}$ *et vérifiant* $\log |g|_r \leq \alpha r^2 \log \rho$, *pour tout* r *suffisamment grand.* *Si* $\alpha < \alpha_2 = 0,039\,865...$, *alors* g *est de la forme* $g(z) = q^{-dz} P(q^z)$ *où* d *est un entier naturel et* P *un polynôme.*

Remarquons tout de suite que, quitte à remplacer T par -T, on peut remplacer l'hypothèse $|q| > 1$ par $|q| \neq 1$ (et $q \neq 0$).

La Proposition 4.2 appliquée à la fonction $g(z) = f(q^z)$ fournit immédiatement le Corollaire 4.2.1 et le Lemme 2.3 donne alors le Corollaire 4.2.2 qui améliore la Proposition 4.1 .

COROLLAIRE 4.2.1 :

Soit $q \in \mathbb{C}$, *avec* $|q| = \rho > 1$, *et* $f : \mathbb{C} \to \mathbb{C}$ *une fonction entière telle que* $f(q^n) \in \mathbb{Z}$ *pour tout* $n \in \mathbb{N}$, *et vérifiant* $\log |f|_r \leq \frac{\alpha}{\log \rho} (\log r)^2$, *pour tout* r *suffisamment grand. Si* $\alpha < \alpha_2$, *alors* f *est une fraction rationnelle de la forme* $f(z) = z^{-d} P(z)$, *où* P *est un polynôme.*

COROLLAIRE 4.2.2 :

Sous les hypothèses du Corollaire 4.2.1 , *si, de plus,* q *est un entier naturel, alors* f *est un polynôme.*

Démonstration de la Proposition 4.2 :

Le principe est le suivant : on montre d'abord que g est solution d'une équation aux différences finies, linéaire homogène et à coefficients constants. Il en résulte ([Gel 2] chapitre 5, §4) que g est un polynôme exponentiel. Alors la périodicité de g et le Lemme 3.1 donnent la conclusion.

Construisons donc cette équation aux différences finies : on construit une fonction auxiliaire G sous la forme $G(z) = \sum_{0 \leq \lambda \leq L} p(\lambda)\, g(z + \lambda)$, avec des $p(\lambda) \in \mathbb{Z}$ non tous nuls, de sorte que $G(n) = 0$ pour tout n vérifiant $0 \leq n < N$. Ces conditions donnent N équations linéaires, homogènes en les $[L] + 1$ inconnues $p(\lambda)$ et dont les coefficients sont des entiers rationnels que l'on majore facilement grâce à l'hypothèse sur la croissance de g. Pour $L = (1+\beta)N$, avec $\beta > 0$, le lemme de Siegel ([M] ou [ERA]) montre l'existence des $p(\lambda)$ avec

$$\log|p(\lambda)| \leq \frac{\beta^2 + 3\beta + 7/3}{\beta} \alpha N^2 \log\rho + O(N).$$

La fonction G étant périodique, on a en fait $G(n + T\mathbb{Z}) = \{0\}$ pour $0 \leq n < N$. On va montrer, par récurrence, que pour tout entier $M \geq N$ on a les deux propriétés

(A_M) $\qquad G(n) = 0$, pour $0 \leq n < M$

(B_M) $\qquad \log|G|_{B(M)} < -CM^2$

où $C > 0$ est une constante (indépendante de $M \geq N$) et où l'on a noté $|G|_{B(M)}$ le maximum de $|G(z)|$ sur la bande $B(M) = \{ z = x + Ty ; -1 \leq x \leq M , y \in \mathbb{R} \}$. Il s'agit d'une véritable bande car $|q| \neq 1$, et T n'est donc pas réel.

Si la propriété (B_M) est vérifiée pour tout M suffisamment grand, alors G est identiquement nulle sur le demi-plan $\{ z = x + Ty ; x \geq -1, y \in \mathbb{R} \}$, donc identiquement nulle, et on a obtenu l'équation aux différences finies cherchée.

Par construction (A_N) est vérifiée, et, comme $G(\mathbb{N}) \subset \mathbb{Z}$, il est clair que (B_M) implique (A_{M+1}). Il reste donc à montrer que (A_M) implique (B_M) : supposons (A_M) vraie, et appliquons le Lemme 3.3 à la fonction $G(Tz)$. On obtient, pour $a = 1$ et $c = \gamma > 0$, avec $\tau = 1/T$ (quitte à changer T en -T, on a $\mathrm{Im}\tau > 0$)

$$\log|G|_{B(M)} \leq \log|G|_{B'(M)} - \frac{1}{2}\gamma M^2 \log\rho + O(M),$$

où B'(M) est la bande $B'(M) = \{ z = x + Ty ; -1 - \gamma M \leq x \leq (1+\gamma)M \}$. On a donc

$$\log|G|_{B(M)} \leq (\alpha \frac{\beta^2 + 3\beta + 7/3}{\beta} N^2 + \alpha((1+\gamma)M + (1+\beta)N)^2 - \frac{1}{2}\gamma M^2)\log\rho + O(M) + O(N),$$

et la propriété (B_M) est vérifiée dès que N est assez grand et que

$$\alpha(\frac{\beta^2 + 3\beta + 7/3}{\beta} + (2 + \beta + \gamma)^2) < \gamma/2.$$

Notons que l'utilisation d'un lemme de Schwarz classique au lieu du Lemme 3.3 donne au second membre $(1/4)\log(1+\gamma)$ au lieu de $\gamma/2$.

Pour $\beta = 0,415\,090\,7$ et $\gamma = 3,856\,034\,5$ on obtient $\alpha < \alpha_2 = 0,039\,865\,24\ldots$. ♥

4.3 Une "autre" équation aux différences finies.

Si l'on utilise le fait que $f(q^z)$ est non seulement périodique (comme dans le paragraphe 4.2) mais fonction de q^z, on peut doubler la constante α_2 :

PROPOSITION 4.3 :

Soit $f : \mathbb{C} \to \mathbb{C}$ *une fonction entière et* $q \geq 2$ *un entier naturel. Si* $f(q^n) \in \mathbb{Z}$ *pour tout* $n \in \mathbb{N}$, *et si, pour tout* r *suffisamment grand, on a*

$$\log|f|_r \leq \frac{\alpha}{\log q}(\log r)^2, \text{ avec } \alpha < \alpha_3 = 2\alpha_2 = 0,079\,730\ldots,$$

alors f *est un polynôme.*

Démonstration :

Ici, nous construisons une fonction auxiliaire de la forme $F(z) = \sum_{0 \leq \lambda \leq L} p(\lambda) f(q^\lambda z)$, et vérifiant

$F(q^n) = 0$ pour $0 \le n < N$. Le calcul fait pour la Proposition 4.3 montre l'existence de $p(\lambda) \in \mathbb{Z}$ non tous nuls et vérifiant la même majoration.

Les propriétés que l'on montre par récurrence sont

(A_M) $\qquad F(q^n) = 0$, pour $0 \le n < M$

(B_M) $\qquad |F|_{q^M} < 1$

comme pour la Proposition 4.1 . Encore une fois, il suffit de prouver que (A_M) entraîne (B_M). En effet, il en résulte alors que F est bornée donc constante et égale à zéro. Par suite $g(z) = f(q^z)$ vérifie une équation aux différences finies et la preuve s'achève comme celle du Corollaire 4.2.2.

Pour montrer que (A_M) implique (B_M), on applique le lemme de Schwarz classique de [Wald 3] (lemme 7.1.3) à la fonction F sur les disques de rayons q^M et $q^{(1+\gamma)M}$, avec $\gamma > 0$, et on obtient

$$\log|F|_{q^M} \le \left(\frac{\beta^2 + 3\beta + 7/3}{\beta} N^2 + ((1+\gamma)M + (1+\beta)N)^2\right)\alpha \log q - \gamma M^2 \log q + O(M) + O(N).$$

On a donc la propriété (B_M) dès que

$$\alpha\left(\frac{\beta^2 + 3\beta + 7/3}{\beta} + (2 + \beta + \gamma)^2\right) < \gamma .$$

Les choix de β et γ sont les mêmes que pour la Proposition 4.2 et la valeur limite de α est doublée. ♥

4.4 Une équation fonctionnelle à la Poincaré.

Pour atteindre la croissance correcte de f ($\alpha = 1/4$), il semble que l'on doive construire une relation fonctionnelle d'une forme différente, et étudiée par H. Poincaré. Malheureusement, on ne sait pas dire grand'chose des solutions de cette relation fonctionnelle (voir [V], chapitre VII).

PROPOSITION 4.4

Soit $f : \mathbb{C} \to \mathbb{C}$ *une fonction entière et* $q \ge 2$ *un entier naturel. Si* $f(q^n) \in \mathbb{Z}$ *pour tout* $n \in \mathbb{N}$, *et si, pour tout* r *suffisamment grand, on a*

$$\log|f|_r \le \frac{1}{4\log q}(\log r)^2 - \beta(\log r)^{5/3}, \quad avec \ \beta > \frac{1}{4}\sqrt[3]{9},$$

alors f *vérifie une équation fonctionnelle de la forme*

$$\sum_{0 \le m \le m_0} P_m(z) f(q^m z) = 0,$$

où les P_m *sont des polynômes non tous nuls de* $\mathbb{Z}[X]$.

Démonstration :

On construit une fonction auxiliaire de la forme

$$F(z) = \sum_{0 \le \lambda_1 \le L_1} \sum_{0 \le \lambda_2 \le L_2} p(\lambda) z^{\lambda_1} f(q^{\lambda_2} z).$$

Encore le même lemme de Siegel montre l'existence de $p(\lambda) \in \mathbb{Z}$ non tous nuls tels que, si l'on choisit $L_1 = a N^{2/3}$ et $L_2 = 2 L_1$, avec $a = (48)^{-1/3}$, on ait $F(q^n) = 0$ pour $0 \le n < N$ et

$$\log|p(\lambda)| \le \frac{\log q}{24 a^2} N^{5/3} (1 + O(N^{-1/3})).$$

On considère alors les propriétés (A_M) et (B_M) des Propositions 4.1 ou 4.3 et, comme précédemment, il suffit de montrer que (A_M) implique (B_M) quand $M \ge N$ pour obtenir le résultat annoncé. Le lemme de Schwarz 7.1.3 de [Wald 3] appliqué aux disques de rayons q^M et q^{2M} donne

$$\frac{1}{\log q}\log|F|_{q^M} \leq \frac{1}{24\,a^2}N^{5/3} + 2aMN^{2/3} + \frac{1}{4}(2M + 2aN^{2/3})^2 - \beta(2M + 2aN^{2/3})^{5/3} - M^2 + O(M) + O(N^{4/3}) .$$

Cette quantité est donc négative pour tout $M \geq N$ dès que N est assez grand et que

$$\frac{1}{24\,a^2} + 4\,a - 2^{5/3}\,\beta < 0 ,$$

ce qui fournit les valeurs données dans l'énoncé. ♥

§5 FONCTIONS DE PLUSIEURS VARIABLES.

Rappelons d'abord la définition de l'exposant de Dirichlet généralisé ([Wald 3], §1.3) :

Soit Γ un sous-groupe de type fini de $\mathbb{C}^n$, de rang k sur $\mathbb{Z}$. Alors $\mu(\Gamma, \mathbb{C}^n)$ est le plus petit des rapports

$$\frac{k - \operatorname{rang}_{\mathbb{Z}}(\Gamma \cap V)}{n - \dim V}$$

quand V décrit l'ensemble des sous-espaces vectoriels propres (i.e. $\neq \mathbb{C}^n$) de $\mathbb{C}^n$.

On a toujours $\mu(\Gamma, \mathbb{C}^n) \leq k/n$ et on dit que Γ est *bien réparti* si $\mu(\Gamma, \mathbb{C}^n) = k/n$.

On dit que Γ *vérifie un lemme de Schwarz avec l'exposant* m (voir [Wald 3], chapitre7), si, pour toute base $(\gamma_1, \ldots, \gamma_k)$ de Γ sur $\mathbb{Z}$, il existe des constantes $c_i > 0$ $(1 \leq i \leq 4)$ ne dépendant que de n, m et des γ_j ayant la propriété suivante : pour tout entier $N \geq c_4$ et toute fonction entière f s'annulant en tout point de $\Gamma_+(N) = \{ h_1\gamma_1 + \ldots + h_k\gamma_k ;\ (h_1, \ldots, h_k) \in \mathbb{Z}^k, 0 \leq h_j \leq N\}$, on a, pour $R \geq r \geq c_3N$,

$$\log|f|_r \leq \log|f|_R - c_2\,N^m \log\frac{R}{c_1\,r} ,$$

où l'on a noté $|f|_r = \sup\{\,|f(z)|\ ;\ z = (z_1, \ldots, z_n),\ |z_i| \leq r\,\}$.

Cette définition diffère un peu de celle de [Wald 3], mais on sait cependant que, si Γ vérifie un lemme de Schwarz avec l'exposant m, on a $m \leq \mu(\Gamma, \mathbb{C}^n)$ et que, pour presque tout Γ comme ci-dessus, la borne supérieure des m pour lesquels Γ vérifie un lemme de Schwarz est $\mu(\Gamma, \mathbb{C}^n)$, si $k \geq 2n$. De plus, si Γ est un produit cartésien $\Gamma_1 \times \ldots \times \Gamma_n$, il vérifie un lemme de Schwarz avec l'exposant μ ([Wald 3], chapitre 7).

Enfin, pour $z = (z_1, \ldots, z_s) \in \mathbb{C}^s$ et $n = (n_1, \ldots, n_s) \in \mathbb{N}^s$, on note $z^n = (z_1^{n_1}, \ldots, z_s^{n_s})$.

Avec cette terminologie, on généralise la Proposition 4.1 en la

PROPOSITION 5.1 :

Soit $\Lambda = \mathbb{Z}\gamma_1 + \ldots + \mathbb{Z}\gamma_k$ *un sous-groupe de rang* k *de* $\mathbb{R}^s$ *tel que* $\Lambda_+ = \mathbb{N}\gamma_1 + \ldots + \mathbb{N}\gamma_k$ *vérifie* $\exp(\Lambda_+) \subset \mathbb{Z}$ *où* exp *désigne l'application exponentielle* $z = (z_1, \ldots, z_s) \in \mathbb{C}^s \mapsto \exp(z) = (\exp(z_1), \ldots, \exp(z_s)) \in \mathbb{C}^{\times s}$ *dont le noyau est* $\Lambda_0 = \operatorname{Ker}\exp = (2i\pi\mathbb{Z})^s$. *On suppose que* $\Lambda + \Lambda_0$ *est bien réparti dans* $\mathbb{C}^s$, i.e. *que* $\mu = \mu(\Lambda + \Lambda_0, \mathbb{C}^s) = (k + s)/s$, *et que* $\Lambda + \Lambda_0$ *vérifie un lemme de Schwarz avec l'exposant* μ.

Alors il existe une constante $c > 0$ *ayant la propriété suivante :*

Si $f : \mathbb{C}^s \to \mathbb{C}$ *est une fonction entière telle que* $f \circ \exp(\Lambda_+) \subset \mathbb{Z}$ *et que, pour* r *suffisamment grand, on ait* $\log|f \circ \exp|_r < c\,r^{\mu}$, *alors* f *est un polynôme.*

Pour $\Lambda = \mathbb{Z}\begin{pmatrix}\log q_1\\ \cdots\\ \cdots\\ \log q_s\end{pmatrix}$, où les q_j $(1 \leq j \leq s)$ sont des entiers naturels multiplicativement indépendants, on a $\mu = 1 + 1/s$ et on retrouve (à la valeur de la constante près) le résultat de J.-P. Bézivin [Bé], *sous réserve d'admettre* que $\Lambda + \Lambda_0$ vérifie un lemme de Schwarz avec l'exposant μ. Ce lemme de Schwarz semble malheureusement hors de portée à l'heure actuelle.

Pour $\Lambda = \mathbb{Z}\begin{pmatrix}\log q_1\\ 0\\ \cdots\\ 0\end{pmatrix} + \ldots + \mathbb{Z}\begin{pmatrix}0\\ \cdots\\ 0\\ \log q_s\end{pmatrix}$, avec des q_j $(1 \le j \le s)$ entiers et ≥ 2, on a $\mu = 2$ et on retrouve, à la constante près, un cas particulier des résultats de P. Bundschuh [Bu]. En effet, dans ce dernier cas $\Lambda + \Lambda_0$ est un produit cartésien donc vérifie un lemme de Schwarz avec l'exposant optimal μ.

<u>Démonstration</u> :

Soit f une fonction entière vérifiant les hypothèses de la Proposition. Pour un entier N suffisamment grand, on construit une fonction auxiliaire de la forme

$$F(z) = \sum_{\lambda} p(\lambda)\exp(z)^{\lambda'} f(\exp(z))^{\lambda_0},$$

où $\lambda = (\lambda_0, \lambda') = (\lambda_0, \lambda_1, \ldots, \lambda_s) \in \mathbb{N}^{s+1}$, $0 \le \lambda_0 \le L_0$, $0 \le \lambda_i \le L_1$ pour $1 \le i \le s$, avec des $p(\lambda) \in \mathbb{Z}$ non tous nuls, de sorte que $F(\gamma) = 0$ pour tout $\gamma \in \Lambda_+(N)$.

Un lemme de Siegel standard (il n'est pas question de calculer c) montre, avec les choix des paramètres $L_0 = c^{-s/(s+1)} N^{(k-s(\mu-1))/(s+1)}$ et $L_1 = c^{1/(s+1)} N^{(k+\mu-1)/(s+1)}$, l'existence des $p(\lambda)$ et la majoration

$$\log|p(\lambda)| \le c_5{}^{1/(s+1)} N^{(k+s+\mu)/(s+1)}.$$

Soit alors $c_6 > c_3$ tel que $\Lambda_+(M)$ soit contenu dans le polydisque de $\mathbb{C}^s$ de rayon $c_6(M-1)$ pour $M \ge N$.

On montre, par récurrence sur $M \ge N$, les propriétés

(A_M) $\quad F(\gamma) = 0$ pour tout $\gamma \in \Lambda_+(M)$

(B_M) $\quad \log|F|_{c_6 M} < 0$.

Comme dans le cas des fonctions d'une seule variable il suffit de montrer que (A_M) implique (B_M) pour obtenir le fait que f est algébrique donc polynômiale. Le lemme de Schwarz hypothétique montre que

$$\log|F|_{c_6 M} \le \log|F|_{2c_1c_6 M} - c_2 M^{\mu}\log 2,$$

donc que

$$\log|F|_{c_6 M} \le c_7\, c^{1/(s+1)} M^{(k+s+\mu)/(s+1)} - c_2 M^{\mu}\log 2 < 0,$$

dès que c est suffisamment petit, puisque $\mu = (k+s+\mu)/(s+1)$. ♥

On peut aussi obtenir l'analogue de la Proposition 4.2 :

PROPOSITION 5.2 :

Soit $s \ge 1$ *un entier ; pour* $1 \le j \le s$, *soit* $q_j \in \mathbb{C}$ *avec* $|q_j| > 1$ *et soit* $g : \mathbb{C}^s \to \mathbb{C}$ *une fonction entière telle que les fonctions partielles* $z_j \mapsto g(z) = g(z_1, \ldots, z_s)$ *soient périodiques de périodes respectives* $T_j = 2i\pi/(\log q_j)$, *pour* $1 \le j \le s$, *et que* $g(\mathbb{N}^s) \subset \mathbb{Z}$. *Alors il existe* $\alpha > 0$ *ne dépendant que des* $\log q_j$ *tel que, si* $\log|g|_r < \alpha r^2$ *pour tout* r *suffisamment grand, alors* g *est de la forme*

$$g(z_1, \ldots, z_s) = \sum_{n \in \mathbb{Z}^s,\ |n| \le N_0} a(n) \prod_{1 \le j \le s} q_j^{n_j z_j},$$

avec des $a(n) \in \mathbb{C}$, *et où on a noté* $|n| = \max_{1 \le j \le s}|n_j|$ *pour* $n = (n_1, \ldots, n_s)$.

<u>Remarques</u> :

1) Quitte à remplacer éventuellement q_j par $1/q_j$, c'est-à-dire T_j par $-T_j$, on peut remplacer l'hypothèse $|q_j| > 1$ par l'hypothèse $0 \ne |q_j| \ne 1$.

2) Quitte à faire un changement linéaire de variables, on peut supposer que g a un groupe de périodes Λ_0 de rang s et que $g(\Lambda_+) \subset \mathbb{Z}$, où Λ est un groupe de rang s tel que $\Lambda + \Lambda_0$ soit un réseau de $\mathbb{R}^{2s} \cong \mathbb{C}^s$.

Cette remarque est évidemment valable pour la Proposition 4.2, mais il faut alors modifier en conséquence la constante α_2.

Démonstration de la Proposition 5.2 :

D'après le Lemme 3.2, il suffit de montrer que, sous les hypothèses de la Proposition, la fonction g vérifie un système de s équations linéaires homogènes aux différences finies dans chacune des directions réelles de $\mathbb{C}^s$. Pour cela, on construit une fonction auxiliaire de la forme

$$G(z) = \sum_{0 \leq \lambda \leq L} p(\lambda)\, g(z_1 + \lambda, z_2, \ldots, z_s)$$

avec des $p(\lambda) \in \mathbb{Z}$ non tous nuls, et telle que $G(n) = 0$ pour tout $n = (n_1, \ldots, n_s)$ avec $0 \leq n_j < N$.

Pour $L = 2\,N^s$, les $p(\lambda)$ doivent vérifier un système linéaire homogène de N^s équations à coefficients entiers, dont le logarithme du module est majoré par $\alpha\; O(N^{2s})$. Un lemme de Siegel standard montre l'existence des $p(\lambda)$ et leur majoration par $\log|p(\lambda)| \leq \alpha\, O(N^{2s})$.

Les propriétés (A_M) et (B_M) à vérifier pour $M \geq N$ sont

(A_M) $\quad G(n) = 0 \;$ pour $n \in \mathbb{N}^s$, $|n| < M$

(B_M) $\quad \log|G|_M < 0$

et il suffit de montrer que (A_M) implique (B_M). Pour cela, l'astuce du Lemme 3.3 ne se généralise pas facilement, mais comme il ne s'agit pas de calculer explicitement α, un lemme de Schwarz classique (par exemple [Wald 3] Proposition 7.2.1, et [A] pour une démonstration complète) est suffisant. Comme on a $G(n_1 + m_1T_1, \ldots, n_s + m_sT_s) = 0$ pour $0 \leq n_j < M$ et $m_j \in \mathbb{Z}$, on est dans une situation de produit et

$$\log|G|_M \leq \log|G|_{(1+\gamma)M} - c_1\, M^{2s} \leq (c_2\,\alpha - c_1)\, M^{2s},$$

donc $\log|G|_M < 0$ dès que α est suffisamment petit. En recommençant cette construction pour les autres variables $z_2, \ldots, z_s$ on obtient les s équations aux différences finies suffisantes pour conclure. ♥

BIBLIOGRAPHIE

[A] AZHARI, A. - Lemme de Schwarz en plusieurs variables. Problèmes Diophantiens 1984-85. Publ. Math. Univ. P. et M. Curie n° 73, 1985.

[Bé] BEZIVIN, J.-P. - Une généralisation à plusieurs variables d'un résultat de Gel'fond. Analysis 4 (1984), 125-141.

[Bu] BUNDSCHUH, P. - Arithmetische Eigenschaften ganzer Funktionen mehrerer Variablen. J. reine angew. Math. 313 (1980), 116-132.

[ERA] ERA 979 - Les Nombres transcendants. Mémoire Soc. Math. France n°13 (1984).

[Gel 1] GEL'FOND, A.O. - Sur les fonctions entières qui prennent des valeurs entières aux points β^n. [en russe] Math. Sb. 40 (1933), 42-47.

[Gel 2] GEL'FOND, A.O. - Le calcul des différences finies. Dunod Paris (1963).

[Gel 3] GEL'FOND, A.O. - Functions which take on integral values. [en russe] Math. Zametki 1 (1967), 509-513; [trad. angl.] Math. Notes 1 (1967), 337-339.

[Gra 1] GRAMAIN, F. - Fonctions entières arithmétiques. Séminaire P. Lelong - H. Skoda, 17ème année, 1976-77, L.N. in Math. n°694, 98-125, Springer 1978.

[Gra 2] GRAMAIN, F. - Sur le théorème de Fukasawa - Gel'fond. Invent. Math. 63 (1981), 495-506.

[M] MAHLER, K. - On a paper by A. Baker on the approximation of rational powers of e. Acta Arith. 27 (1975), 61-87.

[P.-S.] POLYA , G. and SZEGO, G. - Problems and theorems in Analysis I. Grundlehren n°193, Springer (1972).

[Pi] PISOT, Ch. - Uber ganzwertige ganze Funktionen. Jahresb. DMV 52 (1942), 95-102.

[Po] POLYA, G. - Uber ganzwertige ganze Funktionen. Rend. Circ. Math. Palermo 40 (1915), 1-16.

[V] VALIRON, G. - Fonctions analytiques. PUF, Paris 1954.

[Wald 1] WALDSCHMIDT, M. - Nombres transcendants. L.N. in Math. n°402, Springer 1974.

[Wald 2] WALDSCHMIDT, M. - Polya's theorem by Schneider's method. Acta Math. Acad. Scient. Hung. 31 (1978), 21-25.

[Wald 3] WALDSCHMIDT, M. - Nombres transcendants et groupes algébriques. Soc. Math. France Astérisque n°69-70, 1979.

[Wall] WALLISSER, R. - Uber ganze Funktionen, die in einer geometrischen Folge ganze Werte annehmen. Monatsh. Math. 100 (1985), 329-335.

SPHERE DE RIEMANN ET GEOMETRIE DES POLYNOMES

Michel Langevin
U.A. Problèmes Diophantiens, Institut Henri Poincaré
11, rue Pierre et Marie Curie, F-75231 Paris cedex 05

§ 1 Introduction

Le but de cet exposé est de fournir une description simple et rapide de la classique géométrie des polynômes, c'est-à-dire de la géométrie des zéros des polynômes d'une variable complexe. Précisons tout de suite que cet exposé n'a sur le sujet aucun caractère exhaustif. En fait, on mettra à profit quelques idées simples de géométrie (relatives aux convexes des espaces affines obtenus en privant la sphère de Riemann d'un point variable) qui permettront d'obtenir simultanément -et avec davantage de précision- un large ensemble de résultats classiques.

Le plan de ce travail est le suivant: au § 2, on brosse un bref tableau des résultats classiques et on précise ceux qui seront développés; au § 3, on expose les idées géométriques nouvelles permettant d'unifier et de rationaliser cette étude; au § 4, on décrit les applications directes de cette interprétation géométrique; au § 5, on introduit la vision projective de la notion de dérivée polaire, puis, au § 6, on montre comment appliquer cette notion pour obtenir d'un coup les diverses formes du théorème de Grace; enfin, au § 7, on étudie quelques aspects récents de ces résultats apparus en physique théorique (les "transitions de phase" sont liées à des "domaines sans zéro pour des polynômes à plusieurs variables" que la géométrie des polynômes permet de construire; en suivant les idées de D. Ruelle, on montrera comment un lemme formel (lemme de "contraction d'Asano") et un lemme sur les homographies de la sphère de Riemann (lemme de Dyson-Ruelle) fournissent un procédé de construction d'une famille de tels domaines à partir d'un seul).

§ 2 Résultats classiques de la géométrie des polynômes

Il existe deux ouvrages de référence sur le sujet: le premier, paru en 1938, est de J. Dieudonné (cf. [D.2]) et se présente sous la forme d'un "survey" de 71 p. suivi de 116 références (cet ouvrage est partagé en deux parties intitulées respectivement "les propriétés des zéros d'un polynôme déduites des propriétés des coefficients " et "géométrie des polynômes" mais il y a en fait de larges imbrications); le second, paru en 1966, est de M. Marden et traite des mêmes problèmes sous l'appellation globale "Geometry of polynomials" (cf. [M]). Ce dernier ouvrage de 243p. contient davantage de démonstrations (souvent rédigées sous forme technique), les résultats seulement décrits figurant sous la forme d'exercices (pour lesquels l'auteur indique de façon complète les références (la bibliographie s'étend des pages 207 à 239)); il fait suite à une première version parue en 1949 sous le titre "The geometry of the zeros of a polynomial in a complex variable" que nous retiendrons comme définition du sujet. Il est en effet difficile d'être plus précis et on se bornera dans ce qui suit à donner des exemples. Un des théorèmes les plus onnus est le théorème de Gauss-Lucas (lié pour le premier auteur à des considéra- ions d'électrostatique et de mécanique,ce résultat a été retrouvé indépendamment en ermes de polynômes par le second):

Théorème C1: Tout disque contenant les zéros d'un polynôme contient les zéros de sa dérivée.

Dans le cas d'un polynôme à coefficients réels, le théorème suivant, conjecturé par Jensen et prouvé par Walsh, puis Echols et Nagy, permet d'être plus précis:

Théorème C2: Pour tout zéro x_i d'un polynôme P à coefficients réels, soit D_i le disque fermé de diamètre $x_i\bar{x}_i$ ($\bar{x}_i$ désigne le conjugué de x_i et donc D_i se réduit au point x_i si ce dernier est réel); alors, les zéros de la dérivée P' appartiennent à la réunion des D_i ou sont réels.

Le théorème de Gauss-Lucas, très important en dépit de sa simplicité, a de nombreux affinements et généralisations. Parmi celles-ci, le théorème suivant, dû à Laguerre, joue un role central:

Théorème C3: Soient P un polynôme de degré d, a un nombre complexe non racine de P et b le point (éventuellement à l'infini) défini par la relation: $P'(a)/P(a) = d/(a-b)$. Alors, pour tout cercle passant par a et b, ou bien tous les zéros de P sont sur ce cercle, ou bien chacun des deux domaines circulaires ouverts délimité par ce cercle contient au moins un zéro de P.

De nombreux auteurs ont utilisé systématiquement ce puissant résultat; par exemple, J. Dieudonné parle à ce sujet de "méthode de M. Walsh" et A. Durand, dans ses travaux sur le théorème de Bernstein, parle de "relation de Szegö". En fait, on peut aller plus loin et formuler C3 de façon plus simple et satisfaisante en termes géométriques (cf. § 5). Laguerre lui-même utilisait son résultat C3 pour énoncer un résultat d'approximation des racines d'un polynôme inspiré de la méthode de Newton:

Théorème C4: Soient P un polynôme de degré d et a un nombre complexe non racine de P'; alors, tout disque contenant a et $a-(dP(a)/P'(a))$ contient un zéro de P (le terme $P(a)/P'(a)$ est la "correction de Newton").

Une autre généralisation de C3 se formule ainsi (cf. les références à Kakeya, Szegö et Walsh dans [D.2]):

Théorème C5: Soient P un polynôme de degré d, $Q(z)=a_oP(z)+...+a_kP^{(k)}(z)$

une combinaison linéaire de P et de ses dérivées et D un disque contenant les zéros de P. Alors, les zéros de Q appartiennent au domaine réunion des $Q_x^{-1}(0)$, où x décrit D et où Q_x désigne la fonction polynôme: $Q_x(z) = a_o(z-x)^d + \dots + d(d-1)\dots(d-k+1)a_k(z-x)^{d-k}$, domaine qui est une réunion de disques déduits de D par translation.

Ce dernier énoncé est lui-même un corollaire du théorème suivant ("théorème de coïncidence de Walsh"):

<u>Théorème</u> C6: Soient $P(z)=a_oz^d+\dots+a_d$ un polynôme de degré d, D un disque (ou l'extérieur d'un disque, ou un demi-plan) et $x_1,\dots,x_d$ des points de D. Alors, en notant $S_k(\underline{x})$ le polynôme symétrique élémentaire en les d variables $x_1,\dots,x_d$ de degré global k, il existe un élément x de D vérifiant: $P(x) = a_oS_d(\underline{x})+\dots+a_i\binom{d}{i}^{-1}S_{d-i}(\underline{x})+\dots+a_d$ (P(x) est la valeur que prendrait le membre de droite si tous les x_i venaient coïncider en x

Ce théorème de Walsh est l'une des formes du célèbre théorème de Grace qu'on formule le plus souvent ainsi:

<u>Théorème</u> C7: Soient $P(z)=a_oz^d+\dots+a_d$ et $Q(z)=b_oz^d+\dots+b_d$ deux polynômes de même degré d vérifiant la relation (dite d'apolarité de Grace):
$a_ob_d+\dots+(-1)^i\binom{d}{i}^{-1}a_ib_{d-i}+\dots+(-1)^da_db_o = 0$.
Alors, tout disque (ouvert ou fermé) contenant l'ensemble des zéros de P (resp. Q) contient au moins un zéro de Q (resp.P).

Une forme maniable du théorème C7, due à Szegö, est la suivante:

<u>Théorème</u> C8: Soient $P(z)=a_oz^d+\dots+a_d=a_o(z-x_1)\dots(z-x_d)$, $Q(z)=b_oz^d+\dots+b_d$ $=b_o(z-y_1)\dots(z-y_d)$, $R(z)=a_ob_oz^d+\dots+a_ib_i\binom{d}{i}^{-1}z^{d-i}+\dots+a_db_d$ et D un disque contenant $x_1,x_2,\dots,x_d$. Alors, tout zéro z de R s'écrit sous la forme $-y_ju$ où u est un point de D.

Dans une autre direction, citons la célèbre inégalité de Bernstein qu'on peut déduire, comme l'a montré de Bruijn, du théorème de Gauss-Lucas (cf. [L]):

<u>Théorème</u> C9: Pour tout polynôme P de degré au plus d, on a:

$$\sup_{|z|=1} |P'(z)| \leq d \sup_{|z|=1} |P(z)|$$

En fait, comme on le voit dans [L], le théorème C9 (et tous ses raffinements parus ultérieurement) se déduit directement de la forme géométrique de C3. Il en est de même de l'énoncé suivant, dû à Jentzsch:

Théorème C10: Soient X une partie convexe du plan complexe et P une fonction polynôme, alors $\mathbb{C}-P(\mathbb{C}-X)$ est aussi convexe.

Changeons à nouveau de direction avec la généralisation suivante du théorème de Gauss-Lucas due à Walsh:

Théorème C11: Soient P et Q deux polynômes de degrés respectifs $d(P)$ et $d(Q)$ dont les racines sont respectivement contenues dans deux disques $D(P)$ et $D(Q)$. Alors, les zéros de la dérivée $(PQ)'$ du produit PQ appartiennent à la réunion de $D(P)$, $D(Q)$ et du disque (en additionnant les convexes au sens de Minkowski) $(d(Q)D(P)+d(P)D(Q))/(d(P)+d(Q))$. De plus, si $D(P)$ et $D(Q)$ sont disjoints, il y a $(d(P)-1)$ (resp. $d(Q)-1$) zéros de $(PQ)'$ dans $D(P)$ (resp. $D(Q)$).

Relativement à la dérivée d'une fraction rationnelle, on énonce deux résultats, le premier, dû à Bôcher, contenant le second, dû à Obrechkoff, qui généralise C3:

Théorème C12: Soient P,Q deux polynômes étrangers de degrés respectifs $d(P) \leq d(Q)$, D un disque contenant les zéros de Q, a un point du bord de D pour lequel $P'(a)/P(a)=Q'(a)/Q(a)$. Alors, D contient un zéro au moins du polynôme P.

Théorème C13: Soient P,Q deux polynômes étrangers de degrés respectifs $d(P)$, $d(Q)$, $k\geq 0$ un réel tel que $kd(P)\neq d(Q)$, a,b deux points vérifiant $(kP'(a)/P(a))-(Q'(a)/Q(a)) = (kd(P)-d(Q))/(a-b)$. Alors, il n'existe aucun cercle C passant par a et b séparant (strictement) les zéros de P de ceux de Q.

On considère maintenant une "réciproque" du théorème de Gauss-Lucas due à Biernacki:

Théorème C14: Soient P un polynôme dont les zéros sont contenus dans un disque $D(c,R)$ de centre c et de rayon R et Q_k le polynôme dont la dérivée $k^{\text{ième}}$ est P et qui vérifie $Q_k(c)=\ldots=Q_k^{(k-1)}(c)=0$. Alors, tous les zéros de Q_k sont dans le disque $D(c,(k+1)R)$.

Ce théorème optimal (considérer $P(z)=z-1$, $D(0,1)$) est un corollaire d'un résultat prouvé indépendamment par Grace et Heawood

Théorème C15: Soient P un polynôme de degré d et u,v deux points tels que $P(u)=P(v)$. Tout disque contenant les zéros de $(z-u)^d-(z-v)^d$ contient au moins un zéro de la dérivée P'.

Ces quinze théorèmes reliés à des degrés divers au théorème de Gauss-Lucas sont assez représentatifs des résultats rencontrés en géométrie des polynômes. Toutefois,comme on l'a dit au début , les ouvrages de Dieudonné et Marden en contiennent beaucoup d'autres; certains,se rattachant à la "théorie analytique des polynômes",ont été laissés délibérément de côté puisqu'ils sont couverts par le travail d'A.Durand mais d'autres, d'un esprit un peu différent,n'ont pas été abordés;par exemple,le problème de Landau-Montel de recherche de bornes pour p zéros d'un polynôme en fonction de données relatives à (p+1) coefficients.

Une autre remarque se dégage de cette présentation de résultats.La géométrie des polynômes qui naît avec des travaux de Gauss et de Cauchy a connu à la fin du XIXème et au début du XXème siècle un âge d'or; en témoigne par exemple le très joli théorème de Grace,paru en 1900,qui a suscité pendant plusieurs décennies toute une suite de travaux dus à Kakeya,Szegö,Cohn,Curtiss,Egervary,Dieudonné,Walsh,Marden,Hörmander... (sans parler d'Heawood dont le travail (1907) est indépendant). Si,aujourd'hui,l'attrait de la géométrie des polynômes ne semble plus le même,il reste notable que continuent à paraître dans cette voie des résultats spécialisés,souvent développés en vue d'applications dans d'autres domaines. On en verra des exemples au § 7. En résumé,la géométrie des polynômes forme,au-delà de son intérêt propre,un réservoir de lemmes utiles ; par exemple,les travaux exposés par M.Mignotte dans ce livre reposent sur deux tels lemmes (cf. Th. XXIV de [D.2] et ex.4 du § 41 de [M]).

§ 3 a-convexité

On note S la sphère de Riemann.On utilisera sans justification les interprétations habituelles de S : 1° sphère courante d'un espace affine euclidien de dimension 3 , 2° droite projective complexe, 3° compactifié $\mathbb{C}\cup\{\infty\}$, et on sait qu'elles sont équivalentes aux réserves d'usage près (par exemple,l'identification du point de vue 1° (où aucun point de S n'est privilégié) avec le point de vue 3° sous-entend qu'on ait choisi sur S un repère,c'est-à-dire trois points distincts...).

Le complémentaire S-(a) d'un point a arbitraire de S,vue comme droite projective,est canoniquement muni d'une structure affine. Si l'on écrit S sous la forme $S=\mathbb{C}\cup\{\infty\}$, cette structure affine est isomorphe à celle de $\mathbb{C}$,l'isomorphisme étant induit par restriction à partir de n'importe quelle homographie de S transformant a en ∞ .Cette remarque permet d'écrire ce qu'est le calcul barycentrique dans l'espace affine S-(a) avec $S=\mathbb{C}\cup\{\infty\}$.

<u>Lemme</u> 1: Soit b le a-barycentre (i.e. le barycentre pour la structure affine de S-(a)) des points $x_1,\dots,x_d$ affectés des masses $m_1,\dots,m_d\neq 0$ de somme $m \neq 0$; alors, si $x_i\neq a$ pour $i=1,\dots,d$ et $a\neq\infty$,
$m/(b-a) = m_1/(x_1-a) + \dots + m_d/(x_d-a)$; si $a=x_i$, $b=a$;
si $a=\infty$, $mb = m_1x_1+ \dots + m_dx_d$

On définit maintenant les a-convexes: une partie X de S sera dite a-convexe si elle est égale à S,ou si elle ne contient pas a et est convexe pour la structure affine (complexe donc réelle) de S-(a). Si X est a-convexe,X contient tous les barycentres construits à partir de ses points affectés de masses positives. L'intersection de tous les a-convexes contenant une partie X donnée de S est le plus petit a-convexe contenant X,elle est notée $C_a(X)$ et est appelée enveloppe a-convexe de X;
On expose maintenant ce qu'est un a-convexe pour les points de vue 1° et 3° puis on donnera une caractérisation plus commode de $C_a(X)$ dans le cas:X compact.

Lemme 2: Soit X une partie de S privée d'un point a.
(i) (point de vue 1°) X est a-convexe si et seulement si le cone engendré par les demi-droites issues de a et passant par les points de X est un convexe de l'espace affine euclidien de dimension 3 où est placée S
(ii) (point de vue 3°) X est a-convexe si et seulement si,pour toute homographie (ou,ce qui revient ici au même,pour une homographie) de S transformant a en ∞ ,l'image de X est une partie convexe (au sens habituel) du plan complexe.

Remarque: Géométriquement,puisqu'une symétrie-droite conserve la notion de convexité, on voit qu'une partie X du plan complexe compactifié privé d'un point a est a-convexe si son image par une quelconque inversion de pôle a est convexe. Tout ceci découle des propriétés d'invariance par homographie de ces notions;plus précisément, si b est le a-barycentre des x_i affectés des masses m_i et si h est une homographie, h(b) est le h(a)-barycentre des $h(x_i)$ affectés des masses m_i; de même,$h(C_a(X)) = C_{h(a)}(h(X))$ ...

Pour introduire la nouvelle caractérisation de $C_a(X)$ annoncée,on définit maintenant les cercles et les domaines circulaires de S; pour ceci,le point de vue le plus approprié est 1° ; un cercle de S est une section plane (pouvant être vide) de S et un domaine circulaire un ouvert (pouvant être égal à $\emptyset$ ou à S) de S dont le bord est un cercle. Pour le point de vue 3°,un domaine circulaire est donc un ouvert égal à l'intérieur d'un disque,ou à l'extérieur d'un disque,ou encore à un demi-plan.L'introduction d'un birapport convenable permet d'écrire tout cela dans l'optique 2°. Quel que soit le point de vue utilisé, le lemme suivant est clair:

Lemme 3: Soit X≠S un domaine circulaire.Pour tout point a de S,le complémentaire X-(a) est a-convexe si et seulement si a n'appartient pas à X.

Remarque: Dans $\mathbb{C}\cup\{\infty\}$,un demi-plan fermé H n'est pas ∞-convexe mais le complémentaire $H-\{\infty\}$ l'est.

Il est bien connu que,dans le plan affine réel,l'enveloppe convexe d'un compact est un compact égal à l'intersection des disques ouverts (ou des disques fermés) le contenant (et on peut même se limiter aux demi-plans ouverts ou fermés). En traduisant ce résultat dans le vocabulaire défini ci-dessus,il vient:

<u>Lemme</u> 4: Soient X une partie compacte de S et a un point de S. L'enveloppe a-convexe $C_a(X)$ est ou S (si a appartient à X),ou l'intersection des domaines circulaires contenant X et non a. En particulier,$C_a(X)$ est un compact,égal à S si et seulement si a appartient à X.

On revient dans le plan affine réel.Lorsqu'un convexe compact est inclus dans un ouvert extérieur d'un disque compact,on sait que cet extérieur contient un disque ouvert qui,lui-même,contient le convexe compact initial.En traduisant à nouveau,on a:

<u>Lemme</u> 5: Soient X≠S un compact de S et a un point du complémentaire S-X. Tout domaine circulaire DC qui contient $C_a(X)$ contient un domaine circulaire DC' contenant X et non a.

On peut alors énoncer le résultat principal de ce §:

<u>Théorème</u> 1: Soient X une partie compacte de S et a,b deux points de S. Alors, $C_b(C_a(X)) = C_a(C_b(X))$.

<u>démonstration</u>:Si a ou b appartient à X,c'est clair.On suppose qu'il n'en est pas ainsi et on va montrer que $C_b(C_a(X))$ est l'intersection des domaines circulaires contenant X mais ni a ni b. En effet,si FDC (resp.FDC') est l'ensemble des domaines circulaires contenant $C_a(X)$ mais non b (resp. X mais ni a ni b), FDC' est inclus dans FDC et,d'autre part,d'après le lemme 5,tout élément de FDC contient un élément de FDC'; ce qui montre que les intersections des éléments de FDC et de ceux de FDC' sont égales (et que FDC=∅ équivaut à FDC'=∅) et donc le résultat annoncé.

<u>Corollaire</u>: (mêmes notations) $b \in C_a(X)$ équivaut à $a \in C_b(X)$

Soient X et Y deux parties finies de S. Les propriétés suivantes sont visiblement équivalentes (on désigne par domaine circulaire fermé l'adhérence d'un domaine circulaire):

(i) il existe un domaine circulaire contenant X et ne contenant aucun point de Y

(ii)il existe un domaine circulaire fermé contenant X et ne contenant aucun point de

(iii) X et Y sont séparées strictement par un cercle (autrement dit, de part et d'autre (strictement) d'un plan dans le point de vue 1°)

(iv) il existe un domaine circulaire contenant Y et ne contenant aucun point de X

(v) il existe un domaine circulaire fermé contenant Y et ne contenant aucun point de X

On va traduire dans le langage précédent cet ensemble d'équivalences;pour cela,on introduit l'opérateur C_X (resp. C_Y) obtenu par composition des C_a quand a décrit X (resp. Y),ce qui est justifié par le théorème 1. Il vient alors aisément:

Théorème 2: Soient X et Y deux parties finies de S. Les propriétés suivantes sont équivalentes:

(i) $C_X(Y) = S$

(ii) $C_Y(X) = S$

(iii) Pour tout point a de S,l'intersection de $C_a(X)$ et de $C_a(Y)$ est non vide

(iv) Tout domaine circulaire contenant X recoupe Y

(v) Tout domaine circulaire contenant Y recoupe X .

On verra dans les § suivants comment appliquer les théorèmes 1 et 2. On termine ce § en examinant de plus près l'aspect géométrique de $C_a(X)$ quand X est composé de 2 ou 3 points.

Cas $X=(x,x')$,où x et x' sont des points distincts de a. L'expression de calcul barycentrique: $1/(b-a) = m/(x-a) + (1-m)/(x'-a)$ peut s'écrire sous la forme d'un birapport: $(x,x',a,b) = m/(m-1)$. Les quatre points x,x',a,b sont sur un même cercle C, $C_a(X)$ (resp. $C_b(X)$) est celui des arcs de C joignant x à x' qui ne contient pas a (resp. b). En particulier,on voit que si b est le a-milieu de xx', a est le b-milieu de xx', ce qui revient à dire que le quadrangle (xx'ab) est harmonique (i.e. inscriptible dans lequel le pôle de toute diagonale (ici,ab ou xx') appartient à l'autre). Le sens du corollaire du théorème 1 apparaît clairement sur cet exemple. Il en est de même du théorème 2 quand on pose $Y=(a,b)$.

Cas $X=(x,x',x'')$ où x,x',x" sont distincts de a. Le cas précédent montre que $C_a(X)$ se présente sous la forme d'un triangle curviligne. On va caractériser ceux des points a pour lesquels le a-(iso)barycentre de X est à l'infini (les démonstrations -qui appartiennent au domaine de la géométrie traditionnelle - sont laissées au lecteur): ces points sont au nombre de 2, ce sont les foyers f et f' de l'ellipse inscrite dans le triangle xx'x" touchant chacun des côtés de ce triangle en son milieu, et f (resp. f') est le centre de gravité du triangle yy'y" (resp. zz'z") où y,y',y" (resp. z,z', z") désignent les points où le cercle circonscrit au triangle xx'x" est recoupé par les droites fx,fx',fx" (resp. f'x,f'x',f'x").

§ 4 Applications directes de la a-convexité

La connexion entre la géométrie des polynômes et la notion de a-convexité est décrite par le lemme suivant:

Lemme 5: Soient $P(z)=a_oz^d+\dots+a_d=a_o(z-x_1)\dots(z-x_d)$ un polynôme de degré d et a un point de $S=\mathbb{C}\cup\{\infty\}$. Le point b défini par les relations:

$b=a-(dP(a)/P'(a))$ si $a\neq\infty$ et $b=-a_1/da_0=\lim_{a\to\infty}(a-(dP(a)/P'(a)))$ sinon est le a-(iso)barycentre des zéros de P.

démonstration: observer que $P'(a)/P(a)=(a-x_1)^{-1}+\ldots+(a-x_d)^{-1}$ et appliquer le lemme 1.

démonstration des théorèmes C1,C3,C4: On conserve les notations ci-dessus. Soit $X=(x_1,\ldots,x_d)$ l'ensemble des zéros de P, le lemme 5 montre que b appartient à $C_a(X)$, d'où les deux conséquences suivantes:

a appartient à $C_b(X)$ (d'après le corollaire du théorème 1), ce qui établit et généralis C1 (dans le cas de cet énoncé, on a: $P'(a)=0$ et donc $b=\infty$)

les ensembles X et $Y=(a,b)$ ne peuvent être séparés par un cercle (d'après le théorème d'où les résultats C3 et C4.

On va maintenant déduire directement du lemme 5 les énoncés C2,C9,C10,C11,C12,C13.

démonstration de C2: on revient aux notations de cet énoncé; on suppose C2 faux et donc l'existence d'une racine a non réelle de P', située hors de l'union des D_i, et par exemple de partie imaginaire Im a strictement positive. Soit b_i le a-milieu de x_i et $\bar{x}_i$, le quadrangle $(x_i\bar{x}_i ab_i)$ est par conséquent harmonique, c'est-à-dire semblable à un quadrangle de la forme $(1,-1,z,1/z)$, et on en déduit aisément les inégalités $\text{Im } b_i < \text{Im } a$ pour tout i, qui montrent l'existence de disques bornés contenant les b_i et non a. Soit alors b le a-barycentre des zéros du polynôme à coefficients réels P, lequel est aussi par associativité celui des b_i. D'une part, b est à l'infini puisque $P'(a)=0$ (cf. lemme 5), d'autre part, b est à distance finie en tant qu'élément de tout disque contenant les b_i et non a, et la contradiction cherchée est donc obtenue.

démonstration de C11: on utilise les notations de cet énoncé. Il suffit clairement de faire la démonstration quand les disques D(P) et D(Q) sont ouverts. Soit a un zéro de (PQ)' qu'on suppose hors de D(P) et de D(Q); soit b(P) (resp. b(Q)) le a-barycentre des zéros de P (resp. Q); ces points appartiennent respectivement aux disques D(P) et D(Q) qui sont a-convexes, ils vérifient d'autre part la relation (où d(P) (resp. d(Q)) désigne le degré de P (resp. Q)): $d(P)/(b(P)-a) + d(Q)/(b(Q)-a) = 0$ et, par conséquent le résultat annoncé est clair (par continuité pour la dernière partie de C11).

démonstration de C12: on reprend les notations de cet énoncé et on suppose que D ne contient aucun zéro de P. Soit b(P) (resp. b(Q)) le a-barycentre des zéros de P (resp. Q) lequel n'appartient pas (resp. appartient) à D. La relation déduite du lemme 5 $d(Q)/(b(Q)-a) = d(P)/(b(P)-a)$ montre l'alignement dans cet ordre de b(Q), b(P), a ce qui est géométriquement impossible compte-tenu des dispositions de ces points.

Remarque: Quitte à ajouter des zéros à l'infini à P ou Q (convention adoptée dans [D2]), on peut toujours supposer P et Q de même degré. L'énoncé C12 devient alors: Les zéros de P et Q ne peuvent être séparés par un cercle passant par un point a vérifiant $P'(a)/P(a)=Q'(a)/Q(a)$ (ils peuvent cependant être tous sur un même cercle comme le montre l'exemple suivant: $P(z)=(z-u)(z-\bar{u})$, $Q(z)=(z-v)(z-\bar{v})$ avec $|u|=|v|=\pm a$).

D'autre part, comme dans C12 où il faut comprendre le terme "disque" au sens propre (i.e. en excluant les demi-plans), le terme "cercle" de ce dernier énoncé exclut les droites; si l'on veut que ces énoncés demeurent valables sans ces exclusions, il faut remplacer l'hypothèse $P'(a)/P(a)=Q'(a)/Q(a)$ par (avec des notations évidentes): $a_1(P)/d(P)a_o(P) = a_1(Q)/d(Q)a_o(Q)$ comme l'indique le lemme 5. Enfin, l'énoncé C12, avec $Q(z)=(z-b)^d$ où $d=d(P)$ redonne C3; de même, en considérant la fraction rationnelle $P(z)^k/(Q(z)(z-b)^{kd(P)-d(Q)})$, on obtient C13, qui généralise C3, qu'on va prouver maintenant de manière un peu différente.

<u>Démonstration de C13</u>: On reprend les notations de C13, on suppose l'existence d'un cercle C séparant les zéros de P de ceux de Q, contenant a et b et on considère comme précédemment les a-barycentres b(P) et b(Q) qui sont donc séparés par C. Le a-barycentre de b(P) (avec la masse kd(P)) et de b(Q) (avec la masse -d(Q)) étant b, les quatre points a, b, b(P), b(Q) sont cocycliques et l'un des deux arcs ouverts joignant b(P) à b(Q) ne contient ni a, ni b; or, cette disposition est impossible: a et b sont sur C, b(P) et b(Q) sont séparés par C.

<u>Démonstration de C9 et C10</u>: ces théorèmes sont des corollaires d'un résultat beaucoup plus général (pour les autres applications, cf. [L]):

<u>Théorème</u> 3: Soient $a\neq\infty$ un point de S et U une partie de S de complémentaire (S-U) a-convexe. Pour tout polynôme P de degré d, l'image de U par la similitude s_a associant v à b définie par la relation: $P'(a)/(P(a)-v) = d/(a-b)$ est incluse dans P(U). De plus, si U est un domaine circulaire de bord C, on a:

$$S-P(S-U)=\bigcap_{a\notin U} s_a(U)\subset \bigcap_{a\in C} s_a(U)\subset\bigcup_{a\in C} s_a(U)\subset\bigcup_{a\in U} s_a(U) = P(U) .$$

On déduit d'abord C9 et C10 du théorème 3. On choisit pour U le disque-unité fermé et pour a un point du cercle-unité en lequel $|P'(a)|$ est maximal. D'une part, P(U) est de diamètre au plus $2\|P\|$, d'autre part, P(U) contient d'après le théorème 3 un disque de rayon $\|P'\|/d$; le résultat C9 est donc clair. Pour prouver C10, il suffit de l'établir quand X est un disque (ou un demi-plan) puis d'appliquer le résultat en écrivant X comme intersection de disques ou de demi-plans; or, quand X est un disque ou un demi-plan, le résultat est une conséquence immédiate du théorème 3 qui fait apparaître S-P(S-U) comme intersection de disques ou de demi-plans. En particulier, on voit ainsi que, si P' s'annule sur le complémentaire du convexe X, alors $P(\mathbb{C}-X)=\mathbb{C}$, ce qui est clair a priori d'après le théorème de Gauss-Lucas.

<u>Démonstration du théorème 3</u>: Le lemme 5 montre que b est le a-barycentre des zéros de (P(z)-v). Si v n'appartient pas à P(u), l'ensemble $P^{-1}(v)$ des zéros de P(z)-v est inclus dans le a-convexe (S-U) lequel contient donc b. Lorsque U est un domaine circulaire, ce qui précède est en fait valable pour tout point a de l'adhérence de U. Toujours dans ce cas, si v=P(a) est l'image d'un élément a de U, on voit que $v=s_a(a)$, ce qui montre que P(U) est la réunion des disques $s_a(U)$ quand a décrit U. Enfin, en appliquant ce dernier résultat au domaine circulaire intérieur de (S-U), on complète

la preuve du théorème 3.

Remarque: Toujours dans le même esprit,on peut généraliser C10 ainsi (on introduit la notation suivante: X désignant un convexe compact du plan et m un nombre réel vérifiant $0 \leq m \leq \pi$, l'ensemble des points du plan d'où l'on voit X sous un angle de mesure au plus m est noté X(m); par exemple, X=X(π) et X(0) est le plan tout entier) :

Soient P un polynôme, X une partie convexe compacte du plan complexe, u,v deux points tels que $P^{-1}(u)$ et $P^{-1}(v)$ soient des parties de X. Alors,l'image réciproque $P^{-1}(w)$ d'un point w d'où l'on voit le segment uv sous un angle de mesure m est incluse dans X(m).

la démonstration utilise les mêmes ingrédients: soit a un élément de $P^{-1}(w)$ (qu'on peut supposer hors de X), le cone ouvert C(a) circonscrit à X et de sommet a est a-convexe et contient donc les a-barycentres b(u),b(v) de $P^{-1}(u)$ et $P^{-1}(v)$; le lemme 5 montre que $P'(a)/(w-u) = d/(a-b(u))$, $P'(a)/(w-v) = d/(a-b(v))$ d'où $(w-u)/(w-v) = (a-b(u))/(a-b(v))$, et,en considérant les arguments de chacun des membres de cette égalité,on voit que l'angle au sommet de C(a) est au moins m.On renvoie au Ch. X ,n°7 de [D.2] pour d'autres développements dans cette direction.

§ 5 Dérivée polaire

Soit P un polynôme de degré $d \geq 0$ (ce qui exclut le cas P=0) à coefficients complexes et a un point de $S=\mathbb{C}\cup\{\infty\}$. La "classique" dérivée polaire D(a,P) de P en a est,par définition,le polynôme de degré au plus (d-1): $dP(z)-(z-a)P'(z)$ (où P' est la dérivée habituelle) lorsque a est à distance finie et P'(z) lorsque a est à l'infini. Cette définition montre que,pour tout zéro z de D(a,P), a est le z-barycentre de l'ensemble Z(P) des zéros de P. En appliquant le théorème 1,on obtient donc le résultat suivant qu'on peut voir comme la "bonne" formulation de C3:

Théorème 4: $Z(D(a,P)) \subset C_a(Z(P))$

Remarque: Lorsque a est racine de P,il vaut mieux écrire:
$Z(D(a,(z-a)^k Q(z))) \subset \{a\}\cup C_a(Z(Q))$.

Après cette définition affine de la dérivée polaire,on donne une définition projective plus maniable et satisfaisante. Soient F(Z,T) un polynôme homogène à deux variables et $(a_1,t_1) \neq (0,0)$ un couple de nombres complexes;par définition,la dérivée polaire homogène $DH((a_1,t_1),F)$ de F au point (a_1,t_1) est le polynôme: $F'_Z(Z,T)a_1 + F'_T(Z,T)t_1$. Sur cette définition,on voit aussitôt que les opérateurs dérivée polaire homogène commutent; $DH((a_2,t_2),DH((a_1,t_1),F))$ est en effet égal à $F''_{ZZ}(Z,T)a_1a_2+F''_{ZT}(Z,T)(a_1t_2+a_2t_1)+F''_{TT}(Z,T)t_1t_2$.

Cette propriété montre qu'on peut définir par compositions successives un opérateur DH(Y,) où Y est une suite finie $((a_1,t_1),\ldots,(a_k,t_k))$. Si tous les couples (a_i,t_i) sont égaux, DH(Y,F) n'est rien d'autre qu'une dérivée symbolique d'ordre k.En reveant au cas général, on voit que DH(Y,F) apparaît comme une dérivée symbolique déployée: $DH(Y,F) = \sum_{0\leq j\leq k} F^{(k)}_{Z^jT^{k-j}}(Z,T)\,(\sum_{|J|=j} \prod_{i\in J} a_i \prod_{i\notin J} t_i)$

(où J décrit l'ensemble des parties de (1,2,...,k) de cardinal j).

En particulier,si k est égal au degré d de F qu'on écrit $f_o Z^d + f_1 Z^{d-1}T + \ldots + f_d T^d$, DH(Y,F) est un scalaire donné par la formule précédente où l'on remplace la dérivée partielle par $d!\, f_i \binom{d}{i}^{-1}$.

La relation avec la définition affine présentée au début du § est décrite par:

<u>Lemme</u> 6: Soient P un polynôme de degré d et PH le polynôme homogène $PH(Z,T) = T^d P(Z/T)$; alors,si le point a de S a pour coordonnées projectives (a_1,t_1), on a: $t_1(D(a,P)(z)) = DH((a_1,t_1),PH)(z,1)$

<u>Démonstration</u>: c'est une conséquence immédiate de la relation d'Euler $PH'_Z(z,1)z + PH'_T(z,1) = dP(z)$ et de la définition de $DH((a_1,t_1),PH)(z,1)$.

<u>Remarque</u>: L'adjonction de zéros à l'infini pour un polynôme P ne modifie pas son écriture affine mais elle modifie son écriture projective et donc sa dérivée polaire.

Le lemme 6 montre que la composition des dérivations polaires (affines) est aussi commutative ce qui permet de définir,pour toute suite finie d'éléments de S (notée Y) de cardinal |Y| au plus égal au degré de P, la dérivée polaire D(Y,P). Avec ces notations,on déduit aussitôt des théorèmes 1 et 4 le:

<u>Théorème</u> 5: $Z(D(Y,P)) \subset C_Y(Z(P))$

Dans cet énoncé,si |Y| est égal au degré de P, D(Y,P) est un scalaire (en fait projectif) qui peut être nul ou non. S'il est nul,alors, $C_Y(Z(P)) = S$ et,d'après le théorème 5, Y et Z(P) ne peuvent être séparés par un cercle. On examinera ces conséquences géométriques au § suivant;pour l'instant,on va étudier la relation dite "d'apolarité de Grace" liant deux polynômes de même degré pour lesquels $D(Z(Q),P) = 0$.

<u>Lemme</u> 7: Soient $P(z) = a_o z^d + \ldots + a_d$, $Q(z) = b_o z^d + \ldots + b_d$ deux polynômes de même degré d (plus généralement,de degré au plus d en autorisant la valeur 0 pour les premiers coefficients de P ou Q, cf. remarque 1°). Les conditions suivantes sont équivalentes:

(i) $D(Z(Q),P) = 0$

(ii) $D(Z(P),Q) = 0$

(iii) $a_o b_d - a_1 b_{d-1}\binom{d}{1}^{-1} + \ldots + (-1)^d a_d b_o = 0$

(iv) $P^{(d)}(0)Q(0) - P^{(d-1)}(0)Q'(0) + \ldots + (-1)^d P(0)Q^{(d)}(0) = 0$

<u>démonstration</u>: on va montrer que les quantités ci-dessus sont proportionnelles.

Le calcul homogène a montré que $D(Z(Q),P)/d!$ est égal à "P(z) déployé en les zéros de Q" ,c'est-à-dire à la valeur prise par P(z) quand on remplace $\binom{d}{i}z^i$ par la fonction symétrique élémentaire $S_{i,d}$ de degré global i en les d zéros de Q. En remplaçant cette fonction par sa valeur en termes de coefficients de Q,on voit que (i) et (iii) sont équivalents et donc qu'il en est de même de (ii) et (iii),vu le caractère symétrique de cette dernière condition.Enfin,en notant que $P^{(d-i)}(0) = (d-i)!a_i$ et $Q^{(i)}(0) = i!b_{d-i}$,on obtient l'équivalence de (iii) et (iv).

Les remarques suivantes sont <u>essentielles</u> pour l'exploitation de la notion d'apolarité.

<u>Remarque</u> 1: On peut étendre ce qui précède au cas où les polynômes P et Q sont de degré au plus d en ajoutant des zéros à l'infini. Il est alors préférable de dire que P et Q sont d-apolaires et de prendre la relation (iii) comme définition. Le lemme 7 et sa démonstration restent valables sous réserve de travailler "en homogène".

<u>Remarque</u> 2: Soient $Y=(y_1,\dots,y_d)$ et P un polynôme de degré au plus d auquel on rajoute $(d-d°(P))$ zéros à l'infini (le degré projectif de P est donc d et le degré affine $d°(P)$),la dérivée polaire D(Y,P) (cf. Rem.1) est un polynôme symétrique en $y_1,\dots,y_d$ de degré 1 par rapport à chacune de ces variables et réciproquement. Autrement dit:

Toute fonction symétrique $S(y_1,\dots,y_d)$ de degré 1 par rapport à chaque variable -c'est-à-dire toute combinaison linéaire des polynômes symétriques élémentaires- est de la forme $D(Y,P)/d!$ où $Y=(y_1,\dots,y_d)$ et où P(z) est le polynôme de degré projectif d et d'écriture affine $S(z,\dots,z)$.

<u>Remarque</u> 3: Toujours au sens de la remarque 1,on peut énoncer:

Les polynômes $P(z)=a_o(z-x_1)\dots(z-x_d)$ et $(z^i - \binom{d}{i}^{-1}S_{i,d}(x_1,\dots,x_d))$ (avec $i\leq d$) sont d-apolaires.
Tout polynôme d-apolaire avec P est une combinaison linéaire des précédents et peut donc s'écrire $(Q - D(X,Q)/d!)$ (avec $X=(x_1,\dots,x_d)$) et réciproquement.

L'apolarité de P et de tout polynôme $(Q-D(Z(P),Q)/d!)$ (avec $d°(Q)\leq d°(P)$) peut aussi être vue comme conséquence de la formule (où k est une constante):
$D(X,P(z)-k) = D(X,P(z))-k(d!)$ (X quelconque avec $|X|$=d=degré projectif de P).

<u>Remarque</u> 4:

Une condition nécessaire et suffisante pour que les polynômes

$(z-y)^d$ et $P(z)$ (avec d=degré projectif de P) soient d-apolaires est que $P(y)=0$. Si P n'a que des racines simples $x_1,\ldots,x_d$,tout polynôme apolaire avec P est une combinaison linéaire des $(z-x_i)^d$.

Tout ceci est bien clair puisque $D(Y,P)/d!=P(y)$ (avec $Y=(y,\ldots,y)$ (d fois)).

En écrivant que le polynôme $\binom{d}{i}z^i - S_{i,d}(x_1,\ldots,x_d)$ est combinaison linéaire de $(z-x_1)^d,\ldots,(z-x_d)^d$,on obtient la nullité d'un déterminant (d+1,d+1) dont le développement donne aussitôt l'identité:

$S_{d-i,d}(x_1,\ldots,x_d)\ \mathrm{Vdm}(x_1,\ldots,x_d) = \mathrm{Vdm}_i(x_1,\ldots,x_d)$

où $\mathrm{Vdm}(x_1,\ldots,x_d)$ désigne le déterminant de Vandermonde $|(x_i^j)|$ $(1\leq i\leq d, 0\leq j<d)$ et $\mathrm{Vdm}_i(x_1,\ldots,x_d)$ le même déterminant sauf qu'à partir de la rangée $(x_1^i,\ldots,x_d^i)$ (incluse) tous les exposants ont été augmentés de +1.

Remarque 5: Soit Y une suite d'éléments de S partagée en deux parties Y' et Y". Il est clair que,pour tout polynôme P, on a: $D(Y,P)=D(Y',D(Y'',P))$. Par exemple, dire que les polynômes de même degré projectif d: $P(z)$ et $(z-u)^{d-|Y|}\prod_{y\in Y}(z-y)$ sont apolaires équivaut à dire que $D(Y,P)(u)=0$.

En particulier,la relation $P^{(i)}(u)=0$ est équivalente à la d-apolarité de $P(z)$ et de $(z-u)^{d-i}$.

Remarque 6:

Deux polynômes $P(z)=a_o(z-x_1)\ldots(z-x_d)$ et $Q(z)=b_o(z-y_1)\ldots(z-y_d)$ n'ayant que des racines simples sont apolaires si et seulement si le déterminant (d,d) $\det|(x_i-y_j)^d|$ est nul.

Ce déterminant est nul si et seulement s'il existe une combinaison linéaire non triviale $c_1C_1+\ldots+c_dC_d=0$ des colonnes $C_j=((x_i-y_j)^d, i=1,\ldots,d)$. Le polynôme $c_1(z-y_1)^d+\ldots+c_d(z-y_d)^d$ a pour racines $x_1,\ldots,x_d$ et est donc proportionnel à P, ce qui est équivalent à l'apolarité cherchée.

On peut déduire de cela que le déterminant considéré est égal au produit de $\mathrm{Vdm}(x_1,\ldots,x_d)$, $\mathrm{Vdm}(y_1,\ldots,y_d)$ et d'un terme proportionnel à $D(Z(P),Q)$ ou $D(Z(Q),P)$. Pour l'étude de déterminants de forme analogue,on renvoie à l'article [D.1] de Dieudonné où l'auteur montre que la relation d'apolarité de Grace est l'unique relation symétrique entre les x_i et y_j qui soit linéaire par rapport à chacune de ces variables et invariante par toute homographie effectuée sur l'ensemble de ces variables.

Remarque 7: Cette remarque utilise la relation (iv) du lemme 7 et va fournir une condition d'apolarité pour deux polynômes en z de formes respectives $P(z)$ et $Q(Z-z)$ .On vérifie d'abord aisément par le calcul dans le cas des monômes:

Soient P,Q deux polynômes de degré au plus d, alors le polynôme R_d

$$R_d(z,Z) = P^{(0)}(z)\,Q^{(d)}(Z-z)+\ldots+P^{(d)}(z)\,Q^{(0)}(Z-z)$$

ne dépend que de Z. Par conséquent, si $R_d(0,Z)=R_d(\ ,Z)=0$, les polynômes P(z) et Q(Z-z) sont apolaires.

§ 6 Applications aux diverses formes du théorème de Grace

Au cours du § précédent, on a développé la notion formelle de dérivée polaire indépendamment de tout résultat de géométrie. Il va suffire d'adjoindre à ces développements le théorème 2 sur les propriétés de la a-convexité sur S pour obtenir les énoncés C5, C6, C7, C8, C14, C15 (et aussi C3, C4) du § 2. Autrement dit, les arguments formels et de géométrie intervenant dans les démonstrations de ces énoncés classiques sont ainsi naturellement séparés. On rappelle le commentaire suivant le théorème 5 du § 5 qui donne le lien entre ces deux types d'arguments: si une dérivée polaire D(X,P) est nulle, alors l'ensemble des zéros de cette dérivée est S et donc, d'après le théorème 5, les zéros de P et X ne peuvent être séparés sur S par un cercle; ce sont précisément les conclusions respectives des théorèmes C7, C6 (et aussi C5, puisque ce dernier se déduit de C6 en observant que toute combinaison linéaire de P(z) et de ses dérivées est une fonction symétrique des zéros de P de degré 1 par rapport à chaque variable).
D'autre part, comme annoncé au § 2, le résultat C8 se déduit de C7: si R(t)=0, alors les polynômes P(z) et Q(-t/z) sont apolaires et donc D contient un zéro de Q(-t/z).
On laisse au lecteur le soin d'énoncer le théorème du même type obtenu à partir de la condition d'apolarité des polynômes P(z) et Q(Z-z) vue dans la remarque 7 terminant le § précédent.
Réciproquement, on montre maintenant comment retrouver le théorème 5 grâce auquel on a relié arguments formels et géométriques: il suffit d'appliquer C7 et la remarque 5 du § 5.
Il reste à prouver C15 (et C14). On donnera plus loin des généralisations de cet énoncé mais on va d'abord prouver C15 directement; on reprend les notations de ce résultat; le polynôme $P(z)-P(u)=P(z)-P(v)$ s'annule en u et v et donc est d-apolaire avec le le polynôme $(z-u)^d-(z-v)^d$ de degré affine (d-1) et de degré projectif d (cf. Rem.1 et 4 du § 5), les polynômes $P'(z)$ et $((z-u)^d-(z-v)^d)$ sont par suite (d-1)-apolaires et on conclut alors par C7.
De C15, on déduit qu'un demi-plan ouvert bordé par la médiatrice d'un segment joignant deux racines distinctes de P ne peut contenir tous les zéros de P'. Autrement dit, le résultat optimal suivant, qui contient C14, est clair:

(C16) Soit x un zéro d'un polynôme P; les autres zéros de P appartiennent à la réunion des disques fermés délimités par les cercles centrés en les zéros de P' et passant par x.

On peut généraliser C15 dans plusieurs directions. Donnons deux exemples:

1° A partir de k zéros distincts $x_1,\dots,x_k$ d'un polynôme de degré d, on va construire des domaines circulaires contenant au moins un zéro de la dérivée $P^{(k-1)}$: il suffit pour cela de considérer tout domaine contenant les zéros de la combinaison linéaire

$v_1(z-x_1)^d+\ldots+v_k(z-x_k)^d$ de degré affine (d-k+1) où v_i est, avec le signe convenable, le déterminant de Vandermonde d'ordre k associé à $(x_1,\ldots,x_{i-1},x_{i+1},\ldots,x_k)$, combinaison linéaire qui est d-apolaire avec P et donc (d-k+1)-apolaire avec $P^{(k-1)}$, ce qui prouve le résultat annoncé d'après C7.

2° On va donner maintenant un énoncé de C15 où la dérivée P' est remplacée par une dérivée polaire quelconque D(a,P):

Soient P un polynôme de degré d et u,v,a trois nombres complexes vérifiant: $P(u)/(u-a)^d = P(v)/(v-a)^d$, alors tout domaine circulaire contenant les zéros de $((z-u)/(a-u))^d - ((z-v)/(a-v))^d$ contient au moins un zéro de D(a,P).

En effet, ce dernier polynôme (qui admet a pour racine) est d-apolaire avec le polynôme: $P(z) - P(u)((z-a)/(u-a))^d$ (de dérivée polaire en a égale à D(a,P)) puisque celui-ci s'annule en u et v.

Décrivons enfin quelques autres applications non évoquées au § 2.

1° Soit P un polynôme dont l'ensemble des zéros Z(P) est globalement invariant par une homographie h admettant un point fixe a; alors, la dérivée polaire D(a,P) est un polynôme possédant les mêmes propriétés (c'est clair, pour tout élément z de Z(D(a,P)), a est le z-barycentre de Z(P), donc h(a)=a est le h(z)-barycentre de h(Z(P))=Z(P)).

2° Dans le même esprit, examinons le résultat suivant, dû à Schur, relatif aux polynômes réciproques:

Une condition nécessaire et suffisante pour que toutes les racines x_i du polynôme $P(z)=a_oz^d+\ldots+a_d=a_o(z-x_1)\ldots(z-x_d)$ soient de module 1 est que:

(i) les coefficients de P vérifient une relation $\bar{a}_k=ua_{d-k}$ (k=0,...,d) avec $|u|=1$, et

(ii) les zéros de la dérivée P' soient de module au plus 1.

Si toutes les racines de P vérifient $x_i\bar{x}_i=1$, alors (ii) est vérifiée (cf. C1) et (i) s'obtient aisément en posant $u=\bar{a}_d/a_o$. Réciproquement, si (i) est vérifié, alors l'ensemble des racines de P est stable dans l'inversion de pôle O et de puissance 1 de sorte que, si l'une des racines de P, soit x_1, est de module $\neq 1$, l'ensemble des racines de P' se trouve séparé d'après C15 par la médiatrice du segment joignant x_1 à $1/\bar{x}_1$ et ceci contredit (ii). Une autre démonstration de cette équivalence est donnée dans [D.2].

3° Soit P un polynôme de degré d; alors, pour tout nombre a de module 1, on a:

$$|P'(a)| + |D(0,P)(a)| \leq d \sup_{|z|=1} |P(z)|$$

En effet, si b et v sont reliés par: $(b-a)P'(a)=d(v-P(a))$ (cf. C3), on sait d'après la démonstration de C9 que, lorsque $|b|=1$, le nombre v appartient à l'image par la fonction P du disque-unité et, par suite, on a: $D(0,P)(a) + bP'(a) = dP(a) - aP'(a) + bP'(a) = dv$ qui est majoré en module par $d\|P\|$, ce qui permet de conclure par un choix convenable de b.

Si, en outre, le polynôme P est réciproque (cf. 2°(i)), on a de plus la relation suivante: $|D(0,P)(a)| = |P'(a)|$ pour tout a de module 1 (vérification facile par un calcul direct ou en utilisant les arguments du 1° ci-dessus). En remplaçant D(0,P)(a) par sa valeur en fonction de P', on en déduit grâce à l'inégalité triangulaire: $d|P(a)| \leq 2|P'(a)|$.

Cette dernière inégalité,combinée avec celle vue au début de ce 3°,montre que,pour les polynômes réciproques,l'inégalité de Bernstein (cf.C9) devient: $2\,\|P'\| = d\,\|P\|$, pour la norme de la convergence uniforme sur le disque unité.

Remarque: la démonstration ci-dessus montre que la dérivée d'un polynôme réciproque n'a aucune racine sur le cercle-unité (hormis le cas d'un zéro multiple).

§ 7 Polynômes à plusieurs variables et domaines sans zéro

Les polynômes considérés ici sont des polynômes à coefficients complexes,à plusieurs variables et de degré 1 par rapport à chacune. Si I désigne l'ensemble de ces variables ou indéterminées,on notera un tel polynôme (dit "polynôme en I" sans autre précision) sous la forme: $\sum_{X\subset I} a(X)X$ où X parcourt l'ensemble des parties finies de I et où le monôme X représente le produit des éléments de la partie X.

Par exemple,un polynôme en $I=(z_1,\ldots,z_d)$ symétrique est de la forme D(I,P)/d! (cf.§ 5).

On va d'abord décrire un opérateur formel,la "contraction d'Asano",permettant d'associer à un polynôme en I un polynôme en f(I), f désignant une fonction quelconque.

Par définition,cet opérateur As(f) associe au polynôme en I : $\sum_{X\subset I} a(X)X$ le polynôme $\sum_{Y\subset f(I)} a(f^{-1}(Y))Y$. Lorsque f est injective sauf pour un couple d'éléments x,y transformés en un même z=f(x)=f(y),la contraction est dite élémentaire.

L'associativité des compositions d'applications montrant que $As(g\circ f)=As(g)\circ As(f)$, il est clair que : toute contraction est la composée de contractions élémentaires.

On décrit maintenant un lemme de Dyson et Ruelle sur la sphère de Riemann grâce auquel on étudiera les propriétés des contractions élémentaires en termes de "domaines sans zéro".

Lemme 8: Soient A,B deux parties compactes de S,distinctes de Ø et S, et u,v,w trois homographies vérifiant: u = wv , w^2=Identité. Alors, si u(S-A) est inclus dans B, l'intersection de v(A) avec B est non vide.

démonstration: Si le résultat est faux,alors B est inclus dans S-v(A); de cela,on déduit que w(B) est inclus dans w(S-v(A))=wv(S-A)=u(S-A),qui est inclus dans B par hypothèse. Comme w^2 est l'identité,il en résulte l'égalité de B et de S-u(A) qui montre que la partie B (non vide et distincte de S) est à la fois ouverte et fermée.

On va appliquer le lemme 8 dans le cas où A et B sont des parties compactes de $\mathbb{C}$ ne contenant pas 0, où u (resp. v) vérifie la relation pour tout x (resp. z) $a + bx + cu(x) + dxu(x) = 0$ (resp. $-a + dzv(z) = 0$) où a,b,c,d sont des complexes donnés. Avec ces notations,on va prouver le

Corollaire : Si l'annulation du polynôme a+bx+cy+dxy implique l'appartenance de x à A ou celle de y à B, alors l'annulation du contracté (contraction de x et y en z): a+dz implique l'appartenance de (-z) au produit AB (autrement dit,-z est le produit d'un élément de A et d'un élément de B).

Démonstration: on va d'abord considérer cet énoncé comme un énoncé projectif (x,y,ou z peuvent être à l'infini) puis on traitera en remarque la version affine du corollaire. On suppose d'abord $ad \neq bc$, $ad \neq 0$ ce qui permet de définir les homographies u et v comme annoncé. On vérifie aisément que $w=uv^{-1}$ est de trace nulle et donc involutive. On peut donc appliquer le lemme 8 qui donne aussitôt le résultat désiré. On suppose maintenant ad=0 ; comme 0 n'appartient ni à A,ni à B, on a $a\neq 0$ et donc d=0 ; en appliquant derechef l'hypothèse de l'énoncé,on voit alors que le point à l'infini appartient à A ou B et donc au produit (-AB),ce qui établit le résultat dans ce cas.On suppose enfin ad=bc et $ad\neq 0$ (d'où $bc\neq 0$); le polynôme a+bx+cy+dxy se factorise alors en a^{-1}(a+bx)(a+cy) et on applique l'hypothèse,d'abord en choisissant x différent de -a/b et n'appartenant pas à A (c'est possible car S-A est un ouvert non vide) ce qui montre que -a/c appartient à B, puis de même en choisissant $y\neq -a/c$ et hors de B ce qui montre que -a/b appartient à A; en faisant le produit de ces résultats,on voit que $a^2/bc = a/d$ appartient au produit AB comme annoncé.

Remarque: On en vient à la forme affine du corollaire (x,y,z sont dans $\mathbb{C}$) et on va affaiblir les hypothèses en supposant seulement que A et B sont des parties fermées de $\mathbb{C}$ (ne contenant pas l'origine 0, non vides et différentes de $\mathbb{C}$). On voit de même que $a\neq 0$ et que le cas d=0 est devenu a priori évident.De cela,on déduit que le cas ad=bc se traite comme ci-dessus. Enfin,on traite le cas $ad\neq bc$ en remplaçant A et B par leurs adhérences dans S et on conclut en observant que le point -a/d est à distance finie.

On reformule maintenant ce corollaire affine sous une forme propre à être généralisée:

Si le polynôme (a+bx+cy+dxy) ne s'annule pas sur le domaine $(\mathbb{C}-A)\times(\mathbb{C}-B)$ (où A,B sont des fermés de $\mathbb{C}$,non vides,distincts de $\mathbb{C}$,ne contenant pas 0) ,alors son contracté (a+dz) ne s'annule pas sur $(\mathbb{C}-(-AB))$ (on notera que (-AB) vérifie les mêmes hypothèses que A et B et qu'on peut omettre le "distinct de $\mathbb{C}$" puisque 0 n'appartient pas à ces parties).

On peut maintenant énoncer le théorème principal de ce §, qui contient le résultat ci-dessus et qui lui est en fait équivalent:

Théorème 6: Soit P un polynôme en un ensemble I de n variables. Soient $A_1,\dots,A_n$ des parties fermées non vides de $\mathbb{C}$ ne contenant pas 0. On suppose que,pour tout n-uplet $(x_1,\dots,x_n)$ appartenant au produit $(\mathbb{C}-A_1)\times\dots\times(\mathbb{C}-A_n)$, $P(x_1,\dots,x_n)\neq 0$. Alors,pour toute fonction f définie sur I,le polynôme contracté As(f)(P) ne s'annule pas sur le produit $(\mathbb{C}-A'_1)\times\dots\times(\mathbb{C}-A'_m)$ (où $m=|f(I)|$ et où A'_j est égal au produit (au sens du corollaire du lemme 8) des A_i lorsque i décrit $f^{-1}(j)$) affecté du signe - (resp. +) lorsque le cardinal de $f^{-1}(j)$ est pair (resp. impair) (le sens à donner à $f^{-1}(j)$ est celui obtenu par identification des variables avec leurs indices).

<u>démonstration</u>: Il suffit de décomposer la contraction en composée de contractions élémentaires pour lesquelles on peut appliquer la version affine du corollaire du lemme 8.

<u>Corollaire</u>: Soit $P(z_1,\dots,z_n)$ une fonction polynômiale linéaire en chacune des variables et non nulle lorsque $|z_i| < 1$ $(i=1,\dots,n)$, alors, tout contracté de P possède la même propriété.

<u>Application</u> (principe général): Pour appliquer le corollaire ci-dessus, on va construire, grâce à la remarque 2 du § 5 et à une variante de C6 énoncée ci-après, des polynômes de plusieurs variables (de degré 1 par rapport à chacune) non nuls sur des polydisques.

<u>Théorème</u> C6bis: Soient $F(z_1,\dots,z_d)$ un polynôme symétrique de degré 1 par rapport à chacune des variables et D un disque (ouvert ou fermé) du plan complexe. Alors, pour tout d-uplet $(x_1,\dots,x_d)$ de points de D il existe un élément x de D pour lequel $F(x_1,\dots,x_d) = F(x,\dots,x)$.

<u>Remarque et démonstration</u>: L'énoncé ci-dessus est un énoncé affine. Pour obtenir un énoncé projectif où "disque" serait remplacé par "domaine circulaire", il conviendrait de tenir compte des éventuels zéros à l'infini du polynôme $F(z,\dots,z)-F(x_1,\dots,x_d)$ dont le degré affine est au plus d (une telle distinction dans C6 était inutile car on partait alors d'un polynôme de degré d pour former une dérivée polaire en un ensemble de d variables). La démonstration de C6bis suit immédiatement des considérations du § 5: les ensembles $(x_1,\dots,x_d)$ et celui formé par les zéros (dans S) du polynôme $F(z,\dots,z)-F(x_1,\dots,x_d)$ de degré projectif d sont inséparables par un cercle de S. En particulier, pour tout point a de S, l'enveloppe a-convexe de cet ensemble de zéros recoupe toujours l'enveloppe a-convexe de $(x_1,\dots,x_d)$ (cf. théorème 2 (iii)).

En combinant le corollaire du théorème 6 et C6bis, il vient:

<u>Théorème</u> 7: Soit $F(z_1,\dots,z_n)$ un polynôme symétrique de n variables, linéaire par rapport à chacune et tel que $F(z,\dots,z)$ soit non nul pour tout z vérifiant $|z| < 1$. Alors, tout contracté du polynôme en $(z_{1,1},\dots,z_{1,n},$ $z_{2,1},\dots,z_{k,n})$ égal au produit des $F(z_{i,1},\dots,z_{i,n})$ $(1 \leq i \leq k)$ est non nul lorsque chacune des variables $z_{i,j}$ est de module < 1.

pplication (le théorème de Lee et Yang) On commence par énoncer ce célèbre théorè-e du début des années 1950 qui joue un rôle important en physique théorique (tran-ition de phase, ferromagnétisme, mécanique statistique):

héorème : Soient $(a_{i,j})$ des nombres réels vérifiant (avec $1 \leqq i \neq j \leqq n$) $1 \leqq a_{i,j} = a_{j,i} \leqq 1$. Pour toute partie X de l'ensemble (1,2,...,n), soit y(X) le produit de tous les $a_{i,j}$ vérifiant $i \in X$ et $j \notin X$. Pour tout en-ier i ($1 \leqq i \leqq n$) , soit sly(i) la somme des ly(X) quand X décrit l'en-emble des parties de (1,2,...,n) de cardinal i . Alors, en convenant ue $ly(\emptyset) = ly((1,\dots,n)) = 1$, le polynôme:

$Y(z) = sly(n)\, z^n + \dots + sly(0)$

. toutes ses racines de module 1.

émonstration: Le polynôme LY est réciproque et il suffit donc de montrer qu'il ne 'annule pas pour $|z| < 1$. Plus généralement, il suffit d'établir qu'il en est de mê-e du polynôme en $ZI = (z_1, \dots, z_n)$ (qu'on identifie à I) égal à la somme des ly(X) X X décrivant l'ensemble des parties de ZI) lorsque $|z_i| < 1$ $(i=1,\dots,n)$. On obtiendra e résultat en appliquant le théorème 7 ou, plus exactement, une variante immédiate. e théorème C6 (ou une facile étude directe en termes d'homographie) montre que 'on a : $1 + a(x+y) + xy \neq 0$ lorsque $|x| < 1$ et $|y| < 1$ si le paramètre a est un nombre éel de module au plus 1. Soient CI l'ensemble des couples (i,j) vérifiant $\leqq i < j \leqq n$ et Pr(CI) le polynôme en $CI_x + CI_y$ (avec des notations évidentes comme on a le voir apparaître) produit, lorsque $c = (i,j)$ décrit CI, de tous les facteurs $1 + a_c(x_c + y_c) + x_c y_c$. Sur cet ensemble réunion disjointe $CI_x + CI_y$, on définit la fonc-ion f suivante: en notant toujours $c = (i,j)$, $f(x_c) = z_i$, $f(y_c) = z_j$; il est clair que $^{-1}(z_k)$ est alors constitué de tous les couples dont un élément est k. En appliquant ette dernière remarque et en considérant le développement du produit constituant r(CI), on vérifie alors sans difficulté que le contracté As(f)(Pr(CI)) est bien le olynôme en ZI somme des ly(X) X comme annoncé.

emarque: Il est clair qu'on peut généraliser ce qui précède en introduisant des re-ations homographiques écrites sous la forme $a+bx+cy+dxy=0$ laissant invariantes le ercle-unité et permutant l'intérieur et l'extérieur du dit cercle (c'est-à-dire, dans e cas non dégénéré, $|a|=|d|>|b|=|c|$, ad/bc réel > 1 et, dans le cas dégénéré, $|a|=|b|=|c|=|d| \neq 0$). On laisse au lecteur le soin de composer des énoncés de ce type à partir des indications classiques suivantes:

Une homographie non dégénérée $h(z) = (pz+r)/(qz+s)$ (où $ps \neq qr$) laisse globalement inva-riants des cercles de rayon $\neq 0$ du plan complexe complété S si et seulement si le quo-tient $s(h) = (Tr(H))^2/dét(H)$ est réel (H désigne un quelconque représentant de h, Tr et dét sont les abréviations de trace et déterminant respectivement); s'il existe un tel cercle, il y en a une infinité; précisément, si M,N désignent les points fixes distincts de h (resp. si M est l'unique point fixe de h), ce sont:

- les cercles du faisceau à points de base M,N (si $s(h)<0$ ou $s(h)>4$)

-les cercles du faisceau à points-limites (ou de Poncelet) M,N (si $0<s(h)<4$)
-la réunion des cercles de ces deux faisceaux orthogonaux si $s(h)=0$ (h involutive)
-tous les cercles de S si h est l'identité ($s(h)$ est alors égal à 4)
(resp. tous les cercles d'un faisceau de cercles tangents en M (dans ce cas, on a aussi $s(h)=4$))
De plus, C désignant un cercle stable pour h, les composantes connexes de S-C sont permutées (resp. inchangées) si $s(h)<0$ (resp. >0) (si $s(h)=0$, il y a permutation si C est dans le faisceau à points de base M,N et stabilité s'il appartient au faisceau orthogonal).

Pour situer l'importance du théorème de Lee et Yang, citons les introductions de l'article [R.2] de D.Ruelle ("The Lee-Yang circle theorem remains one of the very few effective tools which are at our disposal in the rigorous theory of phase transitions") et de l'article [L.S] de Lieb et Sokal ("The Lee-Yang theorem on the zeros of the partition function is an important tool in the rigourous study of phase transitions in lattice spin systems"). On renvoie à ces articles (qui m'ont été signalés par P.Moussa que je remercie ici) et à leurs bibliographies pour la description des liens entre physique théorique et les "polynômes à plusieurs variables non nuls sur des polydisques". On s'est borné dans le présent travail à reprendre et à adapter les grandes idées de [R.1] et [R.2] (contraction d'Asano, lemme de Dyson-Ruelle et corollaire correspondant de D.Ruelle) qui fournissent un traitement très satisfaisant du théorème 8 (pour une vision plus complète, cf. articles cités dans [R.1], [R.2], [L.S]). Signalons aussi que la proposition 1.8 de [R.2] est une conséquence de C8.

Concluons par une variante de la proposition 2.1 de [L.S]:

<u>Théorème</u> 9: Soient P,Q deux polynômes à coefficients complexes de degrés respectifs p,q. On suppose leurs racines contenues dans un demi-plan H ne contenant pas l'origine. Alors, l'image de P par l'action de l'opérateur différentiel $Q^*(d/dz)$ (avec $Q^*(z)=z^qQ(1/z)$) a aussi ses zéros dans H.

<u>démonstration</u>: On se ramène par récurrence au cas où $q=1$. Soit $Q^*(z)=z-y$ ($1/y$ est donc élément de H). Si le résultat est faux, il existe un point x hors de H pour lequel $P'(x)=yP(x)$, ce qui implique, en notant b le x-barycentre des zéros de P (contenus dans H), l'égalité $x = b+(p/y)=2((b+(p/y))/2)$; or, les points b et p/y sont dans H et il en est de même de leur milieu, d'où la contradiction attendue.

N.B. La liste des références bibliographiques données ici est brève; pour plus de détails, consulter celle de [M] qui donne une mesure de la quantité et de la variété des travaux en géométrie des polynômes.

[D.1] Dieudonné J. Sur le théorème de Grace et les relations algébriques analogues, Bull. S.M.F.,t.60,1932,p.173-196

[D.2] Dieudonné J. La théorie analytique des polynômes d'une variable (à coefficients quelconques),Mémorial des Sc. Math.,Fasc. XCIII,1938,Gauthier-Villars

[L] Langevin M. Géométrie autour d'un théorème de Bernstein, Sém. de Th. des Nombres de Paris 1982-83, Birkhäuser (1984),p.143-160

[L.S] Lieb E. and Sokal A. A general Lee-Yang theorem for one-component and multicomponent ferromagnets, Commun.Math.Phys.80,1981,p.153-179

[M] Marden M. Geometry of polynomials, A.M.S. Math.Surveys n°3,1966,Providence(R.I.)

[R.1] Ruelle D. Extension of the Lee-Yang circle theorem, Phys. Rev. Let. 26,1971, p.303-304

[R.2] Ruelle D. Some remarks on the location of zeroes of the partition function for lattice systems, Commun.Math.Phys.31,1973,p.265-277.

Polynômes et lemme de Siegel

Par Maurice Mignotte

Introduction .

Rappelons que le lemme de Siegel porte sur la résolution en nombres entiers des systèmes linéaires homogènes à coefficients entiers, ou plus généralement à coefficients algébriques. Lorsqu'un tel système possède une solution entière non triviale alors ce lemme affirme l'existence d'une solution entière non triviale qui n'est pas " trop grosse " .

Ici, nous ne considérerons que le cas particulier où ce système correspond à la recherche d'un multiple non nul $Q(X) \in \mathbf{Z}[X]$ d'un polynôme $P(X)$ à coefficients entiers. Nous supposerons P irréductible, d'une part parce que c'est le cas le plus intéressant et d'autre part du fait que, dans ce cas, les résultats sont plus simples que dans le cas général.

La version du lemme de Siegel que nous utiliserons est due à Bombieri - Vaaler, [B V] :

Theorem A . – Soit P un polynôme à coefficients entiers, irréductible, de degré $d \geq 1$. Soit N un entier, $N \geq d$. Alors, il existe un polynôme non nul à coefficient entiers Q , multiple de P, et de degré au plus N dont la hauteur vérifie

$$H(Q) \leq \left((N+2)^{d/2} M^N\right)^{1/(N+1-d)},$$

où M désigne la mesure de Mahler du polynôme P .

Rappelons que si $R(X) = \sum_{j=0}^{n} a_j X^j = a_n \prod_{k=1}^{n} (X - z_k)$ est un polynôme non nul à coefficients complexes alors sa hauteur est $H(R) = \max\{ |a_j| ; 0 \leq j \leq n \}$ et sa mesure $M(R)$ est définie par

$$M(R) = |a_n| . \prod_{k=1}^{n} \max\{1, |z_k|\} .$$

Dans toutes les applications qui suivent, pour obtenir une information sur le polynôme P nous procédons en trois étapes :

. nous considérons d'abord, grâce au théorème A, un multiple convenable Q de P dont les coefficients ne sont pas trop gros,

. puis nous étudions le polynôme Q,

. enfin nous revenons au polynôme P.

Les applications que nous considérons ici sont les suivantes :

- majoration du nombre de conjugués d'un nombre algébrique de petite mesure,
- un théorème de Michel Langevin,
- sur la hauteur d'un polynôme irréductible,
- minoration de la mesure de certains polynômes.

La première de ces applications utilise le théorème suivant :

Théorème B. – Soit R un polynôme non nul à coefficients complexes, de degré D, de coefficients extrêmes a et b, et de longueur L. Alors le nombre r de racines réelles du polynôme R vérifie

$$r \leq 2\left(D \operatorname{Log}\left(L/\sqrt{|ab|}\right)\right)^{1/2}.$$

[Avec les notations précédentes, la longueur de R est $L(R) = \sum_{j=0}^{n} |a_j|$.]

Ce théorème, à la valeur de la constante près, est dû à E. Schmidt [Schm] ; avec la constante 2, qui est la meilleure possible, il a été démontré par I. Schur [Schu].

On utilisera aussi la généralisation suivante du théorème B, due à P. Erdös et P. Turan :

Théorème C. – Soit R un polynôme non nul à coefficients complexes, de degré D, de coefficients extrêmes a et b, et de longueur L. Soit S un secteur du plan complexe centré à l'origine et d'ouverture α, $0 \leq \alpha \leq 2\pi$. Alors le nombre $N(S)$ de racines du polynôme R qui appartiennent à S vérifie

$$\left| N(S) - \alpha D/2\pi \right| \leq c\left(D \operatorname{Log}\left(L/\sqrt{|ab|}\right)\right)^{1/2},$$

où $c = 2{,}62$.

Ce résultat a été démontré initialement avec la constante $c = 16$ en [E T], l'énoncé avec la valeur $c = 2{,}62$ a été obtenu par Ganelius, [Ga].

Enfin, la majoration ci-dessous d'un diviseur d'un polynôme nous sera utile.

Théorème D. – Soient P et Q deux polynômes à coefficients complexes et de degré respectifs p et q. Alors on a l'inégalité

$$|P|\, M(Q) \leq \frac{(p+q)^{p+q}}{p^p q^q} |PQ|,$$

où pour un polynôme R on note $|R| = \max \{ |R(z)|;\ z \in \mathbf{C}, |z| = 1 \}$.

<u>Démonstration</u>.

Voir [M3], theorem 3.

I. <u>Majoration du nombre de conjugués d'un nombre algébrique de petite mesure</u>.

Le résultat, démontré en [M1], est le suivant.

Théorème 1. – Soit α un nombre algébrique de mesure au plus 2 et de degré $d \geq 2$. Alors le nombre de conjugués réels de α est au plus $2\sqrt{3\, d \operatorname{Log}(5.1\, d)}$.

<u>Démonstration</u>.

La preuve suit le chemin indiqué dans l'introduction, en choisissant bien sûr comme polynôme P le polynôme minimal du nombre α.

Notons d'abord que le résultat est trivial pour $d \leq 70$. On supposera donc $d \geq 71$.

Grâce au théorème A, pour $N = 2d - 1$ et en tenant compte de l'hypothèse $M \leq 2$, on obtient l'existence d'un polynôme Q tel que

$$H(Q) \leq \left((2d+1)^{d/2} 2^{2d-1} \right)^{1/d} < 4\sqrt{2d+1}$$

et donc

$$L(Q) < 8d\sqrt{2d+1} < (5{,}1\, d)^{3/2} \quad (\text{puisque } d \geq 71).$$

Puis le théorème B montre que le nombre r de racines réelles du polynôme Q vérifie

$$r < 2\,(2\,d\,\mathrm{Log}(L(Q)))^{1/2}\,.$$

Le théorème s'en déduit en reportant dans cette inégalité la majoration précédente de la longueur du polynôme Q.

Remarque. – En fait le résultat démontré en [M1] était moins précis que le théorème 1 du présent travail : on ne donnait pas de valeur explicite des constantes.

II . Sur un théorème de Michel Langevin .

Dans [L], Michel Langevin a démontré le résultat suivant.

Théorème 2 . – Soit V un voisinage d'un point du cercle unité. Alors il existe une constante $C > 1$, effectivement calculable, telle que tout polynôme à coefficients entiers, irréductible et qui ne possède pas de zéro dans V a une mesure $\geq C^d$ dès que le degré du polynôme P est assez grand.

Démonstration : La démonstration originale utilise la notion de diamètre transfini. Nous donnons ici une démonstration différente qui paraîtra en [M2].

Soient P un polynôme et V un ouvert du plan qui vérifient les hypothèses du théorème 2. On désigne par M la mesure de P. Choisissons un secteur S ouvert, non vide, centré à l'origine et d'ouverture $2\pi\theta$, où $0 < \theta < 1$, et un nombre réel λ, avec $\lambda > 1$, tels que le domaine $\{ z \in S\,;\ \lambda^{-1} < |z| < \lambda \}$, soit contenu dans V.

Si le polynôme P possède au moins $d\theta/4$ racines dans S, puisque P ne s'annule pas sur l'ensemble V alors

. ou bien P a au moins $d\theta/8$ racines de module $\geq \lambda$ et on a donc

$$(*) \qquad \mathrm{Log}\,M \geq (d\theta/8)\,\mathrm{Log}\,\lambda,$$

. ou bien P a au moins $d\theta/8$ racines de module $\leq \lambda^{-1}$ et si $z_1, \dots, z_k$ sont ces zéros, l'inégalité $M\,|z_1, \dots, z_k| \geq 1$ montre que la minoration (*) est encore vérifiée.

Supposons maintenant P possède au plus $d\theta/4$ racines dans le secteur S. En procédant comme dans la démonstration du théorème 1, mais en utilisant cette fois le théorème C au lieu du théorème B, on minore le nombre $N(S)$ en fonction de M.

Cette démonstration fournit une minoration explicite de M, à savoir

$$\mathrm{Log}(M) \geq \mathrm{Inf}\left\{ \frac{d\,\theta^3}{16} - \frac{11}{2}\,\mathrm{Log}(2\,d)\,,\ \frac{d\,\theta}{8}\,\mathrm{Log}\,\lambda \right\}.$$

III . Sur la hauteur d'un polynôme irréductible .

Le résultat ci-dessous est un corollaire du théorème principal de [M3] , (le théorème 5 de cet article) .

Théorème 3 . – Soit P un polynôme irréductible à coefficients entiers de degré d et de mesure au plus M . Alors on a

$$\| P \|_2 \leq e^{\sqrt{d}} (d + 2 \sqrt{d} + 2)^{1 + \sqrt{d}} M^{1 + \sqrt{d}} .$$

[Avec les notations de l'introduction, on pose $\| R \|_2 = \sum_{j=0}^{n} | a_j |^2$.]

Démonstration .

Choisissons $N = d + [\sqrt{d}]$ et considérons un multiple Q du polynôme P donné par le théorème A . La hauteur de Q vérifie donc

$$H (Q) \leq (d + \sqrt{d} + 2)^{\sqrt{d}/2} M^{1 + \sqrt{d}} .$$

Il s'agit maintenant de majorer les coefficients du polynôme P en fonction de ceux du polynôme Q . En appliquant le théorème D ci-dessus on obtient la majoration

$$| P | \leq \frac{N^N}{d^d (N - d)^{N - d}} | Q | .$$

Le résultat en découle après quelques calculs.

Remarque . – Pour $M \leq e^{\sqrt{d}/2}$ le théorème 3 est meilleur que l'estimation triviale

$$\| P \|_2 \leq \binom{2d}{d}^{1/2} M (P) .$$

Ce théorème a été généralisé au cas des polynômes quadratfrei à coefficients entiers par Ph. Glesser , voir [Gl] .

IV . Minoration de la mesure de certains polynômes .

Il s'agit d'un travail de Phillippe Glesser , [Gl] . Le problème considéré est d'estimer la mesure de certains polynômes P de grand degré.

Il est facile de majorer $M(P)$ en combinant la méthode de Graeffe et l'inégalité de Landau $M(R) \leq \| R \|_2$; cette méthode est présentée en [C M P] , et l'expérience montre qu'en général elle donne très vite d'assez bons majorants.

Minorer la mesure d'un polynôme de manière précise demande souvent plus d'efforts. Bien sûr, on peut encore utiliser la méthode de Graeffe comme en [C M P] mais cette façon de faire demande parfois beaucoup de calculs.

Dans l'article [Gl] , on utilise la méthode suivante. On considère d'abord un multiple convenable Q du polynôme P dont l'existence est assurée par le théorème A , la hauteur du polynôme Q est donc majorée en fonction de la mesure M de P . Ensuite, pour minorer la mesure de P , on a le choix entre les deux démarches suivantes :

(i) dans tous les cas il est possible de minorer les coefficients du polynôme Q en fonction de ceux de P grâce, par exemple, au théorème D ,

(ii) si on possède des informations particulières sur la répartition des racines de P , on peut appliquer le théorème d'Erdös - Turan au polynôme Q et en déduire encore une minoration des coefficients de Q .

Toute minoration de la hauteur H du polynôme Q , comparée à la majoration de H donnée par le lemme de Siegel, conduit enfin à une minoration de la mesure M de P .

Ces méthodes ont été appliquées en [Gl] aux polynômes de la forme $a(X-1)^n - 1$, a entier positif, dont l'intérêt est de fournir des exemples de polynômes irréductibles à coefficients entiers dont la mesure est relativement grande en fonction de la hauteur . Ainsi, la méthode (i) montre l'existence d'une constante $K > 1$ telle que l'on ait

$$M(a(X-1)^n - 1) \gg a^{1/4} K^n .$$

Voir aussi [M3] , § 1.2 pour un exemple voisin.

Références

[B V] E. Bombieri, J. Vaaler . – On Siegel's lemma ; *Inventiones Math.*, v. 73, 1983, p. 539 - 560 .

[E T] P. Erdös , P. Turan . – On the distribution of roots of polynomials ; *Annals of Math.*, v. 51, 1950 , p. 105 - 119 .

[C M P] L. Cerlienco, M. Mignotte, F. Piras . – Computing the measure of a polynomial ; *J. Symbolic Comput.* , v. 4 , n° 1 , 1987 , p. 21 - 34 .

[Ga] T. Ganelius . – Sequences of analytic functions and their zeros ; *Arkiv för Math.*, v. 3 , p. 1 - 50 .

[Gl] Ph. Glesser . – Inégalités sur la mesure des polynômes ; soumis à *Sem. Rend. Fac. Cagliari* .

[L] M. Langevin . – Minoration de la maison et de la mesure de Mahler de certains entiers algébriques ; *C. R. Ac. Sc. Paris* , t. 303 , 1986 , p. 241 .

[M1] M. Mignotte . – Sur la répartition des racines des polynômes ; Journées de Théorie analytique et élémentaire des nombres, Caen, 29 - 30 septembre 1980 .

[M2] M. Mignotte . – Sur un théorème de M. Langevin ; *Acta Arith.*, à paraître.

[M3] M. Mignotte . – An inequality about irreducible factors of integer polynomials ; *J. of Number Th.*, v. 30, n° 2 , 1988 .

[Schm] E. Schmidt . – *Preuss. Akad. Wiss. Sitzungsber.*, 1932 , p. 321 .

[Schu] I. Schur . – *Preuss. Akad. Wiss. Sitzungsber.*, 1933 , p. 403 - 428 .

Maurice Mignotte
Mathématique
Université Louis Pasteur
67084 Strasbourg, France

LOCALISATION DES ZEROS DE POLYNOMES INTERVENANT EN THEORIE DU SIGNAL

Par

J.L. NICOLAS et A. SCHINZEL*

Dans cet article, nous étudions la répartition des racines dans le plan complexe de deux familles de polynômes :

$$f(z) = f_n(z) = z^{n+1} - (n+1)\,z + n$$

et

$$A(z) = A_{m+2}(z) = z^{m+2} - 2\,\frac{m+2}{m}\,z^{m+1} + \frac{(m+2)\,(m+1)}{m\,(m-1)}\,z^m - 2\,\frac{m+2}{m\,(m-1)}\,z + \frac{2}{m}\,.$$

Ces deux familles de polynômes interviennent en théorie du signal (cf. [2] et [3]). Chacun de ces polynômes admet 1 comme racine, et pour résoudre le problème de physique, il fallait montrer que les autres racines ne sont pas trop proches de 1. Nous obtenons pour chacune des deux familles des résultats nettement plus précis que ceux de [2] et [3] sur la distance au cercle unité des zéros de ces polynômes et sur la distribution des arguments de ces zéros.

I L'équation $z^{n+1} - (n+1)\,z + n = 0$.

Dans [3], pour traiter un problème provenant de la théorie du signal, on aboutit à l'équation

(1) $\quad z + z^2 + \ldots + z^n = n$

qui a la racine $z = 1$ en évidence. Multipliant (1) par $(z-1)$, on obtient l'équation trinôme :

* Recherche financée partiellement par le CNRS, Greco "Calcul Formel" et P.R.C. Mathématiques Informatique.

(2) $z^{n+1} - (n+1)\, z + n = 0$

qui admet 1 comme racine double. Divisant (1) par (z-1), on a :

(3) $z^{n-1} + 2z^{n-2} + \ldots + (n-1)\, z + n = 0.$

Les résultats mentionnés dans [3] étaient les suivants : Soit $z_1, \ldots, z_n = 1$ les racines de (1). On a :

(4) $\frac{n}{n-1} \leq |z_k| \leq (2n)^{1/n}$, $1 \leq k \leq n-1$

(5) $\left|\operatorname{Arg} z_k - \frac{2k\pi}{n}\right| \leq \frac{\pi}{n+1}$, $1 \leq k \leq n$.

Dans (4), la majoration s'obtient par le théorème classique de Cauchy (cf. [4], Th. 27.1). On considère l'équation

$$z^{n+1} - (n+1)\, z - n = 0$$

et on montre que sa racine réelle positive est $\leq (2n)^{1/n}$.

La minoration dans (4) s'obtient par une application du théorème de Eneström-Kakeya (cf. [4], p. 137, ex. 2).

Pour prouver (5), on fait dans (2) le changement de variables $z = \frac{\lambda}{y}$, où λ est une constante convenable, et on applique [4], p. 165. ex. 3.

Lorsque n est pair, l'équation (1) a une racine réelle négative, correspondant dans (5) à $k = n/2$. Les autres racines sont z_k avec $1 \leq k \leq \frac{n}{2} - 1$, et les conjugués $\overline{z_k}$. On écrira $z_k = \rho_k \exp(i\, \theta_k)$, avec $\left|\theta_k - \frac{2k\pi}{n}\right| \leq \frac{\pi}{n+1}$. Lorsque n est impair, la seule racine réelle de (1) est 1. Les autres racines sont $z_k = \rho_k \exp(i\, \theta_k)$ avec $\left|\theta_k - \frac{2k\pi}{n}\right| \leq \frac{\pi}{n+1}$ pour $1 \leq k \leq \frac{n-1}{2}$ et leurs conjugués.

Théorème 1. - La suite finie ρ_k, $1 \leq k \leq n/2$ est une fonction croissante de k.

Démonstration : L'équation (2) entraine :

$$|z^{n+1}| = |(n+1)\, z-n|$$

et en posant $z = \rho \exp(i\, \theta)$, cela entraine :

(6) $\rho^{2n+2} - ((n+1)\, \rho-n)^2 - 2n\, (n+1)\, \rho\, (1-\cos\theta) = 0$.

L'équation (6) pour θ fixé a une racine et une seule $\rho(\theta) > 1$. En effet, désignons par $g(\rho,\theta)$ le membre de gauche de (6). On a $g(1,\theta) < 0$, et $\frac{\partial^2 g}{\partial \rho^2}(\rho,\theta) > 0$ pour $\rho \geq 1$. Soit maintenant $0 \leq \theta < \theta' \leq \pi$. On a :

$$g(\rho,\theta') = g(\rho,\theta) - 2n\,(n+1)\,\rho(\cos\theta - \cos\theta') < g(\rho,\theta)$$

et donc $\rho(\theta') > \rho(\theta)$.

Théorème 2. - Il existe une constante absolue A (par exemple $A = 10^{40}$ convient) avec la propriété suivante : Si $A < k < n+1 - A$, on pose :

$$r_k = \left(-2(n+1)\cos\left(\frac{2k+n+1}{2n+1}\right)\pi\right)^{1/n+1} > 1,$$

alors l'équation $f(z) = z^{n+1} - (n+1)\,z+n = 0$ a une solution z_k satisfaisant à l'inégalité :

$$\left|z_k - r_k \exp\left(i\,\pi\,\frac{4k+1}{2n+1}\right)\right| \leq 3\,\frac{r_k-1}{r_k^n - 1} \leq \frac{3}{n}\,.$$

Démonstration : Il est commode de poser

$$\alpha = \frac{2k+n+1}{2n+1}\,\pi\,, \quad \beta = \frac{4k+1}{2n+1}\,\pi \quad , \quad x_k = r_k \exp(i\,\beta).$$

On a alors $2\alpha = \beta+\pi$ et $\beta(n+1) - \alpha = 2k$. Il vient ensuite :

$$f(x_k) = r_k^{n+1} \exp(i\,(n+1)\,\beta) - (n+1)\,r_k \exp(i\,\beta) + n$$

$$= [-2(n+1)(\cos\alpha)\exp(i\,(n+1)\beta) - (n+1)\exp(i\,\beta) + n+1] - (n+1)\,(r_k-1)\exp(i\,\beta) - 1\,.$$

On observe que le crochet s'annule, et on a :

$$|f(x_k)| \leq (n+1)\,(r_k-1) + 1.$$

On a ensuite

$$|f'(x_k)| \geq (n+1)\,(r_k^n - 1)$$

et pour $j = 2, \ldots, n+1$,

$$|f^{(j)}(x_k)| \leq j!\binom{n+1}{j} r_k^{n+1-j}\,.$$

Supposons qu'il n'existe pas de zéro de f dans le disque de centre x_k et de rayon $\rho = 3\,\frac{r_k-1}{r_k^n-1}$. On pourrait appliquer dans ce disque le principe du maximum à la fonction $1/f(z)$. Il existerait alors z, avec $|z-x_k| = \rho$, tel que $|1/f(x_k)| \leq |1/f(z)|$. Pour démontrer le théorème, nous allons montrer que pour tout z, tel que $|z-x_k| = \rho$, on a $|f(z)| > |f(x_k)|$. Par la formule de Taylor, on a :

$$f(z) = f(x_k) + f'(x_k)\,(z-x_k) + \sum_{j=2}^{n+1} \frac{f^{(j)}(x_k)}{j!}\,(z-x_k)^j\,. \tag{7}$$

Majorons le dernier terme :

$$\left|\sum_{j=2}^{n+1} \frac{f^{j}(x_k)}{j!}\,(z-x_k)^j\right| \leq \sum_{j=2}^{n+1} \binom{n+1}{j} r_k^{n+1-j}\,\rho^j$$

$$\leq \binom{n+1}{2} \rho^2 \sum_{j=2}^{n+1} \binom{n-1}{j-2} r_k^{n+1-j} \rho^{j-2} = \binom{n+1}{2} \rho^2 (r_k + \rho)^{n-1}$$

$$\leq \binom{n+1}{2} \rho^2 r_k^{n-1} \left(1 + \frac{3}{n}\right)^{n-1} \leq \frac{e^3\, n(n+1)}{2(1+3/n)}\, r_k^{n-1} \left(\frac{3}{r_k^{n-1} + \dots + 1}\right)^2 .$$

En utilisant l'inégalité

$$1 + x + \dots + x^{n-1} \geq n\, x^{(n-1)/2} .$$

valable pour $x \geq 0$, qui résulte de l'inégalité entre les moyennes arithmétiques et géométriques, on majore le dernier terme de (7) par :

$$\leq \frac{9e^3}{2} \frac{n+1}{n+3} \leq \frac{9e^3}{2} \leq 90{,}4 .$$

Dans (7), le deuxième terme est en module, supérieur à $(n+1)\,\rho\,(r_k^n - 1) = 3(n+1)\,(r_k - 1)$. Pour que

$|f(z)| > |f(x_k)|$ il suffit de vérifier que

$$3(n+1)\,(r_k-1) > 2|f(x_k)| + 90{,}4$$

et comme $|f(x_k)| \leq (n+1)\,(r_k-1) + 1$, il suffit de vérifier que

$$(n+1)\,(r_k-1) > 92{,}4 .$$

Ceci sera assuré par

$$\log r_k > 92{,}4 / (n+1),$$

ce qui est équivalent à :

$$2(n+1)\, \sin \left(\frac{4k+1}{4n+2}\, \pi\right) > \exp 92{,}4.$$

Or pour $A \leq k \leq n+1-A$, on a

$$\sin \frac{4k+1}{4n+2}\pi \geq \sin \frac{4A+1}{4n+2}\pi \geq \frac{4A+1}{2n+1} \geq \frac{4A}{2n+2}$$

puisque pour $0 < x \leq \pi/2$, on a $\sin x \geq (2/\pi)\, x$.

Le choix de $A = \frac{1}{4} \exp (92{,}4) \leq 3{,}4\, 10^{39}$ convient donc dans le théorème. On pourrait par un calcul plus technique abaisser considérablement cette valeur.

Remarque : Soit $\varepsilon > 0$. Pour k vérifiant $\varepsilon < k/n < 1-\varepsilon$, le théorème 2 entraine :

$$z_k = r_k \exp\left(i\pi \frac{4k+1}{2n+1}\right) + O_\varepsilon\left(\frac{\log n}{n^2}\right).$$

Théorème 3. - Soit $n \geq 2$. On pose :

$$F(\theta) = \left(\frac{\sin (n+1)\, \theta}{n+1}\right)^{n+1} - (\sin \theta) \left(\frac{\sin (n\, \theta)}{n}\right)^{n} .$$

Pour $1 \leq k \leq n/2$, l'équation $F(\theta) = 0$ a une racine et une seule θ_k dans l'intervalle

$\left(\frac{2k\pi}{n}, \frac{(2k+1)\pi}{n+1}\right)$. On pose $\rho_k = \frac{n \sin (n+1)\, \theta_k}{(n+1) \sin (n\, \theta_k)}$. Alors $z_k = \rho_k \exp (i\, \theta_k)$ est racine de l'équation (2).

Démonstration : Nous utiliserons une méthode due à Gauss pour résoudre une équation trinôme, (cf. [5], t. I, §122). Soit $z = \rho \exp(i\, \theta)$ une racine de (2). En identifiant les parties imaginaires de (2), on obtient :

(8) $$\rho^n = \frac{(n+1)\sin \theta}{\sin (n+1)\theta}\ .$$

Considérant ensuite la partie imaginaire de

$$1 - (n+1)\, z^{-n} + n\, z^{-(n+1)} = 0\ ,$$

on obtient

(9) $$\rho = \frac{n \sin (n+1)\, \theta}{(n+1) \sin n\theta}\ .$$

On déduit de (8) et (9) que $F(\theta) = 0$, et en multipliant (8) et (9), on obtient

(10) $$\rho^{n+1} = \frac{n \sin \theta}{\sin n\theta}.$$

Soit maintenant θ tel que $F(\theta) = 0$ et tel que $\rho = \frac{n \sin (n+1)\theta}{(n+1) \sin (n\theta)} > 0$. Un calcul simple montre alors que $z = \rho \exp (i\theta)$ est racine de l'équation (2).

Lorsque $\theta \in \left[\frac{2k\pi}{n}, \frac{(2k+1)\pi}{n+1}\right]$, on a :

$$(n+1)\theta \in \left[2k\pi + \frac{2k\pi}{n},\ (2k+1)\pi\right]$$

$$n\theta \in \left[2k\pi,\ (2k+1)\pi - \frac{(2k+1)\pi}{n+1}\right].$$

Donc $\sin (n+1)\theta \geq 0$ et $\sin (n\theta) \geq 0$. On en déduit $F\left(\frac{2k\pi}{n}\right) > 0$, $F\left(\frac{(2k+1)\pi}{n+1}\right) < 0$. L'équation $F(\theta) = 0$ a donc au moins une racine dans l'intervalle $\left]\frac{2k\pi}{n}, \frac{(2k+1)\pi}{n+1}\right[$. Désignons par θ_k la plus petite racine dans cet intervalle. On a $\rho_k = \frac{n \sin (n+1)\, \theta_k}{(n+1) \sin n\theta_k} > 0$ et donc $z_k = \rho_k \exp (i\theta_k)$ est racine de (2). En comptant les racines ainsi trouvées et leurs conjuguées, on obtient toutes les racines de (2), et cela démontre l'unicité de la racine θ_k dans $\left]\frac{2k\pi}{n}, \frac{(2k+1)\pi}{n+1}\right[$.

Remarque : Ce théorème est moins précis que le théorème 2 sauf pour $k < c \log n$ et

$n/2 - c \log n < k < n/2$, où c est une constante convenable.

Théorème 4. - Soit

$$\varphi(x) = \log(\sin x) + (2\pi + x)\,\mathrm{cotg}\, x - 1 - \log(x + 2\pi).$$

L'équation $\varphi(x) = 0$ a une racine et une seule dans l'intervalle $]0,\pi[$, que nous noterons $a = 1{,}17830398284...$ Nous poserons $b = a + 2\pi$. Soit $\theta \in \,]2\pi/n, 3\pi/(n+1)[$ une racine de $F(\theta) = 0$. C'est le plus petit argument positif d'une racine de (2). Lorsque $n \to +\infty$, on a :

$$\theta = \frac{b}{n} - \frac{b}{2n^2} + \frac{a_3}{n^3} + \frac{a_4}{n^4} + \frac{a_5}{n^5} + O\left(\frac{1}{n^6}\right)$$

avec :

$$a_3 = \frac{7b}{24} + \frac{b^2}{12}\mathrm{cotg}\, a, \qquad a_4 = -\frac{3b}{16} + \frac{b^2}{8}\mathrm{cotg}\, a$$

$$a_5 = -\frac{b^3}{320} + \frac{743b}{5760} + \left(\frac{131b^2}{960} + \frac{b^4}{720}\right)\mathrm{cotg}\, a + \frac{3b^3}{320}\mathrm{cotg}^2 a - \frac{b^4}{720}\mathrm{cotg}^3 a .$$

Les valeurs numériques approchées sont :

$$b = 7{,}46148929002 \qquad b/2 = 3{,}73074464282$$

$$a_3 = 4{,}09688179715 \qquad a_4 = -4{,}27995037432 \qquad a_5 = 4{,}95345830505$$

Le plus petit module des racines de (3) vérifie :

$$\rho = 1 + \sum_{i=1}^{5} \lambda_i / n^i + O(n^{-6})$$

avec

$$\lambda_1 = b\,\mathrm{cotg}\, a - 1 = 2{,}08884301561\ ...$$

$$\lambda_2 = (\lambda_1^2 - \lambda_1)/2 = (b^2\,\mathrm{cotg}^2 a - 3b\,\mathrm{cotg}\, a + 2)/2 = 1{,}13721106413...$$

$$\lambda_3 = (4b^3\,\mathrm{cotg}^3 a - 23b^2\,\mathrm{cotg}^2 a + 43\, b\,\mathrm{cotg}\, a - b^2 - 24)/24 = -2{,}01722700491...$$

$$\lambda_4 = (1/48)(2b^4\,\mathrm{cotg}^4 a - 18b^3\,\mathrm{cotg}^3 a + 63b^2\,\mathrm{cotg}^2 a - (2b^3 + 95\, b)\,\mathrm{cotg}\, a + 5b^2 + 48) = -1{,}21533237271...$$

$$\lambda_5 = (1/5760)(48b^5\,\mathrm{cotg}^5 a - 602b^4\,\mathrm{cotg}^4 a + 3258b^3\,\mathrm{cotg}^3 a - (108b^4 + 9087b^2)\,\mathrm{cotg}^2 a$$
$$+ (666b^3 + 12143b)\,\mathrm{cotg}\, a - (2b^4 + 993b^2 + 5760)) = -0{,}791611864055...$$

Démonstration : On a d'abord :

$$\varphi'(x) = 2\,\mathrm{cotg}\, x - 2\pi\,(1+\mathrm{cotg}^2 x) - x\,(1+\mathrm{cotg}^2 x) - \frac{1}{2\pi+x}.$$

La dérivée est < 0 pour tout $x > 0$ et l'on a :

$$\lim_{\substack{x\to 0\\ x>0}} \varphi(x) = +\infty, \qquad \lim_{\substack{x\to\pi\\ x<\pi}} \varphi(x) = -\infty.$$

Ensuite on étudie le développement asymptotique de la fonction :

$$\Phi(\theta) = (n+1)\log\left(\frac{\sin(n+1)\theta}{n+1}\right) - n\log\frac{\sin n\,\theta}{n} - \log\sin\theta$$

lorsque

$$(11) \qquad \theta = \frac{2\pi+a}{n} + \frac{a_2}{n^2} + O\left(\frac{1}{n^3}\right).$$

On obtient alors

$$\Phi(\theta) = b_0 + \frac{b_1}{n} + O\left(\frac{1}{n^2}\right)$$

avec $b_0 = \varphi(a)$,

$$b_1 = -\left[1 + (\operatorname{cotg} a - (2\pi+a))^2\right]\left(\frac{a_2}{2\pi+a} + \frac{1}{2}\right) \quad .$$

Ceci implique que $a_2 = -\pi - \frac{a}{2}$.

On calcule ρ en utilisant (10) et (11).

On peut obtenir dans (11) un développement asymptotique plus long. Mais les calculs deviennent difficiles. Nous avons pu obtenir un développement d'ordre 5 avec le système de calcul formel MACSYMA.

Remarque : Ce théorème, avec le théorème 1, améliore la minoration dans (4). On obtient

$$|z_k| \geq 1 + \frac{2}{n}$$

pour n assez grand.

II Les polynômes A_{m+2} et B_{m-2} .

Dans [2], pour traiter le problème de théorie du signal dans le cas de deux fréquences, on aboutit à l'équation un peu plus compliquée, avec $m \geq 2$:

(12) $$A_{m+2}(z) = z^{m+2} - 2\,\frac{m+2}{m}\,z^{m+1} + \frac{(m+1)(m+2)}{m(m-1)}\,z^m - 2\,\frac{m+2}{m(m-1)}\,z + \frac{2}{m} = 0.$$

On observe que $A'_{m+2}(1) = 0$, et que $A''_{m+2}(z) = (m+1)(m+2)\,z^{m-2}(z-1)^2$, ce qui entraine que 1 est racine quadruple de (12). En multipliant $A_{m+2}(z)$ par

$$(1-z)^{-4} = \sum_{k=0}^{\infty} \frac{(k+1)(k+2)(k+3)}{6}\,z^k ,$$

on obtient que

$$A_{m+2}(z) = (z-1)^4\,B_{m-2}(z)$$

avec :

(13) $$B_{m-2}(z) = \frac{1}{m(m-1)} \sum_{k=0}^{m-2} (k+1)(k+2)(m-1-k)z^k$$

$$= z^{m-2} + 2\,\frac{m-2}{m}\,z^{m-3} + \dots + 6\,\frac{m-2}{m(m-1)}\,z + \frac{2}{m} .$$

Dans [2], on démontre que toutes les racines de B_{m-2} sont à l'intérieur du disque unité. On utilise pour cela la transformation de Schur (cf. [4], ch X). Soit $P(z) = a_o + a_1 z + \ldots + a_n z^n$, avec $a_n \neq 0$. On pose $P^*(z) = a_n + a_{n-1} z + \ldots + a_o z^n$ et

$$T\,P(z) = a_o\, P(z) - a_n\, P^*(z)\,.$$

On observe alors que

$$T\,B_{m-2} = \frac{2}{m}\, B_{m-2} - B^*_{m-2} = -\,\frac{m^2-4}{m^2}\, B^*_{m-3}\,.$$

Le théorème de Rouché (cf. [4], p. 2) nous dit alors que le nombre de racines de B^*_{m-2} à l'intérieur du disque unité est le même que celui de B^*_{m-3}. Comme $B^*_o = 1$, B^*_{m-2} n'a pas de racines à l'intérieur du disque unité, et

$$B_{m-2}(z) = z^{m-2}\, B^*_{m-2}(1/z)$$

a toutes ses racines à l'intérieur de ce même disque.

On peut préciser ce résultat à l'aide du théorème :

Théorème 5. - Soit $P(X) \in \mathbb{Z}[X]$, $P(X) = \sum_{k=0}^{n} a_k X^k$, tel que toutes les racines de P dans $\mathbb{C}$ vérifient $|z_i| < 1$. Alors on a, lorsque $a_n \neq 0$:

$$|z_i| < 1 - \frac{1}{2(a_n\sqrt{n}\,)^n}\,.$$

Démonstration : La fonction symétrique des racines

$$a_n^{2n} \prod_{i,j=1}^{n} (z_i\, z_j - 1)$$

est un entier non nul. L'inégalité de R. Alexander (cf. [1]) affirme que pour une famille de nombres complexes $z_1, \ldots, z_n$ avec $|z_i| \leq 1$, on a :

$$\prod_{\substack{i,j=1 \\ i\neq j}} |z_i\, \overline{z}_j - 1| \leq n^n.$$

Soit z_1 un zéro de P de module maximum. On a, pour $z_1 \neq \overline{z}_1$

$$1 \leq a_n^{2n} \prod_{i,j=1}^{n} |z_i\, z_j - 1| = a_n^{2n} \prod_{i,j=1}^{n} |z_i\, \overline{z}_j - 1|$$

$$\leq (n\, a_n^2)^n \prod_{i=1}^{n} \big|\, |z_i|^2 - 1 \,\big| \leq (n\, a_n^2)^n \, \big|\, |z_1|^2 - 1\, \big|^2,$$

et la démonstration s'achève, en observant que $\sqrt{1-u} \leq 1 - \frac{u}{2}$.

Lorsque $z_1 = \overline{z}_1$, une inégalité plus forte résulte de

$$a_n^{2n} \prod_{i=1}^{n} |z_i^2 - 1| \geq 1\,.$$

Corollaire. - Les racines du polynôme B_{m-2} vérifient :

$$|z_i| < 1 - \frac{1}{2(m(m-1)\sqrt{m-2})^{m-2}} < 1 - \frac{1}{2m^{(5m)/2}} .$$

En fait, pour le polynôme B_{m-2}, on peut obtenir un résultat bien meilleur que le corollaire ci-dessus :

Théorème 6. - Pour tout zéro z de B_{m-2} on a, pour m assez grand :

$$|z| < 1 - 2/(5m).$$

Démonstration : Soit z un zéro de B_{m-2}. Comme les coefficients de B_{m-2} sont tous positifs et que son degré est $(m-2)$, on a

$$|\arg z| > \pi/(m-2).$$

Cette relation entraine, pour $m \geq 4$:

$$|z-1| > \sin(\pi/(m-2)) = \frac{\pi}{m} + \frac{2\pi}{m^2} + O\left(\frac{1}{m^3}\right).$$

On a donc, pour m assez grand

(14) $\quad |z-1| > \pi/m.$

En fait on peut montrer que pour tout $m \geq 4$, on a $\sin(\pi/(m-2)) \geq \pi/m$, et donc que (14) est vraie pour $m \geq 4$.

On pose $z = 1 - \frac{a+bi}{m}$ et $c = a^2 + b^2$. Comme les racines de B_{m-2} sont dans le disque unité, on a : $a > 0$, et d'après (14), on a : $c \geq \pi^2$.

Par ailleurs, z est racine de A_{m+2}, et (12) donne :

(15) $$z^m = \frac{m+2}{m(m-1)} \; \frac{2(z-1) + 6/(m+2)}{(z-1)^2 - (4/m)(z-1) + 6/(m(m-1))}.$$

On a :

$$|2(z-1) + 6/(m+2)|^2 = \frac{1}{m^2}[(6-2a)^2 + 4b^2 + O(1/m)]$$
$$= \frac{1}{m^2}[36 + 4c - 24a + O(1/m)] \leq \frac{1}{m^2}[36 + 4c + O(1/m)].$$

De même, on a :

$$\left|(z-1)^2 - \frac{4}{m}(z-1) + \frac{6}{m(m-1)}\right|^2 = \frac{1}{m^4}[24a^2 + 8a(6+c) + c^2 + 4c + 36 + O(1/m)]$$
$$\geq \frac{1}{m^4}[c^2 + 4c + 36 + O(1/m)].$$

La relation (15) entraine alors :

(16) $$|z^{2m}| \leq \frac{1}{1+c^2/(4c+36)} + O(1/m) \leq \frac{1}{1+\pi^4/(4\pi^2+36)} + O(1/m)).$$

Désignons par β la constante $(1+\pi^4/(4\pi^2+36))^{-1}$, qui vaut approximativement $\beta = 0{,}43657...$. L'inégalité (16) entraine :

$$|z| \le \exp\left(\frac{\log \beta}{2m} + O\left(\frac{1}{m^2}\right)\right) \le 1 + \frac{\log \beta}{2m} + O\left(\frac{1}{m^2}\right)$$

et comme $\frac{\log \beta}{2} = -0{,}41439\ldots$, le théorème est démontré.

On peut observer que le théorème 6 implique $a > 2/5$ et $c \ge \pi^2 + (2/5)^2 + O(1/m)$, et recommencer la démonstration ci-dessus avec ces inégalités au lieu de $a > 0$ et $c \ge \pi^2$. En itérant ce procédé, on peut remplacer la constante $2/5$ par $0{,}85$. Les calculs des racines de B_{m-2} effectués par F. MORAIN pour $m \le 65$, montrent que le bon coefficient serait voisin de $1{,}70$.

Enfin, nous pouvons démontrer pour le polynôme B_{m-2} un théorème similaire au théorème 2.

Théorème 7. - Il existe une constante positive K telle que le polynôme B_{m-2} a $m - 2\lfloor K\sqrt{m \log m}\rfloor - 1$ racines distinctes satisfaisant pour $k = \lfloor K\sqrt{m \log m}\rfloor + 1, \ldots, m - \lfloor K\sqrt{m \log m}\rfloor - 1$ à la relation

$$x_k = z_k + O\left(\frac{\log m}{m^2 \sin^2(\pi/m)}\right)$$

où z_k est défini par :

$$z_k = (m \sin(k\pi/m))^{-1/m} \exp\left(i\pi\left(\frac{2k}{m} - \frac{k}{m^2} - \frac{1}{2m}\right)\right)$$

et la constante dans le O est absolue.

La démonstration repose sur 4 lemmes :

Lemme 1. - Il existe une constante absolue a_1 telle que

$$|A_{m+2}(z_k)| \le a_1 \frac{\log m}{m^2 \sin(k\pi/m)}, \quad 1 \le k < m.$$

Démonstration : On observe d'abord que :

$$z_k - \exp\left(\frac{2i\pi k}{m}\right) = O\left(\frac{\log m}{m}\right),$$

ce qui entraine

$$z_k - 1 = \exp\left(\frac{2i\pi k}{m}\right) - 1 + O\left(\frac{\log m}{m}\right).$$

et

(17) $\quad |z_k - 1| = 2 \sin(k\pi/m) + O((\log m)/m).$

On a également :

$$z_k^m = -\left(\frac{1}{m} + i\,\frac{\operatorname{cotg}(k\pi/m)}{m}\right) = O\left(\frac{1}{m \sin(k\pi/m)}\right)$$

et

$$z_k^m \left(\exp\left(\frac{2i\pi k}{m}\right)\right) - 1 = \frac{2}{m}.$$

Il vient alors, avec (12) :

$$A_{m+2}(z_k) = z_k^m((z_k - 1)^2 + O(1/m)) - (2/m)(z_k - 1) + O(1/m^2)$$

$$= z_k^m \left(\left(\exp\left(\frac{2i\pi k}{m}\right) - 1\right)^2 + O\left(\frac{\log m}{m}\right)\right) - \frac{2}{m}\left(\exp\left(\frac{2i\pi k}{m}\right) - 1\right) + O\left(\frac{\log m}{m^2}\right)$$

$$= O\left(\frac{\log m}{m^2 \sin(k\pi/m)}\right).$$

Lemme 2. - Il existe une constante absolue a_2 telle que, pour $1 \le k < m$, on ait :

$$\left| |A'_{m+2}(z_k)| - 4 \sin\left(\frac{k\pi}{m}\right)\right| \le \frac{a_2 \log m}{m \sin(k\pi/m)} .$$

Démonstration : Elle est analogue à celle du lemme 1, en partant de

$$A'_{m+2}(z) = (m+2)\,(z^{m-1}\,((z-1)^2 + O(1/m)) + O(1/m^2)).$$

Lemme 3. - Soit n et k vérifiant $2 \le n \le m+2$ et $1 \le k < m$. Il existe une constante absolue a_3 telle que :

$$\left|\frac{1}{n!} A_{m+2}^{(n)}(z_k)\right| \le \binom{m+2}{2}\binom{m}{n-2} |z_k|^{m-n+2} \left(4 \sin^2 \frac{k\pi}{m} + a_3 \frac{\log m}{m}\right).$$

Démonstration : On a l'identité :

$$\frac{1}{n!} A_{m+2}^{(n)}(z) = \binom{m+2}{n} z^{m-n} \left((z-1)^2 + 2\,\frac{n-2}{m}(z-1) + \frac{(n-2)(n-3)}{m(m-1)}\right).$$

En observant que

$$\binom{m+2}{n} = \frac{2}{n(n-1)} \binom{m+2}{2}\binom{m}{n-2}$$

on obtient, puisque $n \ge 2$:

$$\left|\frac{1}{n!} A_{m+2}^{(n)}(z_k)\right| \le \binom{m+2}{2}\binom{m}{n-2} |z_k|^{m-n} \left(|z_k - 1|^2 + \frac{2}{3m}|z_k - 1| + \frac{2}{m(m-1)}\right)$$

et l'inégalité (17) achève la preuve du lemme 3, en remarquant que $|z_k|^{-2} = 1 + O((\log m)/m)$.

Lemme 4. - Soit k tel que $1 \le k < m$, et x tel que

$$|x - z_k| \le |z_k| / m.$$

Il existe une constante absolue a_4 telle que

$$\left|\sum_{n=2}^{m+2} \frac{1}{n!} A_{m+2}^{(n)}(z_k)(x - z_k)^n\right| \le \frac{m\,e}{2}\left(4 \sin\left(\frac{k\pi}{m}\right) + a_4 \frac{\log m}{m \sin(k\pi/m)}\right)|x - z_k|^2 .$$

Démonstration : En utilisant le lemme 3, on trouve :

$$\left|\sum_{n=2}^{m+2} \frac{1}{n!} A_{m+2}^{(n)}(z_k)(x - z_k)^n\right| \le$$

$$\binom{m+2}{2}\left(4\sin^2\frac{k\pi}{m}+a_3\frac{\log m}{m}\right)\left(\sum_{n=2}^{m+2}\binom{m}{n-2}|z_k|^{m-n+2}\;|x-z_k|^n\right)$$

$$=\binom{m+2}{2}\left(4\sin^2(\frac{k\pi}{m})+a_3\frac{\log m}{m}\right)|x-z_k|^2\,(|z_k|+|x-z_k|)^m .$$

Sous les hypothèses du lemme 4, le dernier facteur peut être majoré par

$$|z_k|^m\,(1+1/m)^m \le \frac{e}{m\sin(k\pi/m)}$$

et comme $\binom{m+2}{2} = \frac{m^2}{2}\,(1+O(1/m))$, le lemme 4 s'ensuit.

Démonstration du théorème 7 : Soit x tel que

(18) $\qquad |x-z_k| = a_1\,\dfrac{\log m}{2m^2\sin^2(k\pi/m)}$

où a_1 est la constante intervenant dans le lemme 1. On trouve, pour $\min\left(\dfrac{k}{\sqrt{m\log m}},\ \dfrac{m-k}{\sqrt{m\log m}}\right)$ suffisamment grand

(19) $\qquad |x-z_k| \le |z_k|/m .$

Donc, en vertu des lemmes 1 et 4, nous avons :

$$|A_{m+2}(x)-A'_{m+2}(z_k)\,(x-z_k)| = \left|A_{m+2}(z_k)+\sum_{n=2}^{m+2}\frac{A^{(n)}_{m+2}(z_k)}{n!}\,(x-z_k)^n\right|$$

$$\le a_1\frac{\log m}{m^2\sin(k\pi/m)}+\frac{a_1^2\,(\log m)^2}{4m^4\sin^4(k\pi/m)}\left(2em\sin\frac{k\pi}{m}+a_4\,\frac{e}{2}\,\frac{\log m}{\sin(k\pi/m)}\right).$$

D'autre part, en vertu du lemme 2, on a :

$$|A'_{m+2}(z_k)\,(x-z_k)| \ge \frac{a_1\log m}{2m^2\sin^2(k\pi/m)}\left(4\sin\frac{k\pi}{m}-a_2\frac{\log m}{m\sin(k\pi/m)}\right).$$

Donc, si

$$\frac{\log m}{2m\sin^2(k\pi/m)} < \min\left(\frac{1}{2(a_2+a_1e)},\ \frac{1}{\sqrt{a_1a_4e}}\right),$$

on trouve pour tout x satisfaisant à (18) :

$$|A_{m+2}(x)-A'_{m+2}(z_k)(x-z_k)| < |A'_{m+2}(z_k)(x-z_k)| ,$$

et en vertu du théorème de Rouché (cf. [4], p. 2) $A_{m+2}(x)$ a dans le cercle défini par (19) le même nombre de zéros que $A'_{m+2}(z_k)(x-z_k)$ c'est-à-dire 1.

Soit deux nombres réels r et r' vérifiant $0 \le r \le r'$, et deux nombres réels α et β. Par une démonstration géométrique ou analytique, il est facile de montrer :

$$|re^{i\alpha} - r'e^{i\beta}| \ge 2r \left|\sin \frac{\beta-\alpha}{2}\right| .$$

On a donc pour k et ℓ distincts dans l'intervalle 1, m-1 :

$$|z_k - z_\ell| \ge 2\left(1 + O\left(\frac{\log m}{m}\right)\right) \left|\sin\left(\frac{\pi}{2m}(k-\ell)(2-1/m)\right)\right|$$

$$\ge 2\left(1 + O\left(\frac{\log m}{m}\right)\right) \sin\left(\frac{\pi}{2m}(2-1/m)\right)$$

$$\ge \frac{2\pi}{m} + O\left(\frac{\log m}{m^2}\right).$$

Cependant, en vertu de (19) pour $k \in (K\sqrt{m \log m}\ , m-K\sqrt{m \log m}\,)$, on a :

$$|x_k - z_k| \le 1/m .$$

Cela montre que les x_k correspondant à différentes valeurs de k sont distincts.

REFERENCES

[1] ALEXANDER R., On an inequality of J.W.S. Cassels, Amer. Math. Monthly, 79, 1972, 883-884.

[2] GHARBI M, LACOUME J.L., LATOMBE C., NICOLAS J.L., Close frequency resolution by maximum entropy spectral estimators, IEEE Transactions on Acoustics, Speech, and Signal Processing, vol. ASSP 32, n° 5, 1984, 977-984.

[3] HANNA C., LACOUME J.L., NICOLAS J.L., Etalonnage de l'analyse spectrale par la méthode du modèle auto regressif, Annales des Télécommunications, 36, 1981, 579-584.

[4] MARDEN M., Geometry of polynomials, Amer. Math. Soc, 1966, Math. Survey n° 3, 2nd edition.

[5] WEBER H., Lehrbuch der Algebra, Chelsea.

A. SCHINZEL
Institut Mathématique de l'Académie des Sciences
ul. Sniadeckich 8
Skr. Poczt. 137
00950 WARSZAWA Pologne.

J.L. NICOLAS
Département de Mathématiques
Université de Limoges
123 Avenue Albert Thomas
F - 87060 LIMOGES Cédex France.

POLYNOMES D'INTERPOLATION SUR $\mathbb{Z}$ ET $\mathbb{Z}[i]$

Patrice PHILIPPON

U.A.763 du C.N.R.S., 11 rue Pierre et Marie Curie, F-75231 Paris cedex.

§1. Introduction

Divers problèmes de théorie des nombres transcendants, comme l'étude des fonctions entières arithmétiques ou les minorations de formes linéaires de logarithmes, font intervenir les polynômes d'interpolation sur les entiers ou les entiers de Gauss. Les polynômes binômiaux, introduits par N.I.Feldman [F] dans la méthode de Baker, s'écrivent classiquement

$$\Delta(x,n) = \begin{bmatrix} x+n-1 \\ n \end{bmatrix} = \frac{x(x+1)\ldots(x+n-1)}{n!} \quad ,$$

où $n \in \mathbb{N}$, et avec la convention $\Delta(x,0) = 1$. Ces polynômes ont comme propriétés essentielles de prendre des valeurs entières, de valeurs absolues $\leq \left[1+\frac{x}{n}\right]^n$, lorsque x parcourt $\mathbb{Z}$. G.Pólya [P], puis D.Hensley [H] ont étudié les polynômes à coefficients dans $\mathbb{Q}(i)$ envoyant $\mathbb{Z}[i]$ dans $\mathbb{Z}[i]$. Hensley s'est attaché à minorer la croissance de tels polynômes de la forme

$$\prod_k (z-g_k)/g_k \quad ,$$

avec $g_1,\ldots,g_n \in \mathbb{Z}[i]$, nous nous restreignons aux polynômes d'interpolation de Lagrange, introduits et utilisés par L.Gruman [G2] et F.Gramain [G1] pour l'étude des propriétés arithmétiques des fonctions entières. Ces polynômes peuvent s'écrire à une variante près

$$\square(z,r) = \prod \left[\frac{z+a+ib}{a+ib}\right] \quad ,$$

où $r \in \mathbb{R}$ et le produit est étendu à tous les couples $(a,b) \in \mathbb{Z}^2\setminus\{(0,0)\}$

tels que $a^2+b^2 \leq r^2$, avec la convention qu'un produit vide est égal à 1 . Notons que l'ensemble de ces polynômes $\square$ ne forme pas une base de l'espace des polynômes tandis que l'ensemble des polynômes binômiaux Δ en forme bien une. Nous noterons δ le degré du polynôme Δ ou $\square$ considéré, on aura ainsi $\delta = n$ ou $\delta \simeq \pi r^2$ suivant le cas.

Si $x \in \mathbb{Q}$ (*resp.* $z \in \mathbb{Q}(i)$) les nombres $\frac{d^t\Delta}{dx^t}(x,n)$ (*resp.* $\frac{d^t\square}{dz^t}(z,r)$) sont rationnels (*resp.*algébriques dans $\mathbb{Q}(i)$), on a des majorations des tailles de ces nombres (*voir* [W1],pp.5&6 pour une définition). Notons den(x) (*resp.* den(z)) le dénominateur dans $\mathbb{N}^*$ de x (*resp.* z), c'est-à-dire le plus petit entier > 0 tel que den(x).$x \in \mathbb{Z}$ (*resp.* den(z).$z \in \mathbb{Z}[i]$), en résumé nous allons établir

Théorème 1 - *Soient* $t,n \in \mathbb{N}$, $r \in \mathbb{R}$, $x \in \mathbb{Q}$ *et* $z \in \mathbb{Q}(i)$. *Les tailles des nombres* $\frac{d^t\Delta}{dx^t}(x,n)$ *et* $\frac{d^t\square}{dz^t}(z,r)$ *sont majorées par*

$$\delta.\log\left[1 + \frac{|y|}{R}\right] + C.\delta.\left[\ 1 + \log(t+1) + \log\mathrm{den}(y)\ \right] ,$$

où $R = n$ *ou* r , $y = x-1$ *ou* z *et* $C = 21$ *ou* 1035 *suivant le cas.*

En ce qui concerne les polynômes Δ , et, bien que les estimations habituellement utilisées par divers auteurs [B],[T],[W2],... remplacent $\delta.\log(t+1)$ par $\delta.t$, cette majoration n'est pas nouvelle. On en trouvera une version plus précise dans [C],§3. Nous formalisons simplement la méthode, qui se généralise ainsi à $\mathbb{Z}[i]$.

Pour démontrer le théorème nous aurons besoin de plusieurs lemmes tant analytiques qu'arithmétiques. Nous avons réuni ces lemmes au second paragraphe, réservant le troisième à la preuve du théorème. Le quatrième paragraphe propose divers compléments à notre résultat, et nous concluons par quelques remarques numériques au cinquième.

Enfin, je remercie vivement G.Diaz pour sa lecture minutieuse de ce texte et ses nombreux commentaires et suggestions qui m'ont permis d'en améliorer le contenu et la présentation.

§2. Lemmes auxiliaires

a) Estimations analytiques

Introduisons tout d'abord quelques notations qui nous permettront d'unifier le traitement des polynômes Δ et $\square$. Soit K un corps de nombres et υ une place de K , on note K_υ le complété de K pour la valeur absolue $|.|_\upsilon$ associée à υ et normalisée de sorte que la formule du produit sur K s'écrive

$$(*)\qquad \prod_\upsilon |.|_\upsilon^{d_\upsilon} = 1 ,$$

où d_υ désigne le degré local $[K_\upsilon:\mathbb{Q}_\upsilon]$. On note $a_\upsilon = 1$ si υ est une place archimédienne et $a_\upsilon = 0$ sinon. Soit $\mathcal{S}$ un ensemble de δ nombres de K_υ tous non nul, nous posons

$$P_{\mathcal{S}}(y) = \prod_{s\in\mathcal{S}} ((y+s)/s) .$$

On retrouve les polynômes $\Delta(x,n)$ et $\square(z,r)$ en posant $K = \mathbb{Q}$, $\mathcal{S} = \{1,\dots,n\}$, $y = x-1$ et $K = \mathbb{Q}(i)$, $\mathcal{S} = \mathbb{Z}[i]\cap\overline{D}(0,r)\setminus\{0\}$, $y = z$ respectivement ($\overline{D}(0,r)$ désigne le disque fermé de rayon r centré en l'origine). Remarquons que $\delta = n$ ou, si $r \geq 1$,

$$\pi(r-\sqrt{2})^2 \leq \delta+1 \leq \pi(r+\sqrt{2})^2 ,$$

suivant le cas. Notons que dans le deuxième cas, δ est toujours, par symétrie, multiple de 4 .

Soit υ une place de K , nous estimons la valeur absolue $|.|_\upsilon$ des nombres $\dfrac{d^tP_{\mathcal{S}}}{dy^t}(y) = P_{\mathcal{S}}^{(t)}(y)$ pour $y \in K_\upsilon$. Pour ce faire nous devrons distinguer suivant que $-y$ appartient à $\mathcal{S}$ ou non. Si $-y \notin \mathcal{S}$ nous posons $\mathcal{S}' = \mathcal{S}$, $t' = t$ et $\delta' = \delta$, tandis que si $-y \in \mathcal{S}$ nous posons $\mathcal{S}' = \mathcal{S}\setminus\{-y\}$, $t' = t-1$ et $\delta' = \delta-1$. Notons encore

$$\pi(y,\mathcal{E}) = \prod_{e\in\mathcal{E}} \left[1 + \frac{y}{e}\right] ,$$

pour un sous-ensemble $\mathcal{E}$ de K_υ , et

$$\Sigma(y,t',\mathcal{S}') = \sum \frac{\pi(y,\mathcal{E}_{\mathbf{s}})}{s_1\dots s_{t'}} ,$$

où $\mathbf{s} = (s_1,\dots,s_{t'})$ parcourt l'ensemble des suites de t' éléments distincts de $\mathcal{S}'$ et $\mathcal{E}_{\mathbf{s}} = \mathcal{S}'\backslash\{s_1,\dots,s_{t'}\}$.

Lemme 1 - *Avec les notations ci-dessus, on a pour tout* $R > 0$,

$$\log\left|\frac{1}{t!}.P_{\mathcal{S}}^{(t)}(y)\right|_v \leq (\delta-t).\log\left[1+\frac{|y|_v}{R}\right] + \sum_{s\in\mathcal{S}}\log\left[1+\frac{R}{|s|_v}\right] + \log|\Sigma(0,t',\mathcal{S}')|_v ,$$

et,

$$\log\left|\frac{1}{t!}.P_{\mathcal{S}}^{(t)}(y)\right|_v \leq \sum_{s\in\mathcal{S}'}\log\left|1+\frac{y}{s}\right|_v + \log|\Sigma(0,t',\mathcal{S}')|_v .$$

Démonstration - On vérifie la formule

$$P_{\mathcal{S}}^{(t)}(y) = \frac{1}{\prod\limits_{s\in\mathcal{S}} s}.\left\{\sum_{\substack{s_1,\dots,s_t\in\mathcal{S}\\ s_i\neq s_j}} \frac{\prod\limits_{s\in\mathcal{S}}(y+s)}{(y+s_1)\dots(y+s_t)}\right\}$$

$$= t!.\ \Sigma(y,t',\mathcal{S}') .$$

On majore alors chaque $|\pi(y,\mathcal{E}_{\mathbf{s}})|_v$ par

$$\prod_{e\in\mathcal{E}_{\mathbf{s}}}\left[1+\left|\frac{y}{e}\right|_v\right] \leq \prod_{e\in\mathcal{E}_{\mathbf{s}}}\left[1+\frac{|y|_v}{R}\right].\left[1+\frac{R}{|e|_v}\right] \leq \left[1+\frac{|y|_v}{R}\right]^{\delta-t}.\prod_{s\in\mathcal{S}}\left[1+\frac{R}{|s|_v}\right] ,$$

ou bien par

$$\prod_{e\in\mathcal{E}_{\mathbf{s}}}\left|1+\frac{y}{e}\right|_v \leq \prod_{s\in\mathcal{S}'}\left|1+\frac{y}{s}\right|_v ,$$

ce qui conduit aux deux estimations du lemme.

Lemme 2 - *Soit* $\epsilon_v = \min\limits_{s\in\mathcal{S}'}\{|s|_v\}$, *on a pour* $t' \geq 0$,

$$|\Sigma(0,t',\mathcal{S}')|_v \leq \epsilon_v^{-t'}.\begin{bmatrix}\delta'\\ t'\end{bmatrix}^{a_v} .$$

Démonstration - Comme $\pi(0,\mathcal{E}) = 1$ pour tout ensemble $\mathcal{E}$, chaque terme de la somme définissant $\Sigma(0,t',\mathcal{S}')$ est majoré en valeur absolue par $\epsilon_v^{-t'}$. On conclut en utilisant l'inégalité triangulaire ou l'inégalité ultramétrique suivant que v est archimédienne ou non.

Revenons à nos deux cas $K = \mathbb{Q}$, $\mathcal{S} = \{1,\dots,n\}$ et $K = \mathbb{Q}(i)$, $\mathcal{S} = \mathbb{Z}[i]\cap\overline{D}(0,r)\setminus\{0\}$, que nous appellerons pour plus de commodité cas 1 et 2. Posons $\mathcal{S}^{\infty} = \mathbb{Z}$ (resp. $\mathbb{Z}[i]$) et $\mathcal{S}^{\wedge} = \mathbb{Q}$ (resp. $\mathbb{Q}(i)$), nous noterons $|y|$ le module de $y \in \mathcal{S}^{\wedge}$, et maintenant $R = n$ ou r suivant le cas. On supposera dorénavant $R \geq 1$.

Si v_0 est la place archimédienne de K dans ces situations, on a $\epsilon_{v_0} = 1$. Le lemme 2 entraîne alors $|\Sigma(0,t',\mathcal{S}')|_v \leq \binom{\delta'}{t'}$, et en fait on montre

Lemme 3 - *Avec les notations précédentes, on a*

$$\log\left|\frac{1}{t!}.P_{\mathcal{S}}^{(t)}(y)\right|_{v_0} \leq (\delta-t).\log\left[1+\frac{|y|}{R}\right] + c.\delta + \log\binom{\delta'}{t'} ,$$

pour la place archimédienne v_0 *de* K *et tout* $y \in \mathcal{S}^{\wedge}$. *On peut prendre* $c = 2.\log 2$ *dans le cas 1 et* $c = 10+32.\log 2$ *dans le cas 2.*

Démonstration - Etant donné la majoration $|\Sigma(0,t',\mathcal{S}')|_{v_0} \leq \binom{\delta'}{t'}$, il suffit, d'après la première inégalité du lemme 1, d'estimer

$$\sum_{s\in\mathcal{S}} \log\left[1+\frac{R}{|s|_{v_0}}\right] .$$

On vérifie les majorations

$$\sum_{s\in\mathcal{S}} \log\left[1+\frac{R}{|s|_{v_0}}\right] \leq \int_1^{R+1} \log\left[1+\frac{R}{u}\right]du$$

et

$$\sum_{s\in\mathcal{S}} \log\left[1+\frac{R}{|s|_{v_0}}\right] \leq \int_0^{R+\sqrt{2}} \int_0^{2\pi} \rho.\log\left[1+\frac{R}{\rho}\right]d\rho d\theta ,$$

suivant qu'on est dans le cas 1 ou 2. Un simple calcul permet de conclure en remarquant que R (resp. R^2) est majoré par δ (resp. $\frac{4}{\pi}.\delta$) dans le cas 1 (resp. 2).

b) Estimations arithmétiques

L'anneau des entiers de K est principal en tout cas. Si v est une place ultramétrique, on note p un élément irréductible de l'anneau des entiers de K tel que $-d_v.\log|y|_v/\log\mathcal{N}\mathfrak{p}$ est la valuation $\mathfrak{p}$-adique de y (vu la normalisation adoptée pour la formule du produit (*), un tel $\mathfrak{p}$ existe et c'est une uniformisante de v). On a $|\mathfrak{p}|_v = (\mathcal{N}\mathfrak{p})^{-1/d_v}$, et aussi $\log\epsilon_v \geq -\log R$. Nous étudions d'abord la possibilité $|y|_v \leq 1$.

Lemme 4 - *On a, avec les notations introduites, pour toute place* v *ultramétrique et tout* $y \in \mathcal{S}^{\wedge}$ *tel que* $|y|_v \leq 1$,

$$\log|\frac{1}{t!}.P_{\mathcal{S}}^{(t)}(y)|_v \leq (t'+2).\log R ,$$

dans le cas 1, et

$$\log|\frac{1}{t!}.P_{\mathcal{S}}^{(t)}(y)|_v \leq 16.\frac{R.\log\mathcal{N}\mathfrak{p}}{|\mathfrak{p}|-1} + t'.\log R ,$$

dans le cas 2.

Démonstration - L'estimation de ϵ_v donnée ci-dessus permet d'obtenir

$$\log|\Sigma(0,t',\mathcal{S}')|_v \leq t'.\log R .$$

D'après la seconde inégalité du lemme 1 il reste à majorer $\sum_{s\in\mathcal{S}'} \log|1+\frac{y}{s}|_v$, ce qui fait l'objet du prochain lemme.

Lemme 5 - *Dans la situation ci-dessus et si* $0 < |y|_v \leq 1$, *on a*

$$\sum_{s\in\mathcal{S}'} \log|1+\frac{y}{s}|_v \leq 2.\log R$$

dans le cas 1, et

$$\sum_{s\in\mathcal{S}'} \log|1+\frac{y}{s}|_v \leq 16.\frac{R.\log\mathcal{N}\mathfrak{p}}{|\mathfrak{p}|-1}$$

dans le cas 2.

Démonstration - Soit $\lambda \in \mathcal{S}^{\infty}$ tel que $\mu = \lambda.y \in \mathcal{S}^{\infty}$ et $|\lambda|_v = 1$. On a $1+\frac{y}{s} = \frac{\mu+\lambda s}{\lambda s}$, et la valuation $\mathfrak{p}$-adique de $\prod_{s\in\mathcal{S}'} \lambda s$ (*resp.* $\prod_{s\in\mathcal{S}'} (\mu+\lambda s)$) est égale (*resp.* supérieure ou égale) à la somme des nombres N_k (*resp.* N'_k) de points de $((\frac{\lambda}{\mathfrak{p}^k}.\mathcal{S}')\cap\mathcal{S}^{\infty})\setminus\{0\}$ (*resp.* $(\frac{\mu}{\mathfrak{p}^k} + \frac{\lambda}{\mathfrak{p}^k}.\mathcal{S}')\cap\mathcal{S}^{\infty}$) lorsque k parcourt $\left\{ 1,2,\ldots,[\frac{\log R}{\log|\mathfrak{p}|}] \right\}$ (on désigne par [*] la partie entière du réel *).

Or $|\lambda|_\upsilon = 1$, on vérifie aisément que pour de tels k , N_k (*resp.* N'_k) est encore égal au nombre de points de $]0, \frac{\lambda n}{p^k}]\cap\mathbb{Z}$ (*resp.* $[\frac{\mu}{p^k}, \frac{\mu+\lambda n}{p^k}]\cap\mathbb{Z}$) congrus à 0 (*resp.* $\frac{\mu}{p^k}$) modulo λ dans le cas 1, et au nombre de points de $\overline{D}\left[0, \frac{|\lambda|R}{|p|^k}\right]\cap\mathbb{Z}[i] \setminus \{0\}$ (*resp.* $\overline{D}\left[\frac{\mu}{p^k}, \frac{|\lambda|R}{|p|^k}\right]\cap\mathbb{Z}[i]$) congrus à 0 (*resp.* $\frac{\mu}{p^k}$) modulo λ dans le cas 2 ($\overline{D}(\theta,\rho)$ désigne le disque fermé de centre θ et de rayon ρ de $\mathbb{C}$). On en déduit que

$$N_k - N'_k \leq 2$$

dans le cas 1, et

$$N_k - N'_k \leq 16.\frac{R}{|p|^k}$$

dans le cas 2. Comme $-d_\upsilon . \sum_{s\in\mathcal{S}'} \log|1+\frac{y}{s}|_\upsilon/\log Np \geq \sum_{k=1}^{[\frac{\log R}{\log|p|}]} (N'_k-N_k)$, on trouve

$$\sum_{s\in\mathcal{S}'} \log|1+\frac{y}{s}|_\upsilon/\log Np \leq 2.\log R/\log|p|$$

dans le cas 1, et

$$\sum_{s\in\mathcal{S}'} \log|1+\frac{y}{s}|_\upsilon/\log Np \leq 16.\frac{R}{|p|-1}$$

dans le cas 2, ce qu'il fallait démontrer.

On peut estimer $|\Sigma(0,t',\mathcal{S}')|_\upsilon$ de façon différente ce qui conduit à

Lemme 6 - *Dans la situation du lemme 4, on a, pour toute place* υ *ultramétrique et tout* $y \in \mathcal{S}^\wedge$ *tel que* $|y|_\upsilon \leq 1$,

$$\log|\frac{1}{t!}.P_{\mathcal{S}}^{(t)}(y)|_\upsilon \leq 2.\left[\log R + \frac{R.\log Np}{|p|-1}\right] ,$$

dans le cas 1, et

$$\log|\frac{1}{t!}.P_{\mathcal{S}}^{(t)}(y)|_\upsilon \leq 16.\frac{R.\log Np}{|p|-1} (1 + \frac{R}{|p|+1}) .$$

dans le cas 2.

Démonstration - On constate que $\prod_{s\in\mathcal{S}'} s.\Sigma(0,t',\mathcal{S}')$ est un entier de K_υ , et donc $|\Sigma(0,t',\mathcal{S}')|_\upsilon \leq \prod_{s\in\mathcal{S}'} |s|_\upsilon^{-1}$. Or la valuation p-adique de $\prod_{s\in\mathcal{S}'} s$

est égale à la somme des nombres N_k de points de $((\frac{1}{p^k}.\mathcal{S}')\cap\mathcal{S}^{\infty})\setminus\{0\}$ lorsque $k = 1,2,\ldots,[\frac{\log R}{\log|p|}]$. On a les majorations $N_k \leq R/|p|^k$ et $N_k \leq 8.R^2/|p|^{2k}$ suivant qu'on est dans le cas 1 ou 2. On en déduit après sommation les estimations

$$d_v.\log|\Sigma(0,t',\mathcal{S}')|_v/\log\mathcal{N}p \leq \sum_{k\geq 1} N_k \leq R/(|p|-1) .$$

dans le cas 1, et

$$d_v.\log|\Sigma(0,t',\mathcal{S}')|_v/\log\mathcal{N}p \leq \sum_{k\geq 1} N_k \leq 8.R^2/(|p|^2-1) .$$

dans le cas 2. On reprend alors le lemme 5 et la seconde inégalité du lemme 1, qui conduisent aux majorations désirées.

Venons en aux places ultramétriques v telles que $|y|_v > 1$.

Lemme 7 - *On a, pour toute place* v *ultramétrique et tout* $y \in \mathcal{S}^{\wedge}$ *tel que* $|y|_v > 1$,

$$\log|\frac{1}{t!}.P_{\mathcal{S}}^{(t)}(y)|_v \leq c'.\delta.\log|y|_v .$$

où c' = 2 *dans le cas* 1 *et* 12 *dans le cas* 2.

Démonstration - Si $|y|_v > 1$ on a $|1+\frac{y}{s}|_v = |\frac{y}{s}|_v$ et donc

$$\sum_{s\in\mathcal{S}'}\log|1+\frac{y}{s}|_v \leq \delta.\log|y|_v - \sum_{s\in\mathcal{S}'}\log|s|_v .$$

Reprenant la démonstration du lemme 6 on déduit de la seconde inégalité du lemme 1

$$\log|\frac{1}{t!}.P_{\mathcal{S}}^{(t)}(y)|_v \leq \delta.\log|y|_v + \frac{1}{d_v}.\frac{R.\log\mathcal{N}p}{|p|-1} .$$

dans le cas 1, et

$$\log|\frac{1}{t!}.P_{\mathcal{S}}^{(t)}(y)|_v \leq \delta.\log|y|_v + \frac{8}{d_v}.\frac{R^2.\log\mathcal{N}p}{|p|^2-1} .$$

dans le cas 2. On remarque que si $|y|_v > 1$ on a $\log\mathcal{N}p \leq d_v.\log|y|_v$ dans les deux cas ce qui conduit à l'inégalité annoncée.

Le lemme suivant rassemble quelques conséquences du théorème des nombres premiers qui nous seront utiles.

Lemme 8 - *On a*

$$\sum_{p\leq X} 1 \leq 1{,}26.X/\log X \ ,$$

$$\sum_{p\leq X} \frac{\log p}{\sqrt{p}} \leq 5.\sqrt{X} \ ,$$

et

$$\sum_{Y<p\leq X} \frac{\log p}{p} \leq \log(X/Y)+2{,}5 \ ,$$

où les sommes portent sur les nombres premiers p *et* X , Y *sont des nombres réels* ≥ 2 .

Démonstration - La première majoration est classique, *voir* [RS], corollaire 1, formule 3.6, p.69. Pour la seconde on pose $I = 1+[(\log\sqrt{X})/(\log 2)]$ et on écrit

$$\sum_{p\leq X} \frac{\log p}{\sqrt{p}} \leq \sum_{p\leq\sqrt{X}} \frac{\log p}{\sqrt{p}} + \sum_{i=1}^{I} S_i(X,p) \quad .$$

où

$$S_i(X,p) = \sum_{\frac{X}{2^i} < p \leq \frac{X}{2^{i-1}}} \frac{\log p}{\sqrt{p}} \quad .$$

On vérifie, à l'aide de la première majoration,

$$\sum_{p\leq\sqrt{X}} \frac{\log p}{\sqrt{p}} \leq 1{,}26.\frac{\sqrt{X}}{\log\sqrt{X}} \leq \frac{7}{5}.\sqrt{X} \ ,$$

et, à l'aide du corollaire 3, formule (3.9) de [RS], p.69,

$$S_i(X,p) \leq \frac{7}{5}.\frac{X/2^i}{\log(X/2^i)}.\frac{\log(X/2^i)}{\sqrt{X}/2^{i/2}} = \frac{7}{5}.\sqrt{X}/2^{i/2} \ ,$$

la seconde majoration du lemme s'en déduit par sommation en remarquant l'inégalité $7.\sqrt{2}/5.(\sqrt{2}-1) \leq 5$.

Enfin la troisième majoration résulte des formules (3.21) et (3.24) de [RS], p.70.

§3. Démonstration du théorème

Rappelons qu'on appelle maison d'un nombre algébrique A le maximum des modules de ses conjugués dans $\mathbb{C}$, et taille de A, notée $t(A)$, le logarithme du maximum de la maison et du dénominateur de A (cf.[W1],pp.5&6). En particulier on a $t(0) = 0$.

Si $n = 0$, $r \in \mathbb{R}$ avec $r < 1$, ou $t > \delta$ le théorème 1 est évident. Fixons $n \in \mathbb{N}^*$, $r \in \mathbb{R}$ avec $r \geq 1$, $t \in \{0,\ldots,\delta\}$ et notons $A_{R,t}$ le nombre algébrique $\frac{1}{t!}.\frac{d^t\Lambda}{dx^t}(x,n)$ ou $\frac{1}{t!}.\frac{d^t\square}{dz^t}(z,r)$ intervenant dans le théorème 1. Le polynôme $\square$ étant à coefficients rationnels, le conjugué $\overline{A}_{R,t}$ de $A_{R,t}$ dans le cas 2, est égal à $\frac{1}{t!}.\frac{d^t\square}{dz^t}(\overline{z},r)$. Ainsi, d'après le lemme 3, on obtient

Théorème 2 - *Avec les notations précédentes, le logarithme de la maison de* $A_{R,t}$ *est majoré par*

$$(\delta-t).\log\left[1+\frac{|y|}{R}\right]+c.\delta\,,$$

où $R = n$, $y = x-1$, $c = 3.\log 2$ (*resp.* $R = r$, $y = z$, $c = 10+33.\log 2$) *dans le cas* 1 (*resp.*2).

Le logarithme du dénominateur commun des $A_{\rho,\tau}$ $(\rho\leq R\ ;\ \tau=0,\ldots,t)$ est égal à

$$\text{Logden} = \sum \max\{\,0\ ;\ \log|A_{\rho,\tau}|_v\ ,\ \rho\leq R\ ,\ \tau=0,\ldots,t\,\}$$

où la somme est étendue à toutes les places ultramétriques de K. Pour démontrer le théorème il nous reste à majorer ce dénominateur. Si v est une place ultramétrique de K et $\mathfrak{p}$ un élément irréductible de l'anneau des entiers de K tel que $-d_v.\log|y|_v/\log N\mathfrak{p}$ soit la valuation $\mathfrak{p}$-adique de y, on remarque que $|A_{\rho,\tau}|_v = 1$ dès que $|\mathfrak{p}| > \rho$ et $|y|_v \leq 1$. En fait on pose $R_0 = 3R/(t+1)$ ou $R_0 = 3\sqrt{2\pi}.R/\sqrt{t+1}$ suivant qu'on est dans le cas 1 ou 2, on a $R_0 > 1$ et on majore $|A_{\rho,\tau}|_v$ à l'aide des lemmes 4 ou 6 suivant que $|\mathfrak{p}| \leq R_0$ ou $R_0 < |\mathfrak{p}| \leq R$ et $|y|_v \leq 1$, et le lemme 7 lorsque $|y|_v > 1$.

Cas 1 - On obtient les majorations

Logden $\leq$

$$\leq 2\log R \sum_{|\mathfrak{p}|\leq R} 1 + t'.\log R \sum_{|\mathfrak{p}|\leq R_0} 1 + 2R \sum_{R_0<|\mathfrak{p}|\leq R} \frac{\log N\mathfrak{p}}{|\mathfrak{p}|-1} + 2\delta.\sum_v \max\{0;\log|y|_v\}$$

$$\leq 2\log R \sum_{p\leq R} 1 + t'.\log R. \sum_{p\leq R_0} 1 + 4R \sum_{R_0<p\leq R} \frac{\log p}{p} + 2\delta.\mathrm{logden}(y)$$

$$\leq 13R + 2R_0 t'\log R/\log R_0 + 4R.\log(R/R_0) + 2\delta.\mathrm{logden}(y) ,$$

d'après le lemme 8. Le choix de R_0 conduit alors à

$$\mathrm{Logden} \leq 9\delta + 6\delta.\log 2\delta/\log(3\delta/(t+1)) + 4\delta.\log(t+1) + 2\delta.\mathrm{logden}(y) .$$

Cas 2 - On a maintenant les majorations

Logden $\leq$

$$\leq 16R \sum_{|\mathfrak{p}|\leq R} \frac{\log N\mathfrak{p}}{|\mathfrak{p}|-1} + t'.\log R \sum_{|\mathfrak{p}|\leq R_0} 1 + 16R^2 \sum_{R_0<|\mathfrak{p}|\leq R} \frac{\log N\mathfrak{p}}{|\mathfrak{p}|^2-1} + 12\delta.\sum_v \max\{0;\log|y|_v\}$$

$$\leq 128R \sum_{p\leq R^2} \frac{\log p}{\sqrt{p}} + 2t'.\log R \sum_{p\leq R_0^2} 1 + 64R^2 \sum_{R_0^2<p\leq R^2} \frac{\log p}{p} + 12\delta.\mathrm{logden}(y)$$

$$\leq 800R^2 + 2R_0^2 t'\log R/\log R_0 + 128R^2.\log(R/R_0) + 12\delta.\mathrm{logden}(y) ,$$

d'après le lemme 8. Le choix de R_0 conduit alors à

$$\mathrm{Logden} \leq 747\delta + 144\delta.\log 2\delta/\log(3\delta/(t+1)) + 82\delta.\log(t+1) + 12\delta.\mathrm{logden}(y) .$$

Comme on a $t \leq \delta$, on vérifie

$$\log 2\delta/\log(3\delta/(t+1)) \leq 2 + \frac{5}{2}.\log(t+1) ,$$

et, en résumé, on a donc démontré

Théorème 3 - *Avec les notations précédentes, le logarithme du dénominateur commun des* $A_{\rho,\tau}$ $(\rho\leq R\ ;\ \tau=0,\dots,t)$ *vérifie*

$$\text{Logden} \leq C.\delta.\{\ 1 + \log(t+1) + \text{logden}(y)\ \}\ ,$$

où $y = x-1$ *et* $C = 21$ *dans le cas* 1 *(resp.* $y = z$ *et* $C = 1035$ *dans le cas* 2*)*.

Le théorème 1 résulte de la combinaison des majorations des maisons et dénominateurs données ci-dessus, en remarquant qu'on peut absorber l'estimation du $t!$ supplémentaire dans la largesse du $C.\delta.\log(t+1)$.

§4. Compléments

Il est souvent important dans les applications d'utiliser les polynômes d'interpolation étudiés ci-dessus par produits de paquets. Par exemple dans la méthode de Baker on doit considérer les puissances $\Delta^{\ell}(x,n)$ pour différents couples (ℓ,n) . Nous rappelons ici les formules de Leibniz correspondantes et indiquons les estimations qui s'en déduisent.

Si $g_1,\dots,g_\ell$ sont des fonctions dérivables on a

$$(**)\qquad \frac{d^t}{dy^t}(g_1\dots g_\ell) = t!.\sum_{t_1+\dots+t_\ell=t}\ \prod_{i=1}^{\ell}\frac{1}{t_i!}.\frac{d^{t_i}g_i}{dy^{t_i}}\ .$$

Soient $\mathcal{S}_1,\dots,\mathcal{S}_\ell$ des ensembles des types étudiés dans les paragraphes précédents, c'est-à-dire de la forme $\{1,\dots,n\}$ ou $\mathbb{Z}[i]\cap\overline{D}(0,r)$, et $y \in \mathbb{Q}$ ou $\mathbb{Q}[i]$, nous nous proposons de majorer la taille des nombres

$$A_{\mathbf{R},t} = \frac{1}{t!}.\frac{d^t}{dy^t}(P_{\mathcal{S}_1}\dots P_{\mathcal{S}_\ell})(y) \in \mathbb{Q}(i)\ .$$

Pour $i = 1,\dots,\ell$ le polynôme $P_{\mathcal{S}_i}$ est de degré $\delta_i = n_i$ ou $\simeq \pi r_i^2$, on pose $R_i = n_i$ ou r_i suivant le cas et $\mathbf{R} = (R_1,\dots,R_\ell)$. On note $|\mathbf{R}| = \delta = \delta_1+\dots+\delta_\ell$ et $\gamma(\mathbf{R}) = \max\{\delta_1,\dots,\delta_\ell\}$.

Théorème 4 - *Le logarithme de la maison du nombre* $A_{\mathbf{R},t}$ *est inférieure à*

$$\sum_{i=1}^{\ell} \delta_i . \log\left[1 + \frac{|y|}{R_i} \right] + 3c.\delta \ ,$$

et le logarithme du dénominateur commun, noté Logden , *des*

$$A_{\boldsymbol{p},\tau} \ (|\boldsymbol{p}| \le \delta \text{ et } \gamma(\boldsymbol{p}) \le \delta/\ell \ ; \ \tau = 0,\ldots,t)$$

vérifie

$$\text{Logden} \le 3C\delta . \{ \ 1 + \log((1+t)/\ell) + \text{logden}(y) \ \} \ .$$

Démonstration - La formule (**) combinée au lemme 3 fournit la majoration de la maison de $A_{\mathbf{R},t}$ en remarquant que la somme dans (**) porte sur au plus $\binom{t+\ell-1}{\ell-1} \le 2^{t+\ell-1}$ termes, et $t+\ell \le c.\delta/\log 2$.

Pour démontrer le théorème il nous reste à majorer le logarithme du dénominateur commun, Logden , des $A_{\boldsymbol{p},\tau}$ $(|\boldsymbol{p}| \le \delta$ et $\gamma(\boldsymbol{p}) \le \delta/\ell$; $\tau = 0,\ldots,t)$. Si v est une place ultramétrique de K et $\mathfrak{p}$ un élément irréductible de l'anneau des entiers de K tel que $-d_v . \log|y|_v / \log N\mathfrak{p}$ soit la valuation $\mathfrak{p}$-adique de y . En fait on pose, $R = \delta/\ell$ ou $2\sqrt{\delta/\pi\ell}$ et $R_0 = 3\delta/(t+1)$ ou $R_0 = 6\sqrt{\delta/\pi(t+1)}$ suivant qu'on est dans le cas 1 ou 2. On a $|A_{\boldsymbol{p},\tau}|_v = 1$ pour tout $\boldsymbol{p}$ et τ comme ci-dessus, dès que $|\mathfrak{p}| > R$ et $|\mathfrak{p}|_v \le 1$. On reprend la démonstration du théorème 1, en majorant $|A_{\boldsymbol{p},\tau}|_v$ à l'aide des lemmes 4 ou 6 suivant que $|\mathfrak{p}| \le R_0$ ou $R_0 < |\mathfrak{p}| \le R$ et $|\mathfrak{p}|_v \le 1$, et le lemme 7 lorsque $|\mathfrak{p}|_v > 1$.

Cas 1 - On tire de (**) les majorations

$$\begin{aligned} \max\{0;\log|A_{\boldsymbol{p},\tau}|_v\} &\le (t + 2\ell).\log R && \text{si } |\mathfrak{p}| \le R_0 \text{ et } |\mathfrak{p}|_v \le 1 \ , \\ &\le 2\ell.\log R + 4\delta.\frac{\log N\mathfrak{p}}{|\mathfrak{p}|} && \text{si } R_0 < |\mathfrak{p}| \le R \text{ et } |\mathfrak{p}|_v \le 1 \ , \\ &\le 2\delta.\max\{0;|y|_v\} && \text{si } |y|_v > 1 \ . \end{aligned}$$

On en déduit

$$\text{Logden} \le 13\delta + 2tR_0.\frac{\log R}{\log R_0} + 4\delta.\log(R/R_0) + 2\delta.\text{logden}(y) \ .$$

On remarque $\log(R/R_0) + \dfrac{\log R}{\log R_0} \le \dfrac{7}{2}.\log((1+t)/\delta)$ et $tR_0 \le 3\delta$, ce qui permet de conclure

$$\text{Logden} \leq 13\delta + 21\delta.\log((1+t)/\delta) + 2\delta.\text{logden}(y) .$$

<u>Cas 2</u> - On a maintenant les majorations

$$\max\{0;\log|A_{\mathfrak{p},\tau}|_v\} \leq t.\log R + 37.\sqrt{\delta\ell}.\frac{\log N\mathfrak{p}}{|\mathfrak{p}|} \quad \text{si} \quad |\mathfrak{p}| \leq R_0 \quad \text{et} \quad |\mathfrak{p}|_v \leq 1 ,$$

$$\leq 41.(\sqrt{\delta\ell} + \frac{\delta}{|\mathfrak{p}|}).\frac{\log N\mathfrak{p}}{|\mathfrak{p}|} \quad \text{si} \quad R_0 < |\mathfrak{p}| \leq R \quad \text{et} \quad |\mathfrak{p}|_v \leq 1 ,$$

$$\leq 12\delta.\max\{0;|y|_v\} \quad \text{si} \quad |y|_v > 1 .$$

On en déduit

$$\text{Logden} \leq 2261\delta + tR_0^2.\frac{\log R}{\log R_0} + 338\delta.\log(R/R_0) + 12\delta.\text{logden}(y) .$$

On remarque $2\log(R/R_0) + \frac{\log R}{\log R_0} \leq 3.\log((1+t)/\delta)$ et $tR_0^2 \leq 144\delta$, ce qui permet de conclure

$$\text{Logden} \leq 2261.\delta + 492.\delta.\log((1+t)/\delta) + 12.\delta.\text{logden}(y) .$$

Ceci achève la démonstration de la proposition.

Remarque - En particulier, lorsque $\mathcal{S}_1 = \ldots = \mathcal{S}_\ell$, les majorations de la proposition donne l'estimation de la taille suivante

$$\delta.\log\left[1+\frac{|y|}{R}\right] + C'.\delta.\left\{ 1 + \log\left[\frac{t+1}{\ell}\right] + \text{logden}(y)\right\} ,$$

qui améliore, à la constante C' près, le lemme 2.4 de [W2].

§5. Considérations numériques

Dans le cas des polynômes binômiaux on a

$$\frac{1}{t!}.\frac{d^t\Delta}{dx^t}(1,n) = \sum_{1\leq n_1<\ldots<n_t\leq n} \frac{1}{n_1\ldots n_t} ,$$

et, lorsque $t \geq 1$, on vérifie qu'<u>un</u> dénominateur dans $\mathbb{N}^*$ de ce nombre est

$$D(n,t) = \frac{n!}{([n/t]!)^t} . \left[\text{ppcm}(1,\ldots,[n/t])\right]^{4t[\log n/\log[n/t]]} ,$$

avec la convention

$$\left[\text{ppcm}(1,\ldots,[n/t])\right]^{1/\log[n/t]} = 1 ,$$

si $[n/t] = 1$.

Pour les premiers $p \in \{[n/t],\ldots,n\}$ on a

$$v_p(D(n,t)) \leq \max_{n_1,\ldots,n_t} \{v_p(n_1\ldots n_t)\} = v_p(n!) \ ,$$

où le maximum est pris sur l'ensemble des t-uplets d'éléments de $\{1,\ldots,n\}$.

Pour les premiers $p < [n/t]$, le calcul numérique <u>du</u> dénominateur de $\frac{1}{t!}\cdot\frac{d^t A}{dx^t}(1,n)$ lorsque $1 \leq t \leq n \leq 100$, suggère qu'il n'est pas possible de réduire notablement l'exposant de $\text{ppcm}\{1,\ldots,[n/t]\}$ dans $D(n,t)$. Par exemple, on ne peut, purement et simplement, éliminer le facteur 4 pour $(n,t) = (13,2),(14,2),(21,3),(22,3),\ldots\ldots$

De même, le calcul <u>du</u> dénominateur commun des nombres

$$\frac{1}{t!}\cdot\frac{d^t A}{dx^t}(1,n) \quad (\ 1 \leq t \leq n/\log n \ )$$

lorsque n varie de 1 à 100 , semble indiquer qu'on ne peut remplacer la constante C par 1 dans le théorème 3. Si $\text{Logden}(n)$ est le logarithme du dénominateur commun des nombres ci-dessus, la courbe hésitante du graphique ci-dessous représente la fonction $z = \text{Logden}(n)$ pour n variant de 1 à 90 . La ligne décidée qui la talonne représente la fonction $z = n\log(n/\log n)$ qui est le terme principal (à la constante C près) de la majoration du théorème 3. On a également fait figurer la diagonale $z = n$ pour visualiser les échelles relatives.

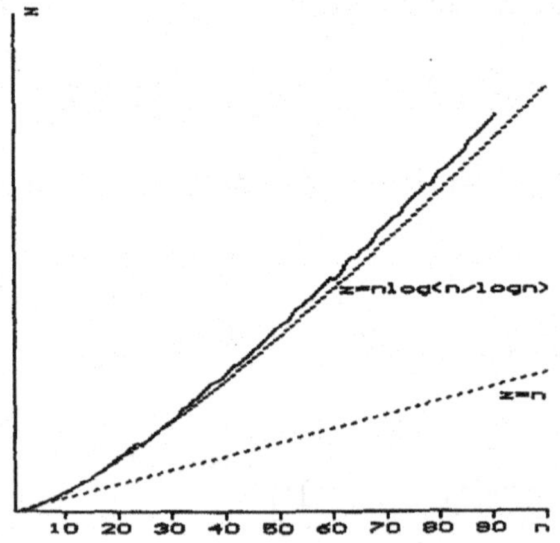

Références

[B] Baker A. - *Transcendental Number Theory*, Cambridge Univ. Press 1979.

[C] Cijsouw P.L. - On the simultaneous approximation of certain numbers, Duke Math. Journal 42(2), 1975, 249-257.

[F] Feldman N.I. - Improved estimate for a linear form of the logarithms of algebraic numbers, Math. Sbornik 77(119), 1968, 423-436 = Math.USSR Sbornik 6, 1968, 393-406.

[G1] Gramain F. - Polynômes d'interpolation sur $\mathbb{Z}[i]$, Groupe d'Etude d'Analyse Ultramétrique, n°16, 1978/79, 13p.

[G2] Gruman L. - Propriétés arithmétiques des fonctions entières, Bull. Soc. Math. de France 108, 1980, 421-440.

[H] Hensley D. - Polynomials which take gaussian integer values at gaussian integers, J. of Number Theory 9, 1977, 510-524.

[P] Pólya G. - Ueber ganzwertige Polynome in algebraischen Zahlkörper, J.f.reine u.angew.Math.(Crelle)149, 1919, 97-116.

[RS] Rosser J.B. et Schoenfeld L. - Approximate formulas for some functions of prime numbers, Illinois J. Math 6, 1962, 64-94.

[T] Tijdeman R. - On the equation of Catalan, Acta Arithmetica 29, 1976, 197-209.

[W1] Waldschmidt M. - *Nombres transcendants*, Lecture Notes in Math.402, Springer Verlag 1974.

[W2] Waldschmidt M. - A lower bound for linear forms in logarithms, Acta Arithmetica 37, 1980, pp.257-283.

ON THE CONSTANT IN THE TARRY-ESCOTT PROBLEM

Elmer Rees and Christopher Smyth
Department of Mathematics,
University of Edinburgh, Mayfield Road,
Edinburgh EH9 3JZ, Scotland

1. Introduction

We consider the following problem : given a positive integer n, find integers $a_0, a_1, \ldots, a_n, b_0, b_1, \ldots, b_n$ such that the following identity holds :

$$(x-b_0)(x-b_1)\ldots(x-b_n) - (x-a_0)(x-a_1)\ldots(x-a_n) = C, \quad (1.1)$$

where $C = (-1)^n (a_0a_1\ldots a_n - b_0b_1\ldots b_n)$ is a non-zero constant.

An example for $n = 3$ is

$$x(x-26)(x-58)(x-64) - (x+2)(x-36)(x-44)(x-70) = 221760.$$

The main results of this paper concern factors of the constant C. In general it is a highly composite number, being equal to both $\prod_{\ell=0}^{n}(a_i - b_\ell)$ and $-\prod_{\ell=0}^{n}(b_j - a_\ell)$ for all $i, j = 0, 1, \ldots, n$. These results are presented in Section 2 and 3, and particular results for $n \leq 10$ in Section 4. In the final section we consider solutions of (1.1) modulo a prime power. First, however, we make some remarks on what is known about the problem.

The question of finding solutions of (1.1), sometimes called the Tarry-Escott problem (the so-called "normal" or "ideal" case), can be posed in many different, but trivially equivalent, forms. Two of these are

(1) "Equal Sums of Like Powers" [3], [4] :

Find integers $a_0, a_1, \ldots, a_n, b_0, b_1, \ldots, b_n$ such that

$$a_0^j + a_1^j + \ldots + a_n^j = b_0^j + b_1^j + \ldots + b_n^j$$

holds for $j = 1, 2, \ldots, n$ but not for $j = n+1$.

(2) "Multiple Unit Roots" [5, p.624] :

Find integers $a_0, \ldots, a_n, b_0, \ldots, b_n$ such that $(x-1)^{n+1}$ divides the polynomial

$$x^{a_0} + x^{a_1} + \ldots + x^{a_n} - x^{b_0} - x^{b_1} - \ldots - x^{b_n},$$

but $(x - 1)^{n+2}$ does not.

The problem has a long history, dating back to correspondence in 1750-51 between Euler and Goldbach on the case $n = 2$ [3, p.705]. In fact the general solution for $n = 2$ is easy to obtain [6] : by replacing x by $x + t$ ("shifting") we may assume that $a_0 + a_1 = b_2$ and then, comparing coefficients first of x^2 and then of x in (1.1) gives $b_0 + b_1 = a_2$, $a_0a_1 = b_0b_1$, and so the general solution

$$(x - \alpha\beta)(x - \gamma\delta)(x - (\alpha\gamma + \beta\delta)) - (x - \alpha\gamma)(x - \beta\delta)(x - (\alpha\beta + \gamma\delta))$$
$$= \alpha\beta\gamma\delta(\alpha - \delta)(\beta - \gamma)$$

where $\alpha\beta\gamma\delta \neq 0$, $\alpha\neq\delta$, $\beta\neq\gamma$, $\mathrm{hcf}(\beta,\gamma) = \mathrm{hcf}(\alpha,\delta) = 1$.
(We do not distinguish between solutions obtained from one another by shifting).

The general solution for the case $n = 4$ has also been obtained ([4], [6, p.35]). For $n = 4, 5, 6, 7$ parametric solutions of (1.1) have been given (Chernick [2]). They are all of a special "symmetric" type [1] (though often shifted) :

$$(x^2 - A_1^2)(x^2 - A_2^2) \,..\, (x^2 - A_\ell^2)$$
$$= (x^2 - B_1^2)(x^2 - B_2^2) \,..\, (x^2 - B_\ell^2) + C \tag{1.2}$$

if $n = 2\ell - 1$ is odd, or

$$P(x) + P(-x) = C$$

where $P(x) = (x - A_0)(x - A_1) \ldots (x - A_n)$ if n is even.

For $n = 8$ only the two solutions ((4.8a,b) below, both symmetric) are known [6, p.48]. For $n = 9$ only the solution (4.9) has been published, by Gloden [6, p.55]. He states, however, that his method will produce infinitely many solutions. No solutions of (1.1) are known for $n \geq 10$, though Wright [9] has conjectured that they exist for all n.

Standard references for the Tarry-Escott problem are Dorwart and Brown [5], Chernick [2], Gloden [6], Dickson [3, chapter 24], [4] and Hua [7, pp.505-513].

We would like to thank Professor Schinzel and Dr Choudhry for supplying the references of Gloden and Kleiman.

This problem was brought to our attention by Professor G Horrocks, who was interested in it because it arose in the study of vector bundles on complex projective spaces.

2. Divisibility by smaller primes

In this section we prove some results on the divisibility of C. The basic result is

Proposition 2.1 (Kleiman [8]). If (1.1) holds, then C is divisible by n!.

Proof Let

$$(x - a_0)(x - a_1) \dots (x - a_n) = x^{n+1} - c_1 x^n + c_2 x^{n-1} \dots + (-1)^{n+1} c \quad (2.1)$$

and $s_k = a_0^k + a_1^k + \dots + a_n^k$. By Newton's formulae one has

$$s_{k+1} = c_1 s_k - c_2 s_{k-1} + \dots + (-1)^k (k+1) c_{k+1}.$$

Using $s_k(a)$ for the above and $s_k(b)$ for the corresponding expression for the b's and given (1.1), it follows that

$$\left.\begin{aligned} s_k(a) &= s_k(b) \quad \text{for} \quad 1 \leq k \leq n \\ \text{and} \quad s_{n+1}(a) &= (-1)^n (n+1) C + s_{n+1}(b) \end{aligned}\right\} \quad (2.2)$$

If t is an integer, one has that

$$t(t+1)(t+2) \dots (t+n) \equiv 0 \mod (n+1)! \quad (2.3)$$

Putting $x = a_0, a_1, \dots, a_n$ into this equation and summing, one gets

$$s_{n+1}(a) + A_1 s_n(a) + \dots + A_n s_1(a) \equiv 0 \mod (n+1)! \quad (2.4)$$

and similarly, by substituting $x = b_1, b_2, \dots, b_n$ one obtains

$$s_{n+1}(b) + A_1 s_n(b) + \dots + A_n s_1(b) \equiv 0 \mod (n+1)! \quad (2.5)$$

Subtracting these and using (2.2) gives that

$$(n+1)C \equiv 0 \mod (n+1)!$$

hence $C \equiv 0 \mod n!$ as required.

The following results give further divisibility properties for the constant C.

Proposition 2.2 If p is a prime such that $n \geq pk$, $k \geq 1$ then p^{k+1} divides C.

For $p \leq \sqrt{n}$ this result follows from Proposition 2.1, but for $\sqrt{n} < p \leq n$ it gives an extra power of p.

Proof If $pk \leq n$ then p^k divides n! and so, by Proposition 2.1, p^k divides C. By relabelling the roots one can assume that p does not divide $a_k, \dots, a_n$ and that p does divide a_0. Similarly, since p divides C, by considering the equation (1.1) modulo p one can assume that $a_i \equiv b_i \mod p$ for $1 \leq i \leq n$.

By assumption $n - k + 1 > (p - 1)k$ so there are $k + 1$ members of the set $\{a_k, a_{k+1}, \ldots, a_n\}$ that are in the same congruence class mod p (none of them are 0 mod p). So we may assume that

$$a_k \equiv a_{k+1} \equiv \ldots \equiv a_{2k} \equiv b_k \equiv b_{k+1} \equiv \ldots b_{2k} \bmod p.$$

Substituting $x = a_k$ into (2.1) gives

$$(a_k - b_0)(a_k - b_1) \ldots (a_k - b_n) = C.$$

We know that p divides each of $(a_k - b_k), \ldots, (a_k - b_{2k})$, hence p^{k+1} divides C.

It is also true that some primes p not much greater than n also divide C. The first result of this type is

<u>Proposition 2.3</u> If $p > 3$ is a prime and $p = n + 1$ then p divides C.

<u>Proof</u> We use the same notation as in the proof of Proposition 2.1. Suppose that p does not divide a_i, $0 \leq i \leq n$. Then $s_{p-1}(a) \equiv 0 \bmod p$ since it is a sum of p terms all congruent to 1 mod p. Since $s_n(a) = s_n(b)$ by (2.2), $s_{p-1}(b) \equiv 0 \bmod p$. But $s_{p-1}(b)$ is a sum of at most p-1 non-zero terms all congruent to 0 or 1 mod p, and so all the terms are zero. Thus $b_i \equiv 0 \bmod p$ for $1 \leq i \leq p-1$.

Now consider (1.1) mod p :

$$x^p \equiv (x - a_0)(x - a_1) \ldots (x - a_n) + C \bmod p$$

$$\text{or} \quad (x - C)^p \equiv (x - a_0)(x - a_1) \ldots (x - a_n) \bmod p$$

So, $a_0 \equiv a_1 \equiv a_2 \equiv \ldots \equiv a_n \equiv C \bmod p$.

If $a_i = C + \alpha_i p$, then $s_k(a) = s_k(b) \equiv 0 \bmod p^2$ for $k \geq 2$.

$$\text{So} \quad 0 \equiv \sum_{i=0}^{p-1} (C + \alpha_i p)^2 = pC^2 + 2Cp\Sigma\alpha_i \equiv 0 \pmod{p^2}$$

$$\text{and} \quad 0 \equiv \sum_{i=0}^{p-1} (C + \alpha_i p)^3 = pC^3 + 3C^2p\Sigma\alpha_i \equiv 0 \bmod p^2.$$

We are assuming that p does not divide C so one obtains

$$C + 2\Sigma\alpha_i \equiv 0 \bmod p \quad \text{and} \quad C + 3\Sigma\alpha_i \equiv 0 \bmod p.$$

Hence $C \equiv 0 \bmod p$. This contradiction proves the result.

It is not true that if $p = n + 2$ then p divides C, as we indicate below; however if $p \geq n + 3$ and not too big we prove a divisibility result in section 3.

First note that for $p = 3$, $n = 2$, the example (4.2) below has C not divisible by 3. So Proposition 2.3 cannot be extended to $p = 3$.

When $p = 5$, $n = 3$, C can be 36 (see (4.3)), and when $p = 7$, $n = 5$, C need not be divisible by 7 (see (4.5)). However, when $p = 11$, $n = 9$, there is no known example where 11 does not divide C. Note however that one has the equation

$$x^{p-1} = (x-1)(x-2) \ldots (x-(p-1)) + 1 \bmod p$$

and that by Proposition 5.3 below this can be lifted to a p-adic equation. Hence it seems likely that there is no result (even for large enough p) analogous to Proposition 2.3 when $n = p - 2$.

The main remaining uncertainty concerns the divisibility of C by powers of small primes, particularly 2. The first case is $n = 4$, $p = 2$. By Proposition 2.1 we know that 8 divides C and by (4.4) we know that there is an example where 16 is the highest power of 2 dividing C. This is resolved by

Proposition 2.4 When $n = 4$, 16 divides C.

Proof Firstly, label the a_i's and b_i's so that $a_i = b_i \bmod 2$ and the majority of the b_i have the same parity as b_0. Then, we shift x by b_0 so that we have $b_0 = 0$, $C = a_0a_1a_2a_3a_4$ and a majority of the a_i's even. Assuming that 8 divides C but 16 does not, we can then take $a_0 = a_1 = a_2 = 2 \bmod 4$ and $a_3 = a_4 = 1 \bmod 2$.

Substituting $x = a_0$ now gives

$$a_0(a_0 - b_1)(a_0 - b_2)(a_0 - b_3)(a_0 - b_4) = C.$$

Since a_0, $a_0 - b_1$, $a_0 - b_2$, are all even and their product is not divisible by 16, they must all be 2 mod 4. So $b_1 = b_2 = 0 \bmod 4$.

Substituting $x = a_3$ into (1.1) gives

$$a_3(a_3 - b_1)(a_3 - b_2)(a_3 - b_3)(a_3 - b_4) = C.$$

Since a_3, $(a_3 - b_1)$, $(a_3 - b_2)$ are odd and $(a_3 - b_3)$, $(a_3 - b_4)$ are even, one of these is 2 mod 4 and the other 4 mod 8. By rearranging, we assume $a_3 = b_3 = 0 \bmod 4$.

Substituting $x = b_4$ into (1.1) gives

$$(b_4 - a_0)(b_4 - a_1)(b_4 - a_2)(b_4 - a_3)(b_4 - a_4) = -C.$$

The only even terms are $b_4 - a_3$ and $b_4 - a_4$. But $b_4 - a_3 = 2 \bmod 4$ and so $b_4 = a_4 \bmod 4$. But by (2.2) $s_1(a) = s_1(b)$ and from the above one has

$$s_1(a) - s_1(b) = a_0 + a_1 + a_2 + a_3 + a_4 - (b_1 + b_2 + b_3 + b_4)$$
$$= 2 + 2 + 2 + b_3 + b_4 - 0 - 0 - b_3 - b_4 = 2 \bmod 4.$$

This contradiction proves Proposition 2.4.

When $n = 5$, Proposition 2.1 shows that 8 divides C. In fact

<u>Proposition 2.5</u> When $n = 5$, 32 divides C.

The proof of this proposition, though elementary, is too long to include here. Indeed, (see Table 2) it may be the case that 64 divides C. We shall content ourselves with proving

<u>Lemma 2.6</u> When $n = 5$, 16 divides C.

<u>Proof</u> The proof is similar to that of Proposition 2.4. Again take $b_0 = 0$. Assuming that $a_0a_1a_2a_3a_4a_5 = 8 \bmod 16$, one can take $a_0 = a_1 = a_2 = 2 \bmod 4$, a_3, a_4, a_5 odd; b_1, b_2 even; and b_3, b_4, b_5 odd. Substituting $x = a_0$ into (1.1) and considering only the even terms gives

$$a_0(a_0 - b_1)(a_0 - b_2) = 8 \bmod 16.$$

Hence $b_1 = b_2 = 0 \bmod 4$. Substituting $x = a_3$ into (1.1) similarly gives

$$(a_3 - b_3)(a_3 - b_4)(a_3 - b_5) = 8 \bmod 16.$$

So $a_3 - b_3 = a_3 - b_4 = a_3 - b_5 = 2 \bmod 4$. Hence $b_3 = b_4 = b_5 \bmod 4$. By substituting $x = a_4, a_5$ into (1.1), one obtains the equations $a_3 = a_4 = a_5 \bmod 4$. If $x = 2 \bmod 4$ then $x^2 = 4 \bmod 16$, so

$$s_2(a) = 12 + a_3^2 + a_4^2 + a_5^2 \bmod 16.$$

Also $s_2(b) = b_3^2 + b_4^2 + b_5^2 = 12 + 4(a_3 + a_4 + a_5) + (a_3^2 + a_4^2 + a_5^2) \bmod 16$. Hence $s_2(b) = s_2(a) + 4(a_3 + a_4 + a_5) = s_2(a) + 4 \bmod 8$ since $a_3 = a_4 = a_5 = 1 \bmod 2$. However $s_2(a) = s_2(b)$ by (2.2). This proves Lemma 2.6.

3. <u>The Multiplicity Lemma and Applications</u>

In this section we show that certain primes greater than $n + 2$ divide the constant C of (1.1). In fact we prove

<u>Proposition 3.1</u> (a) If (1.1) holds, and p is a prime satisfying

$$n + 3 < p < n + 3 + \frac{n-2}{6} \tag{3.1}$$

then p divides C.

(b) In addition 11 divides C for $n = 6, 7$, 13 divides C for $n = 7, 8$, and 17 divides C for $n = 10$.

The proof of the theorem is based on the following lemma :

<u>Multiplicity Lemma</u> Let p be a prime greater than $n + 1$, and suppose that q_1 and q_2 are monic polynomials over the field Z_p of integers

mod p, both having all zeros in Z_p, and which satisfy

$$q_1(x) - q_2(x) = C \tag{3.2}$$

where $C \neq 0 \bmod p$. Then, denoting by $\mathcal{M}_i(a)$ the multiplicity of a zero $a \in Z_p$ of $q_i (i=1, 2)$, we have

$$\mathcal{M}_1(x) - \mathcal{M}_2(x) = h(x) \bmod p,$$

where $h(x)$ is a polynomial of degree exactly $k = p - n - 2$.

<u>Proof</u>. We claim that, over Z_p, $\mathcal{M}_1(x) = (x - x^p)q_1'(x)/q_1(x)$. To see this, let $q_1(x) = \prod_{a=0}^{p-1} (x - a)^{m_a}$. Then

$$(x - x^p)q_1'/q_1 = (x - x^p) \sum_a m_a/(x - a) = \sum_a \frac{m_a}{x-a} ((x - a) - (x - a)^p)$$

$$= \sum_a m_a(1 - (x - a)^{p-1}) = m_a \text{ at } x = a,$$

proving our claim. Similarly $\mathcal{M}_2(x) = (x - x^p)q_2'/q_2$ and hence, since $q_1' = q_2'$, $\mathcal{M}_1(x) - \mathcal{M}_2(x) = C(x^p - x)q_1'/(q_1 q_2)$. This polynomial we take to be $h(x)$, of degree $k = p + n - 2(n + 1) = p - n - 2$.

<u>Cor.1</u> If $C \neq 0 \bmod p$, $h(a) = \mathcal{M}_1(a)$ or $-\mathcal{M}_2(a)$ for $a \in Z_p$.

<u>Proof</u>. Since $\mathrm{hcf}(q_1, q_2) = 1$, one of $\mathcal{M}_1(a)$ and $\mathcal{M}_2(a)$ is always zero. Now for $a \in Z_p$ let $\langle a \rangle_p$ be the integer congruent to $a \bmod p$ in the interval $(-\frac{p}{2}, \frac{p}{2})$. For a polynomial $H(x)$ define

$$\Sigma_{H,P} = \sum_{a=0}^{p-1} |\langle H(a) \rangle_p|.$$

Then

<u>Cor.2</u> For $h(x)$ in the lemma, and for $C \neq 0 \pmod p$,

$$\Sigma_{h,p} \leqslant 2(n + 1).$$

<u>Proof</u>. If $m_i(a) > 0$ then $m_i(a) = \pm \langle h(a) \rangle_p + \lambda p \geqslant |\langle h(a) \rangle_p|$. Summing over a and $i = 1, 2$ gives the result.

We now prove part (a) of the proposition. Suppose $p \geqslant n + 3$ and p does not divide C. Then we can apply the lemma to (1.1) mod p. For $j = 0, 1, 2, \ldots,$ let

$N_j = \#\{\text{roots of } q_1 \text{ of multiplicity } j\} + \#\{\text{roots of } q_2 \text{ of multiplicity } j\}$.

Then for $j > 0$

$$N_j \leqslant \#\{a : h(n) = j \bmod p\} + \#\{a : h(a) = -j \bmod p\}$$
$$\leqslant 2 \deg h = 2k,$$

as $k = p - n - 2 > 0$. Similarly $N_0 \leqslant k$ and clearly

$$\sum_{j=0}^{n+1} N_j = p \quad \text{and} \quad \sum_{j=0}^{n+1} j\, N_j = \deg q_1 + \deg q_2 = 2(n+1).$$

Hence

$$\begin{aligned} N_1 + N_2 + \ldots + N_{n+1} &= p - N_0 \geq (k + n + 2) - k = n + 2 \\ N_2 + \ldots + N_{n+1} &\geq n + 2 - N_1 \geq n + 2 - 2k \\ N_3 + \ldots + N_{n+1} &\geq n + 2 - 2k - N_2 \geq n + 2 - 4k. \end{aligned}$$

Adding

$$2(n+1) = \sum_{0}^{n+1} j\, N_j \geq N_1 + 2N_2 + 3(N_3 + \ldots + N_{n+1}) \geq 3n + 6 - 6k$$

or $k \geq (n+4)/6$, and so $p \geq n + 2 + (n+4)/6 = n + 3 + (n-2)/6$, proving that p divides C for all p satisfying (3.1).

The proof of part (b) of the proposition is based on Corollary 2. The idea is as follows : if p does not divide C in (1.1), then applying Cor.2 to (1.1) mod p, we have $\Sigma_{h,p} \leq 2n+2$, where h has degree $p - n - 2$. If we can show that $\Sigma_{H,p} > 2n + 2$ for all H of degree $p - n - 2$ then we must have p dividing C.

We therefore put $m_{n,p} = \min_H \Sigma_{H,p}$, the minimum being taken over all H of exact degree $p - n - 2$.

The values $m_{n,p}$ are readily computed for small n and p. Use can be made of affine transformations $x \to ax + b$ which do not affect the value set of the polynomial, but which restrict the polynomials which need to be considered. These are shown in the "Polynomials needed" column of the results table (Table 1) below.

n	p	(p-n-2)	$m_{n,p}$	(2n+2)	Polynomials needed	A polynomial H with $\Sigma_{H,p} = m_{n,p}$
6	11	3	16	14	$x^3 + Ax + B$	$x^3 + 6x$
7	11	2	23	16	$x^2 + A$	$x^2 + 8$
7	13	4	20	16	$Ax^4 + Bx^2 + \varepsilon x + D$ $(A \neq 0,\ \varepsilon = 0, 1)$	$2x^4 + 2x^2$
8	13	3	24	18	$Ax^3 + \varepsilon x + B$ $(A \neq 0,\ \varepsilon = 0, 1)$	$4x^3 + 6$
10	17	5	30	22	$x^5 + Ax^3 + Bx^2 + Dx + E$	$x^5 + 12x^3 + 3x$

Table 1

The fact that always $m_{n,p} > 2n + 2$ in the table proves part (b) of the proposition.

4. Results for n up to 10

In this section we use a list of known examples of solutions of (1.1) to exclude certain primes and prime powers as factors of C. These will complement the results of the previous sections which gave specific factors of C. Our results are collected in Table 2 below.

Since $n!$ divides C by Prop.2.1, we define the integer r_n by

$$r_n = (\text{highest common factor of } C)/n!,$$

taken for C from all solutions of (1.1) with parameter n. Thus $n!r_n$ always divides C.

The examples we use are

$$x(x + C - 1) - (x - 1)(x + C) = C \qquad (4.1)$$

$$x(x - 3)^2 - (x - 1)^2(x - 4) = 4 \qquad (4.2)$$

$$x^2(x - 5)^2 - (x + 1)(x - 2)(x - 3)(x - 6) = 36 \qquad (4.3)$$

$$p(x) + p(-x) = 4! \times 2.3.5.7 \qquad (4.4)$$

where $p(x) = (x + 9)(x + 5)(x + 1)(x - 7)(x - 8)$

$$x^2(x^2 - 7^2)^2 - (x^2 - 3^2)(x^2 - 5^2)(x^2 - 8^2) = 5! \times 2^3.3.5 \qquad (4.5)$$

$$p_a(x) + p_a(-x) = 6! \times 2^2.3.5.7.11.13.17.19 \quad (= C_a \text{ say}), \qquad (4.6a)$$

where $p_a(x) = (x + 51)(x + 33)(x + 24)(x - 7)(x - 13)(x - 38)(x - 50)$

$$p_b(x) + p_b(-x) = 6! \times 2^2.3.5.7.11.19.29.47.67 \quad (= C_b \text{ say}), \qquad (4.6b)$$

where $p_b(x) = (x + 134)(x + 75)(x + 66)(x - 8)(x - 47)(x - 87)(x - 133)$.

Note that $\text{hcf}(C_a, C_b) = 6! \times 2^2.3.5.7.11.19$.

$$(x^2-5^2)(x^2-14^2)(x^2-23^2)(x^2-24^2) - (x^2-2^2)(x^2-16^2)(x^2-21^2)(x^2-25^2)$$
$$= 7! \times 2^4.3.5.7.11.13 \qquad (4.7)$$

$$p_a(x) + p_a(-x) = 8! \times 2^2 3^2.5.7.11.13.17.23.29.41 \quad (= C_a \text{ say}) \qquad (4.8a)$$

where

$$p_a(x) = (x+99)(x+75)(x+69)(x+16)(x+13)(x-34)(x-58)(x-82)(x-98)$$

$$p_b(x) + p_b(-x) = 8! \times 2^3 3^2.5.7^2.11.13^2.17.23.29.37 \quad (= C_b \text{ say}) \qquad (4.8b)$$

where

$$p_b(x) = (x + 174)(x + 148)(x + 132)(x + 50)(x + 8)(x - 63)(x - 119) \times (x - 161)(x - 169).$$

Note that $\text{hcf}(C_a, C_b) = 8! \times 2^2.3^2.5.7.11.13.17.23.29$.

$$(x^2 - 12^2)(x^2 - 11881^2)(x^2 - 20231^2)(x^2 - 20885^2)(x^2 - 23738^2)$$
$$- (x^2 - 436^2)(x^2 - 11857^2)(x^2 - 20449^2)(x^2 - 20667^2)(x^2 - 23750^2)$$
$$= 9! \times 2^4.3^2.5.7.11^2.13^2.17.23.37.53.61.79.83^2.103.107.109^2.113.191 \qquad (4.9)$$

These examples are taken from [2], [6] and [7].

We now look at the factors of C we obtain for $n \leq 10$ from Propositions

2.2, 2.3, 2.5 and 3.1. These are readily calculated, and are collected in Table 2 below as divisors of r_n. From the constants C of the examples we obtain the values in the table which r_n must divide.

n	n!	r_n
1	1	$r_1 = 1$
2	2	$r_2 = 2$
3	2.3	$r_3 = 2.3$
4	$2^3.3$	$r_4 = 2.3.5.7$
5	$2^3.3.5$	$2^2.3.5 \mid r_5 \mid 2^3.3.5$
6	$2^4.3^2.5$	$3.5.7.11 \mid r_6 \mid 2^2.3.5.7.11.19$
7	$2^4.3^2.5.7$	$3.5.7.11.13 \mid r_7 \mid 2^4.3.5.7.11.13$
8	$2^7.3^2.5.7$	$3.5.7.11.13 \mid r_8 \mid 2^2.3^2.5.7.11.13.17.23.29$
9	$2^7.3^4.5.7$	$5.7.13 \mid r_9$ and
	$r_9 \mid 2^4.3^2.5.7.11^2.13^2.17.23.37.53.61.79.83^2.103.107.109^2.113.191$	
10	$2^8.3^4.5^2.7$	$5.7.11.13.17 \mid r_{10}$

Table 2

Notes

1. For $n > 10$ no examples are known.
2. The large number of possible factors for r_9 is due to (4.9) being the only known example.
3. It may be that many possible factors of the r_n could be eliminated if more non-symmetric examples for $n > 4$ were known. For instance, for $n = 5$ it is easy to show that $2^6 | C$ for symmetric solutions, so that any example with $2^5 \| C$ must be non-symmetric. Similarly, for $n = 6$, a computer search has shown that there are no symmetric solutions of (1.1) mod 19 where 19 does not divide C, which explains why 19 has not been eliminated as a possible factor of r_6. (There are non-symmetric examples mod 19 however,

e.g. $x(x-3)^3(x-5)(x+7)^2 - (x-4)(x+9)^2(x+8)^2(x+5)(x+3) = 10 \bmod 19$).

5. Local Results

In this section we consider solutions of (1.1) modulo prime powers. Our first result comes from a simple box-principle argument :

Proposition 5.1 For fixed n, equation (1.1) has a solution mod p with

$C \not\equiv 0 \bmod p$ if p is sufficiently large. In fact solutions certainly exist for $p > (n + 1)!$.

Proof. There are $\begin{bmatrix} p + n \\ n + 1 \end{bmatrix}$ choices of a set of $n + 1$ not necessarily distinct elements $\{a_0, a_1, \dots a_n\}$ of Z_p. Considering sets of coefficients $\{c_1, \dots, c_n\}$ in Z_p^n defined by (2.1), we must have two coefficient sets equal if $\begin{bmatrix} p + n \\ n + 1 \end{bmatrix} > p^n$. This is certianly true if $p > (n + 1)!$, as then

$$\begin{bmatrix} p + n \\ n + 1 \end{bmatrix} > \frac{p^{n+1}}{(n+1)!} > p^n.$$

For certain $p > n$, a solution of (1.1) mod p with $C \not\equiv 0 \bmod p$ can be written down explicitly : if $p = \ell(n+1) + 1$ is prime, and g is a primitive root mod p then

$$x^{n+1} - (x - g)(x - g^{1+\ell})(x - g^{1+2\ell}) \dots (x - g^{1+n\ell}) \equiv g^{n+1} \bmod p.$$

A heuristic probabilistic argument suggests that these solutions should exist for all p substantially smaller, perhaps for $p > n^c$, c a constant.

We next show

Proposition 5.2 If p is a prime greater than n, then (1.1) mod p^2 has a solution with $C \not\equiv 0 \bmod p^2$.

Proof. Choose $b_i = i (i = 0, 1, \dots, n)$, $a_0 = p$ and $a_i = i + \lambda_i p$ $(i = 1, \dots, n)$, where the $\lambda_i \in Z_p$ are to be determined. Then

$$C = (-1)^n a_0 a_1 \dots a_n \equiv -pn! \bmod p^2 \not\equiv 0 \bmod p^2$$

as $p > n$. It will be sufficient to show that

$$a_0^j + a_1^j + \dots + a_n^j \equiv b_0^j + b_1^j + \dots + b_n^j \bmod p^2 \quad (j = 1, \dots, n) \quad (5.1)$$

Then it follows using Newton's formulae and the fact that $p > n$ that the coefficients of $x^n, x^{n-1}, \dots, x$ of $\prod_i (x - a_i)$ and $\prod_i (x - b_i)$ agree mod p^2. For $j = 1$, (5.1) is equivalent to

$$\lambda_1 + \lambda_2 + \dots + \lambda_n \equiv -1 \bmod p$$

while for $j = 2, 3, \dots, n$ it is equivalent to

$$1^{j-1}\lambda_1 + 2^{j-1}\lambda_2 + \dots + n^{j-1}\lambda_n \equiv 0 \bmod p.$$

Since the determinant of this system of linear equations in the λ_i is a Vandermonde, which is nonzero mod p, we can solve for $\lambda_1, \dots, \lambda_n$ mod p.

This result implies that, if the local-to-global principle held, r_n would not be divisible by the square of any prime greater than n.

The following result is proved in a similar way.

<u>Proposition 5.3</u> Let $p > n$, $k > \ell \geq 0$ and suppose (1.1) holds mod p^k, where p^ℓ is the exact power of p dividing C, and that the solution (multi) set $R = \{a_0, a_1, \ldots, a_n, b_0, b_1, \ldots, b_n\}$ contains at least n distinct elements mod p. Then (1.1) has a solution $\{a_0', \ldots, a_n', b_0', \ldots, b_n'\}$ mod p^{k+1} with $a_i' \equiv a_i \bmod p^k$, $b_i' \equiv b_i \bmod p^k$ $(i = 0, \ldots, n)$, with again p^ℓ the exact power of p dividing the constant.

<u>Proof</u> By shifting, we can assume that $b_0 = 0$ and that $R\backslash\{b_0\}$ still contains at least n distinct elements mod p. For if $b_0, \ldots, b_n$ are distinct mod p simply shift x to $x - b_0$, while if two of the b_i (b_0 and b_1 say) are equal mod p, then the same shift means that R and $R\backslash\{b_0\}$ have the same distinct elements mod p. Then $C = (-1)^n a_0 a_1 \ldots a_n \bmod p^k$, and $p^{\ell+1}$ does not divide any a_i. Now put $a_i' = a_i + \lambda_i p^k$ $(i = 0, \ldots, n)$, $b_i' = b_i + \mu_i p^k$ $(i = 0, \ldots, n)$ and then $C' = (-1)^n a_0' \ldots a_n' \equiv C \not\equiv 0 \bmod p^k$. As before it is sufficient, as $p > n$, to show that

$$a_0'^j + \ldots + a_n'^j \equiv b_1'^j + \ldots + b_n'^j \bmod p^{k+1} \quad (j = 1, \ldots, n) \qquad (5.2)$$

This is equivalent to

$$\sum_{i=0}^{n} a_i^{j-1}\lambda_i - \sum_{i=1}^{n} b_i^{j-1}\mu_i \equiv \frac{\sum_i (b_i^j - a_i^j)}{jp^k} \bmod p \quad (j = 1, \ldots, n)$$

(5.3)

Now choose n elements from $R\backslash\{b_0\}$ which are distinct mod p, relabel them $A_1, \ldots, A_n$, and the corresponding λ_i's and μ_i's as $\nu_1, \ldots, \nu_n$. Set all other γ_i's and μ_i's equal to 0. Then (5.3) becomes a set of equations whose determinant is a non-zero Vandermonde mod p, so that we can solve for $\nu_1, \ldots, \nu_n$. Thus we obtain all the λ_i's and μ_i's which solve (5.3).

<u>Corollary</u> If $p > n$, (1.1) has a solution in p-adic integers $a_0, \ldots, a_n$, $b_0, \ldots, b_n$ with $C \neq 0$.

This follows straight from Propositions 5.2 and 5.3.

It would be interesting to be able to show that this corollary held also for $p \leq n$, so that at least there would be no local obstructions to solving (1.1) for any n.

REFERENCES

[1] J L Burchnall and T W Chaundy, A type of "Magic Square" in Tarry's problem, Quart. J. Math. 8 (1937), 119-130.

[2] J Chernick, Ideal solutions of the Tarry-Escott problem, Amer. Math. Monthly 44 (1937), 626-633.

[3] L E Dickson, History of the Theory of Numbers, Vol.II, Chelsea 1952.

[4] L E Dickson, Introduction to the Theory of Numbers, Univ. of Chicago Press, 1929.

[5] H L Dorwart and O E Brown, The Tarry-Escott problem, Amer. Math. Monthly 44 (1937), 613-626.

[6] A Gloden, Mehrgradige Gleichungen, Luxembourg 1944.

[7] Hua L K, Introduction to Number Theory, Springer 1982.

[8] H Kleiman, A note on the Tarry-Escott problem, J. Reine Angew. Math. 278/279 (1975), 48-51.

[9] E M Wright, On Tarry's problem (I), Quart. J. Math. 6 (1935), 261-267.

EXTREMAL PROBLEMS ON POLYNOMIALS

Bahman Saffari
Université de Paris-Sud (Orsay)

§ 1 Notations and Statements

For any polynomial $P(z)=a_nz^n+\ldots+a_o$ $(n>0)$ with complex coefficients, define:

$$\|P\|_\infty=\max_{|z|=1}|P(z)|\quad,\quad N_\infty(P)=\max_{0\leq p\leq n}|P(e^{2ip\pi/(n+1)})|\quad,\quad \text{for } 0<q<\infty$$

$$\|P\|_q=(\int_0^1|P(e^{2i\pi t})|^q)^{1/q}\quad,\quad N_q(P)=((n+1)^{-1}\sum_{0\leq k\leq n}|P(e^{2ik\pi/(n+1)})|^q)^{1/q}$$

In particular $\|P\|_2=N_2(P)=(n+1)^{1/2}$ whenever P satisfies

(1) $|a_k|=1$, $k=0,\ldots,n$

In the May 1988 Conference in memory of Alain Durand, we gave a talk pertaining to the following statements on polynomials P such that

(2) $a_k=\pm 1$, $k=0,\ldots,n$

STATEMENT 1: If $q<\infty$ is sufficiently large, then for any P satisfying (2), we have

(3) $\|P\|_q\geq(1+C)\ (n+1)^{1/2}$ (C = positive absolute constant)

STATEMENT 2: Under the same assumptions, we have

(4) $N_q(P)\geq(1+C_1)\ (n+1)^{1/2}$ (C_1 = positive absolute constant)

STATEMENT 3: There are positive absolute constants a and b such that, whenever P satisfies (2), then

(5) $\|P\|_1\leq(n-an^b)^{1/2}$

Statement 1 has been conjectured by Erdös |1| for $q=\infty$ and by others for all $q>2$ (with $C=C_q$ only depending on q if q approaches 2). Statement 3 is stronger than D.J.Newman's conjecture |2|, namely that for all P satisfying (2) and of sufficiently large degree n, we have

(6) $\|P\|_1\leq n^{1/2}$.

We mentioned that Statements 1 and 3 both follow from Statement 2. Unfortunately, shortly after the Alain Durand Conference of May 1988, we observed that the "proof" of Statement 2 given in [3] contains a mistake, and that there are actually known counterexamples to (4), even for $q=\infty$. The disclaim of the mistaken Statement 2 (with comments on the mistake itself) is contained in [6] . A forthcoming detailed work [7] will present the state of our knowledge on Erdös type and Newman type conjectures for various kinds of polynomials satisfying (1), and in particular for those satisfying (2).

We nevertheless state here, in the next section, some conjectures and partial results on polynomials satisfying (2), and more generally (1). We also prove that the strong form (5) of D.J. Newman's conjecture is indeed a corollary of Statement 1 (i.e. an L^q theorem with $q>2$).

§ 2 Conjectures and Resul s

There are two main conjectures, although both are special cases of more general problems:

CONJECTURE 1: If P satisfies (1) and is also self-inversive, i.e.

(7) $a_{n-k} = \bar{a}_k \quad k=0,\dots,n$

then

(8) $\|P\|_q \geq (1+C_q)\,(n+1)^{1/2}$ if $2<q<\infty$, $\|P\|_q \leq (1-C_q)\,(n+1)^{1/2}$ if $0<q<2$

where $C_q > 0$ only depends on q.

CONJECTURE 2: If P is no longer assumed self-inversive, but for some fixed integer $d \geq 2$ each coefficient a_k of P is a root of 1 of order d, then inequalities similar to (8) hold, where here $C_q > 0$ only depends on q and d.

We have some understanding of Conjecture 1. In particular Conjecture 1 is proved in [5] for q=4 (and therefore also for all q with $4 \leq q$), and other results on good estimates for C_q will be given in [7] by other analytic methods.
Conjecture 2 is probably very difficult. The case d=2 is that of those P satisfying (2). We have some strong hope of being able to prove Conjecture 2 for $q \geq 4$ (and d=2), but the cases $2<q<4$ and especially $0<q<2$ seem intractable by our present methods. The case q=1 of Conjecture 2 is a very strong form of D.J.Newman's Conjecture. In this connection we have the following result:

THEOREM: Suppose $P(z)=a_n z^n+\dots+a_o$ (with complex coefficients and n>0) satisfies (1) and, for some $C>0$ and some q with $2<q<\infty$,

(9) $\|P\|_q \geq (1+C)\,(n+1)^{1/2}$.

Then there is a positive number a=a(C,q) (only depending on C and q) such that

(10) $\|P\|_1 \leq (n-an^{2/q})^{1/2}$

This result shows that whenever we can prove, for some P satisfying (1), an Erdös type conjecture with q=4, then we obtain a proof of a fairly strong Newman type conjecture, namely

(11) $\|P\|_1 \leq (n-an^{1/2})^{1/2}$

§ 3 Proof of (11) (or (10) for q=4)

In the special (and particulary important) case q=4, the proof of (10) is technically easier. It uses the following

EXTRAPOLATION INEQUALITY : Let $f\colon [0,1] \to \mathbb{C}$ be measurable, with

$\|f\|_\infty := \operatorname{ess\,sup}_{0\leq x\leq 1} |f(x)| < \infty$, and set $\|f\|_q = \left(\int_0^1 |f(x)|^q dx\right)^{1/q}$ $(0<q<\infty)$.

Suppose $\|f\|_2 > 0$ (i.e. $f \neq 0$ a.e.). Then,

(12) $\quad (\|f\|_1/\|f\|_2) \leq 1 - (1/2)((\|f\|_4^4/\|f\|_2^4)-1)(1+(\|f\|_\infty/\|f\|_2))^{-2}$

To prove (12), let $g(x) := (|f(x)|^2/\|f\|_2^2)-1$ .Then, if $D(u)$ is defined by $D(u) := u^{-2}(1+(u/2)-(1+u)^{1/2}) = (1/2)\ (1+(1+u)^{1/2})^{-2}$ (with $D(0)=1/8$) for $-1 \leq u < \infty$,

(13) $\quad |f(x)|/\|f\|_2 = 1 + (1/2)g(x) - (1/2)(g(x))^2(1+(\|f\|_\infty/\|f\|_2))^{-2}$.

On integrating both sides of (13) on $[0,1]$, we obtain (12).

Now, by (12), to prove (11), it suffices to prove

(14) $\quad ((\|P\|_4^4/\|P\|_2^4)-1)(1+(\|P\|_\infty/\|P\|_2))^{-2} \geq C_2 n^{-1/2}$

(here $C_2, C_3, C_4 \ldots$ always denote suitable <u>absolute</u> constants > 0).

Let $m = n^{-3/4}\|P\|_\infty$. Nikolskii's inequality implies $\|P\|_4 \geq C_3 n^{-1/4}\|P\|_\infty = C_3 m n^{1/2}$, hence the left side of (14) is $\geq (C_4 m^4-1)(1+mn^{1/4})^{-2}$.

Thus there is an absolute constant C_5 such that if $m \geq C_5$, then the left side of (14) is greater than $C_6 n^{-1/2}$, as desired. Also, if $m \leq C_5$, then the denominator of the left side of (14) is $\leq C_7 n^{-1/2}$ while its numerator is $\geq C_8$ in view of (9) with $q = 4$. Thus (14) holds again. This completes the proof of (11) subject to (9) (for $q = 4$).

The proof for $q \neq 4$ is based on similar ideas but is more complicated (technically). Instead of (12) one has to use the more sophisticated "extrapolation inequality" proved in |4| via Laguerre's theorem on real exponential sums.

<u>REFERENCES</u>

[1] P.ERDÖS Michigan Math. J.,1957,p.291-300

[2] D.J.NEWMAN Amer. Math. Monthly 67, 1960, p.778-779

[3] B.SAFFARI et B.SMITH C.R.Acad.Sc. Paris 306,1988,p.695-698

[4] B.SAFFARI et B.SMITH C.R.Acad.Sc. Paris 306,1988,p.651-654

[5] M.L.FREDMAN,B.SAFFARI et B.SMITH Polynômes réciproques:Conjecture d'Erdös en norme L^4,taille des autocorrélations et inexistence des codes de Barker (to appear in C.R.Acad.Sc. Paris (1989))

[6] B.SAFFARI et B.SMITH Sur une Note récente relative aux polynômes ultra-plats de Kahane et à la conjecture d'Erdös (to appear in C.R.Acad.Sc. Paris (1989))

[7] B.SAFFARI Polynomials with unimodular coefficients (to appear in Proc. of NATO Adv. Inst. on Fourier Analysis and Applications, Italy, July 1989)

UN CRITERE D'IRREDUCTIBILITE DE POLYNOMES

Par

A. SCHINZEL

En développant les idées présentées dans [6] on va démontrer le théorème suivant.

Théorème. Pour tout polynôme $F \in \mathbb{Q}[x_1,\dots,x_r,t_1,\dots.t_s]$ il existe des nombres $c(\sigma,F)$ $(1 \le \sigma \le s)$ avec la propriété suivante. Soit $\mathbf{n} = [n_1,\dots,n_s] \in \mathbb{Z}^s$ tel que

$$F(x\ ,\dots,x\ ,t^{n_1},\dots,t^{n_s}) \neq 0$$

et

$$\frac{F(x_1,\dots,x_r,t^{-n_1},\dots,t^{-n_s})}{F(x_1,\dots,x_r,t^{n_1},\dots,t^{n_s})} \notin \mathbb{Q}(t).$$

Pour que $F(x_1,\dots.x_r,t^{n_1},\dots,t^{n_s})$ soit réductible sur $\mathbb{Q}(t)$ il faut et il suffit qu'il existe une matrice

$$\mathrm{M} = [\mu_{ij}] \in \mathfrak{M}_{\sigma,s}(\mathbb{Z})$$

de rang σ et un vecteur $\mathbf{v} \in \mathbb{Z}^\sigma$ tels que

$$0 \le \mu_{ij} < c(\sigma,F) \qquad\qquad (i \le \sigma, j \le s)$$

$$\mathbf{n} = \mathbf{v}\,\mathrm{M}$$

et

$$F(x_1,\dots,x_r,\prod_{i=1}^{\sigma} y_i^{\mu_{i1}},\dots,\prod_{i=1}^{\sigma} y_i^{\mu_{is}}) = G_1 G_2,$$

où

$$G_\nu \in \mathbb{Q}[x_1,\dots,x_r,y_1,\dots,y_\sigma] \quad (\nu = 1,2) \qquad \text{et}$$

$$G_\nu(x_1,\dots,x_r,t^{v_1},\dots,t^{v_\sigma}) \notin \mathbb{Q}(t) \quad (\nu = 1,2).$$

Ce théorème entraîne

Corollaire 1. Pour tout $s \geq 1$ et tous polynômes $a_i \in \mathbb{Q}[x_1,\dots,x_r]$ $(0 \leq i \leq s)$ linéairement indépendants sur $\mathbb{Q}$ il existe un nombre $c_0(a_0,\dots,a_s)$ avec la propriété suivante. Si un polynôme $a_0 + \sum_{i=1}^{s} a_i t^{n_i}$ $(n_i > 0)$ est réductible sur $\mathbb{Q}(t)$ alors il existe une matrice $M_0 = [\mu_{ij}] \in \mathfrak{M}_{[(s+1)/2],s}(\mathbb{Z})$ et un vecteur $\mathbf{v} \in \mathbb{Z}^{[(s+1)/2]}$ tels que

$$0 \leq \mu_{ij} \leq c_0(a_0,\dots,a_s) \quad (i \leq [(s+1)/2], j \leq s),$$

et

$$\mathbf{n} = \mathbf{v}\,\mathbf{M}.$$

Pour formuler le second corollaire on a besoin de deux définitions.

Définition 1. Pour une fonction rationnelle $\phi \in \Omega(t_1,\dots,t_s)$ (Ω désigne un corps quelconque) telle que

$$\phi = f \prod_{i=1}^{s} t_i^{\alpha_i}, \quad f \in \Omega[t_1,\dots,t_s], \quad (f, \prod_{i=1}^{s} t_i) = 1, \quad \alpha_i \in \mathbb{Z}$$

on pose

$$J_{\mathbf{t}}\phi = f.$$

Définition 2. Un pôlynome $F \in \Omega[t_1,\dots,t_s]$ est dit réciproque par rapport à $t_1,\dots,t_s$ si

$$J_{\mathbf{t}}F(t_1^{-1},\dots,t_s^{-1}) = \pm F(t_1,\dots,t_s).$$

Corollaire 2. Soit $F \in \mathbb{Q}[x_1,\dots,x_r,t_1,\dots,t_s]$ un polynôme non-réciproque par rapport à $t_1,\dots,t_s$. On suppose que $F(x_1,\dots,x_r,t_1^d,\dots,t_s^d)$ soit irréductible sur $\mathbb{Q}$ pour tous les entiers positifs d. Si $F(x_1,\dots,x_r,t^{n_1},\dots,t^{n_s})$ est réductible sur $\mathbb{Q}(t)$ les exposants $n_1,\dots,n_s$ satisfont à une relation

(1) $$\gamma_1 n_1 + \dots + \gamma_s n_s = 0,$$

où γ_i sont des entiers et

$$0 < \max_{1 \leq i \leq s} |\gamma_i| < c_1(F).$$

Ce corollaire était le résultat principal de [6] et aussi de l'exposé fait au colloque Cinquante ans de polynômes. La preuve du théorème est basée sur quatre lemmes.

Pour simplifier les notations on fait

Définition 3. Pour une matrice $\mathbf{A} = [a_{ij}] \in \mathfrak{M}_{k,\ell}(\mathbb{Z})$ et un vecteur $\mathbf{z} = [z_1,\dots,z_k] \in \Omega^k$ on pose

$$h(\mathbf{A}) = \max_{i\le k,\, j\le \ell} |a_{ij}|,$$

$$\mathbf{z}^{\mathbf{A}} = \left[\prod_{i=1}^{k} z_i^{a_{i1}},\dots,\prod_{i=1}^{k} z_i^{a_{i\ell}}\right].$$

Les vecteurs sont identifiés à des matrices à une ligne, sauf le produit scalaire de deux vecteurs **a**,**b** est noté par **ab**. En outre, on posera

$$\mathbf{x} = [x_1,\dots,x_r],\quad \mathbf{t} = [t_1,\dots,t_s].$$

Remarque 1. Pour toutes matrices **A**,**B**, où $\mathbf{A} \in \mathfrak{M}_{k,\ell}(\mathbb{Z})$, $\mathbf{B} \in \mathfrak{M}_{\ell,m}(\mathbb{Z})$ et tout vecteur $\mathbf{z} \in \Omega^k$ on a

$$(\mathbf{z}^{\mathbf{A}})^{\mathbf{B}} = \mathbf{z}^{\mathbf{AB}}.$$

Lemme 1. Soit k_i $(0 \le i \le \ell)$ une suite croissante d'entiers. Soient $k_{j_p} - k_{i_p}$ $(1 \le p \le p_0)$ tous les nombres qui n'ont qu'une seule occurrence dans la suite double $k_j - k_i$ $(0 \le i \le j \le \ell)$. Supposons que

$$\left[k_{j_1} - k_{i_1},\dots,k_{j_{p_0}} - k_{i_{p_0}}\right] = \mathbf{n}\,\mathbf{C}$$

où $\mathbf{C} \in \mathfrak{M}_{s,p_0}(\mathbb{Z})$ et $h(\mathbf{C}) \le c$. Alors soit il existe des matrices $\mathbf{K} = [\varkappa_{qi}] \in \mathfrak{M}_{s,\ell}(\mathbb{Z})$ et $\Lambda = [\lambda_{q\sigma}] \in \mathfrak{M}_{s,s}(\mathbb{Z})$ et un vecteur $\mathbf{v} \in \mathbb{Z}^s$ tels que

(2) $$[k_1 - k_0,\dots,k_\ell - k_0] = \mathbf{v}\,\mathbf{K},\quad \mathbf{n} = \mathbf{v}\,\Lambda,$$

(3) $$h(\mathbf{K}) \le c_2(s,\ell,c)$$

(4) $$0 \le \lambda_{q\sigma} \le 2^\ell,\quad |\Lambda| > 0$$

soit il y a un vecteur $\gamma \in \mathbb{Z}^s$ tel que

$$\gamma\,\mathbf{n} = 0$$

et

$$0 < h(\gamma) < c_3(s,\ell,c).$$

La preuve se trouve dans [1] (Lemme 7) avec un rectificatif dans [2] (pp. 263-4) et [3] (p. 291).

Lemme 2. Si $b, b_o, \dots, b_\ell \in \mathbb{Z}[\mathrm{x}]$, $b_i \neq 0$

$$\sum_{i=o}^{\ell} b_i^2 = b,$$

on a $\ell < c_4(b)$ et $b_i \in E(b)$, où E est un ensemble fini ne dépendant que de b.

Preuve. En prenant les intégrales sur le cube unitaire $C = [0,1]^r$ on obtient

$$\sum_{i=o}^{\ell} \int_C b_i^2 dx_1 \dots dx_r = \int_C b dx_1 \dots dx_r.$$

Comme

$$\int_C b_i^2 dx_1 \dots dx_r \geq \frac{1}{\prod_{\rho=1}^{r} (2 deg_{x_\rho} b_i + 1)!}, \quad deg_{x_\rho} b_i \leq \frac{1}{2} deg_{x_\rho} b$$

on trouve

$$\ell + 1 \leq \int_C b dx_1 \dots dx_r \cdot \prod_{\rho=1}^{r} (deg_{x_\rho} b + 1)!$$

Pour $E(b)$ on peut prendre l'ensemble $\{a \in \mathbb{Z}[\mathrm{x}];\ 2 deg_{x_\rho} a \leq deg_{x_\rho} b$ pour tout $\rho \leq r$, $a^2(\mathrm{x}) \leq b(\mathrm{x})$ pour tout $\mathrm{x} \in \mathbb{Z}^r\}$.
Cet ensemble est fini comme a est détérminé uniquement par ses valeurs sur l'ensemble

$$\mathrm{P}_{\rho=1}^{r} \left\{0, 1, \dots, deg_{x_\rho} a\right\},$$

moyennant les formules d'interpolation.

Lemme 3. Soit $P, Q \in \mathbb{Q}[\mathrm{x}, \mathrm{t}]$ $\mathrm{n} \in \mathbb{Z}^s$. Si $(P,Q) = G$, mais

$$\left[J_t P(\mathrm{x}, t^{\mathrm{n}}), J_t Q(\mathrm{x}, t^{\mathrm{n}})\right] G(\mathrm{x}, t^{\mathrm{n}})^{-1} \notin \mathbb{Q}(t)$$

il existe un vecteur $\beta \in \mathbb{Z}^s$ tel que

(5) $\beta\,\mathbf{n} = 0 \quad \text{et} \quad 0 < h(\beta) \le c_5(P,Q).$

Preuve. En remplaçant P,Q par PG^{-1},QG^{-1} on voit qu'il suffit de démontrer le lemme dans le cas $G = 1$. Si $D = (J_tP(\mathbf{x},t^{\mathbf{n}}),J_tQ(\mathbf{x},t^{\mathbf{n}})) \notin \mathbb{Q}[t]$ on peut supposer que D soit de degré positif par rapport à x_r et prendre un facteur irréductible D_o de D de degré positif par rapport à x_r. Si $D_o \in \mathbb{Q}(\mathbf{x})$ on a (3) ou bien $D_o|(P,Q)$ contrairement à l'hypothèse $G = 1$. Supposons donc, que $deg_t D_o > 0$ et soit ξ un des zéros de D_o en tant qu'un polynôme de t, $\hat{\mathbf{k}}$ la clôture algébrique de $\mathbf{k} = \mathbb{Q}(x_1,\dots,x_{r-1})$. Si $\xi \in \hat{\mathbf{k}}$ le polynôme minimal de ξ sur $\mathbf{k}$ serait divisible par D_o dans $\mathbb{Q}(\mathbf{x})[t]$, ce qui est impossible, comme $deg_{x_r} D_o > 0$. Donc $\xi \notin \hat{\mathbf{k}}$. En prenant dans Lemme 10 de [4] pour $\mathbf{K}_o$ le corps engendré sur $\mathbb{Q}$ par les coéfficients de P,Q en tant que polynômes de t, pour Ω le corps $\mathbf{K}_o \cap \mathbf{k}$ on trouve que les hypothèses de ce lemme sont satisfaites, donc il existe un vecteur $\beta \in \mathbb{Z}^s$ vérifiant (5).

Remarque 2. Une preuve directe du Lemme 3 dans le cas $G = 1$, ne faisant pas appel au [4] se trouve dans [6].

Lemme 4. Soit $\mathbf{U}$ la matrice unité d'ordre s, $F \in \mathbb{Z}[\mathbf{x},t]$ un polynôme tel que

$$\left[F(\mathbf{x},t),J_tF(\mathbf{x},t^{-\mathbf{U}})\right] \in \mathbb{Q}[t].$$

Si $\mathbf{n} \in \mathbb{Z}^s$ et $F(\mathbf{x},t^{\mathbf{n}})$ est réductible sur $\mathbb{Q}(t)$ il existe une matrice $\Lambda = [\lambda_{q\sigma}] \in \mathfrak{M}_{s,s}(\mathbb{Z})$ et un vecteur $\mathbf{v} \in \mathbb{Z}^s$ tels que

(6) $0 \le \lambda_{q\sigma} \le c_6(F), \quad |\Lambda| > 0;$

(7) $\mathbf{n} = \mathbf{v}\,\Lambda;$

(8) $F(\mathbf{x},t^{\Lambda}) = G_1(\mathbf{x},t)\,G_2(\mathbf{x},t);$

(9) $$G_\nu(x,t^{\mathbf{v}}) \notin \mathbb{Q}(t) \qquad (\nu=1,2)$$

ou bien il existe un vecteur $\gamma \in \mathbb{Z}^s$ tel que

(10) $$0 < h(\gamma) \le c_7(F) \quad \text{et} \quad \gamma\,\mathbf{n} = 0.$$

Preuve. Soit

$$F(x,t) = \sum_{i=o}^{I} a_i(x) \prod_{\sigma=1}^{s} t_\sigma^{\alpha_{i\sigma}},$$

où $a_i \in \mathbb{Z}[x] \setminus \{0\}$ et les vecteurs $\alpha_i = [\alpha_{i1},\dots,\alpha_{is}]$ sont tous distincts. Soit en outre

$$F(x,t^{\mathbf{n}}) = f(x,t)\, g(x,t),$$

où

(11) $$f, J_t g \in \mathbb{Z}[x,t] \setminus \mathbb{Z}[t]$$

et f est irréductible. On considère deux cas:

1) f est réciproque par rapport à t,

2) f est non-réciproque par rapport à t.

Dans le premier cas on prend dans le Lemme 3

$$P = F(x,t),\ \ Q = J_t F(x,t^{-U}).$$

On obtient (10) pourvu que $c_7(F) \ge c_5(P,Q)$.

Dans le second cas on pose

$$f(x,t^{-1})\, g(x,t) = \sum_{i=o}^{\ell} b_i(x) t^{k_i} \qquad (b_i \ne 0,\ k_o < k_1 < \dots < k_\ell)$$

et on considère deux expressions pour $F(x,t^{\mathbf{n}})\, F(x,t^{-\mathbf{n}})$:

$$F(x,t^{\mathbf{n}})\, F(x,t^{-\mathbf{n}}) = \sum_{i=o}^{I} a_i^2 + \sum_{\substack{i,j=o\\ i\ne j}}^{I} a_i a_j t^{\mathbf{n}\alpha_j - \mathbf{n}\alpha_i},$$

$$\left[f(x,t^{-1})\, g(x,t)\right]\left[f(x,t)\, g(x,t^{-1})\right] = \sum_{i=1}^{\ell} b_i^2 + \sum_{\substack{i,j=0\\ i\neq j}}^{\ell} b_i b_j t^{k_j-k_i}.$$

Si pour une paire $\langle i,j\rangle$

(12) $$i\neq j \text{ et } \mathrm{n}\alpha_i - \mathrm{n}\alpha_j = 0$$

on a (10) pourvu que $c_7(F) \geq deg_t F$.

Si aucune paire $\langle i,j\rangle$ ne satisfait à (12) il s'ensuit

$$\sum_{i=0}^{\ell} b_i^2 = \sum_{i=0}^{I} a_i^2$$

et par le Lemme 2: $\ell < c_4\left(\sum_{i=0}^{I} a_i^2\right) = c_8(F)$.

En outre chaque nombre $k_j - k_i$ qui n'apparait qu'une seule fois dans la suite double $k_j - k_i$ $(0 \leq i < j \leq \ell)$ est de la forme $\sum_{q=1}^{s} n_q d_q$, où $|d_q| \leq deg_t F$. En appliquant le Lemme 1 avec $c = deg_t F$ on trouve des matrices $\mathrm{K} = [\varkappa_{qi}]$ et $\Lambda = [\lambda_{q\sigma}]$ et un vecteur $\mathbf{v}$ satisfaisant à (2), (3), (4) ou bien un vecteur γ satisfaisant à (10). Posons

$$P(x,t) = F(x,t^{\Lambda}),$$

$$Q(x,t) = J_t \sum_{i=0}^{\ell} b_i(x) \prod_{q=1}^{s} t_q^{\varkappa_{qi}},$$

(13) $$G_1 = (P,Q),\quad G_2 = P\, G_1^{-1}.$$

On trouve

$$J_t P(x,t^{\mathbf{v}}) = J_t F(x,t^{\mathbf{v}\Lambda}) = J_t F(x,t^{\mathbf{n}}) = J_t f(x,t) J_t g(x,t),$$

$$J_t Q(x,t^{\mathbf{v}}) = J_t f(x,t^{-1})\, J_t g(x,t)$$

donc, comme f est irréductible et non-réciproque par rapport à t

$$\left[J_t P(x,t^{\mathbf{v}}), J_t Q(x,t^{\mathbf{v}})\right] = J_t g(x,t).$$

Il s'ensuit en vertu du Lemme 3 que pour un facteur convenable $\varphi \in \mathbb{Q}(t)$ on a

$$G_1(x,t^{v}) = \varphi(t)\, g(x,t), \quad G_2(x,t^{v}) = \varphi^{-1}(t)\, f(x,t)$$

ou bien il existe un vecteur $\beta \in \mathbb{Z}^S$ tel que

$$\beta\, v = 0 \quad \text{et} \quad 0 < h(\beta) \le c_5(P,Q).$$

Dans le premier cas (6) résulte de (4), (7) de (2), (8) de (13), (9) de (11) et (14).

Dans le second cas, comme en vertu du Lemme 2 P,Q parcourent un ensemble fini déterminé par F on a

$$c_5(P,Q) \le c_9(F).$$

Comme par (2) $v = n\,\Lambda^{-1}$ la formule $v\,\beta^T = 0$ donne $n\,\Lambda^{-1}\,\beta^T = 0$, donc $n\,\gamma^T = 0$, où $\gamma = \beta\,\Lambda^A$.

On obtient

$$h(\gamma) \le s h(\beta)(s-1)!h(\Lambda)^{s-1} \le s!c_9(F)\, c_6(F)^{s-1}.$$

Preuve du théorème.

On va démontrer le théorème par récurrence sur s, en définissant les nombres $c(\sigma,F)$ au cours de la démonstration. La suffisance de la condition est évidente pour tout s et pour n'importe quels nombres $c(\sigma,F)$. Pour démontrer sa necéssité on peut supposer que $F(x,t) \in \mathbb{Z}[x,t]$. Considérons d'abord $s=1$.

Si F est réductible sur $\mathbb{Q}(t)$ la condition du théorème est satisfaite par $M = [1]$, $v=n$, pourvu que $c(s,F) \ge 1$.

Si F est irréductible sur $\mathbb{Q}(t)$, l'hypothèse

$$\frac{F(x,t^{-n})}{F(x,t^{n})} \notin \mathbb{Q}(t)$$

entraîne $n_1 \ne 0$, $\left[F(x,t), J_t F(x,t^{-1})\right] \in \mathbb{Q}[t]$. En appliquant le Lemme 4 on trouve la condition du théorème avec $M=\Lambda$ (pourvu que $c(1,F) \ge c_6(F)$) on bien il existe un vecteur γ satisfaisant à (10). Mais comme $s=1$, $n_1 \ne 0$, (10) est impossible.

Donc on peut poser

$$c_1(1,F) = \begin{cases} c_6(F) & \text{si} \quad \left[F(x,t), J_t F(x,t^{-1})\right] \in \mathbb{Q}[t], \\ 1 & \text{autrement}. \end{cases}$$

Supposons maintenant que le théorème soit vrai pour $s-1$ et considérons $F \in \mathbb{Z}[x, t_1, \dots, t_s]$ $(s \geq 2)$, tel que $F(x, t^{\mathbf{n}})$ soit réductible sur $\mathbb{Q}(t)$ et

$$\frac{F(x,t^{-\mathbf{n}})}{F(x,t^{\mathbf{n}})} \notin \mathbb{Q}[t].$$

Si F est réductible sur $\mathbb{Q}(\mathbf{t})$,

$$F = G_1 G_2, \qquad G_\nu \in \mathbb{Q}[x, \mathbf{t}] \setminus \mathbb{Q}[\mathbf{t}] \quad (\nu = 1,2)$$

on peut prendre M=U, v=n (pourvu que $c(s,F) \geq 1$), à moins que pour une valeur de $\nu \leq 2$

$$G_\nu(x, t^{\mathbf{n}}) \in \mathbb{Q}(t).$$

Dans le dernier cas dans $G_\nu(x, t^{\mathbf{n}})$ certains termes s'annulent, donc il existe un vecteur γ tel que

$$(14) \qquad 0 < h(\gamma) \leq deg_{\mathbf{t}} F \quad \text{et} \quad \gamma\, \mathbf{n} = 0.$$

Si F est irréductible sur $\mathbb{Q}(\mathbf{t})$ et $\left[F, J_{\mathbf{t}} F(x, \mathbf{t}^{-\mathbf{U}})\right] \notin \mathbb{Q}[\mathbf{t}]$ on a

$$\frac{F(x, \mathbf{t}^{-\mathbf{U}})}{F(x, \mathbf{t})} \in \mathbb{Q}(\mathbf{t}),$$

d'où par la substitution $\mathbf{t} = t^{\mathbf{n}}$

$$\frac{F(x,t^{-\mathbf{n}})}{F(x,t^{\mathbf{n}})} \in \mathbb{Q}(t),$$

contrairement à l'hypothèse. Donc $\left[F, J_{\mathbf{t}} F(x, \mathbf{t}^{-\mathbf{U}})\right] \in \mathbb{Q}[\mathbf{t}]$ et par le Lemme 4 il existe une matrice $M = \Lambda$ et un vecteur $\mathbf{v}$ qui vérifient la condition du théorème (pourvu que $c(s,F) \geq c_6(F)$) ou bien il existe un vecteur $\gamma \in \mathbb{Z}^s$ vérifiant (10). Dans le second cas qui contient aussi le cas (14) (pourvu que $c_7(F) \geq deg_{\mathbf{t}} F$) considérons le réseau R de vecteurs entiers perpendiculaires à γ. Ce réseau possède des bases avec toutes les coordonnées non-négatives. Parmi ces bases choisissons une $\mathbf{b}_1, \dots, \mathbf{b}_{s-1}$ avec $\max_{1 \leq i \leq s} h(\mathbf{b}_i)$ minimal. On a en vertu de (10)

(15) $$\max_{1\le i<s} h(\mathbf{b}_i) < c_{10}(\gamma) \le c_{11}(F).$$

Comme par (10) $\mathbf{n}\in R$ on a

(16) $$\mathbf{n} = \mathbf{u}\,\mathbf{B}$$

où $\mathbf{u}\in \mathbb{Z}^{s-1}$ et

$$\mathbf{B} = \begin{bmatrix} \mathbf{b}_1 \\ \mathbf{b}_2 \\ \vdots \\ \mathbf{b}_{s-1} \end{bmatrix}$$

Posons

(17) $$\mathbf{z} = [z_1,\dots,z_{s-1}],\ \ F_0(\mathbf{x},\mathbf{z}) = F(\mathbf{x},\mathbf{z}^{\mathbf{B}}).$$

On a $$F_0(\mathbf{x},t^{\mathbf{u}}) = F(\mathbf{x},t^{\mathbf{uB}}) = F(\mathbf{x},t^{\mathbf{n}}) \ne 0,$$

$$\frac{F_0(\mathbf{x},t^{-\mathbf{u}})}{F_0(\mathbf{x},t^{\mathbf{u}})} = \frac{F(\mathbf{x},t^{-\mathbf{n}})}{F(\mathbf{x},t^{\mathbf{n}})} \notin \mathbb{Q}(t),$$

donc en vertu de l'hypothèse de récurrence il existe une matrice $\mathbf{M}_0 \in \mathfrak{M}_{\sigma,s-1}(\mathbb{Z})$ de rang σ à éléments positifs ou nuls et un vecteur $\mathbf{v}_0 \in \mathbb{Z}^{\sigma}$ tels que

(18) $$h(\mathbf{M}_0) \le c(\sigma,F_0),$$

(19) $$\mathbf{u} = \mathbf{v}_0\,\mathbf{M}_0,$$

(20) $$F_0(\mathbf{x},\mathbf{y}^{\mathbf{M}_0}) = G_1(\mathbf{x},\mathbf{y})\,G_2(\mathbf{x},\mathbf{y}),\qquad G_\nu(\mathbf{x},t^{\mathbf{v}_0}) \notin \mathbb{Q}(t)\quad (\nu=1,2)$$
$$(\mathbf{y} = [y_1,\dots,y_\sigma]).$$

Posons $\mathbf{M} = \mathbf{M}_0\mathbf{B}$, $\mathbf{v} = \mathbf{v}_0$. $\mathbf{M}$ est de rang σ, et ses éléments sont positifs ou nuls.
Par (15) et (18) on a

$$h(\mathbf{M}) \le (s-1)h(\mathbf{M}_0)h(\mathbf{B}) \le (s-1)c(\sigma,F(\mathbf{x},\mathbf{z}^{\mathbf{B}}))h(\mathbf{B}) \le c_{12}(\sigma,F).$$

De (16) et (19) il résulte

$$\mathbf{n} = \mathbf{v}_o \mathbf{M}_o \mathbf{B} = \mathbf{v}\,\mathbf{M},$$

de (17) et (20) on obtient

$$F(\mathbf{x},\mathbf{y}^{\mathbf{M}}) = F_o(\mathbf{x},\mathbf{y}^{\mathbf{M}_o}) = G_1(\mathbf{x},\mathbf{y})\, G_2(\mathbf{x},\mathbf{y}), \quad G_\nu(\mathbf{x},t^{\mathbf{v}}) \notin \mathbb{Q}(t) \quad (\nu=1,2).$$

Donc on peut prendre

$$c(\sigma,F) = \begin{cases} c_\sigma(\ F) & \text{si } \sigma=s \text{ et } (F,J_t F(\mathbf{x},\mathbf{t}^{-\mathbf{U}}) \in \mathbb{Q}[\mathbf{t}], \\ 1 & \text{si } \sigma=s \text{ et } (F,J_t F(\mathbf{x},\mathbf{t}^{-\mathbf{U}}) \notin \mathbb{Q}[\mathbf{t}], \\ c_{12}(\sigma,F) & \text{si } \sigma<s. \end{cases}$$

Preuve de Corollaire 1. Prenons dans le théorème

$$F(\mathbf{x},\mathbf{t}) = a_o(\mathbf{x}) + \sum_{i=1}^{s} a_i(\mathbf{x}) t_i$$

et posons

$$c_o(a_o,\dots,a_s) = \max_{\sigma\le\left[\frac{s+1}{2}\right]} c(\sigma,F).$$

Si

$$\frac{F(\mathbf{x},t^{-\mathbf{n}})}{F(\mathbf{x},t^{\mathbf{n}})} = \varphi(t) \in \mathbb{Q}(t)$$

on déduit de l'indépendance linéaire des $a_i(\mathbf{x})$ sur $\mathbb{Q}$, donc aussi sur $\mathbb{Q}(t)$ que

$$a_o(\mathbf{x}) = \varphi(t)\, a_o(\mathbf{x}), \quad a_i(\mathbf{x}) t^{-n_i} = \varphi(t)\, a_i(\mathbf{x}) t^{n_i} \quad (1\le i\le s),$$

d'où $\varphi(t) = 1$, $n_i=0$, une contradiction. Donc

$$\frac{F(\mathbf{x},t^{-\mathbf{n}})}{F(\mathbf{x},t^{\mathbf{n}})} \notin \mathbb{Q}(t)$$

et en vertu du théorème il existe une matrice $\mathbf{M} \in \mathfrak{M}_{\sigma,s}(\mathbb{Z})$ et un vecteur $\mathbf{v} \in \mathbb{Z}^\sigma$ tels que $h(\mathbf{M}) \le c(\sigma,F)$, $\mathbf{n} = \mathbf{v}\,\mathbf{M}$ et $F(\mathbf{x},\mathbf{y}^{\mathbf{M}})$ est réductible. La dernière condition entraîne en vertu du Théorème 22 de [5] et de la Remarque 1 qui le suit (ibid. p.100) que $\sigma \le \left[\frac{s+1}{2}\right]$. Si $\sigma < \left[\frac{s+1}{2}\right]$ on peut amplifier **M** et **v** en ajoutant des zéros.

Remarque 3. L'exemple

$$\left(1+\sum_{i=1}^{k} x^{2i} t^{v_i}\right)\left(1+xt^{v_{k+1}}\right) = 1 + xt^{v_{k+1}} + \sum_{i=1}^{k} x^{2i} t^{v_i} + \sum_{i=1}^{k} x^{2i+1} t^{v_i+v_{k+1}}$$

montre que le nombre $\left[\frac{s+1}{2}\right]$ paraîssant dans le corollaire ne peut pas être diminué.

Preuve de Corollaire 2. Il suffit d'appliquer le Lemme 4 et d'exclure les conditions (6) - (9). Si Λ est la matrice obtenue on fait la substitution

$$\mathbf{t} = \mathbf{z}^{d\Lambda^{-1}}, \qquad \mathbf{z} = [z_1,\dots,z_s],\ d = |\Lambda|$$

et on obtient de (8)

$$F(\mathbf{x},\mathbf{z}^{d\mathbf{U}}) = G_1(\mathbf{x},\mathbf{z}^{d\Lambda^{-1}})\, G_2(\mathbf{x},\mathbf{z}^{d\Lambda^{-1}}).$$

Comme par l'hypothèse $F(\mathbf{x},\mathbf{z}^{d\mathbf{U}})$ est irréductible, il s'ensuit que pour une valeur de $\nu \le 2$

$$J_{\mathbf{z}} G_\nu(\mathbf{x},\mathbf{z}^{d\Lambda^{-1}}) \in \mathbb{Q}$$

et par la substitution $\mathbf{z} = \mathbf{t}^{\Lambda}$

$$J_{\mathbf{t}} G_\nu(\mathbf{x},\mathbf{t}^{d\mathbf{U}}) \in \mathbb{Q}, \quad J_{\mathbf{t}} G_\nu(\mathbf{x},\mathbf{t}) \in \mathbb{Q},$$

ce qui contredit (9).

Remarque 4. La méthode utilisée dans la preuve du théorème peut avec des modifications convenables s'étendre à un corps algébrique totalement réel ou à un corps K de multiplication complexe. Dans ce dernier cas il faut supposer que

$$\frac{\overline{F(\mathbf{x},t^{-\mathbf{n}})}}{F(\mathbf{x},t^{\mathbf{n}})} \notin K(t),$$

où la barre désigne la conjugaison complexe.

REFERENCES

[1] A. Schinzel, *Reducibility of lacunary polynomials* I, Acta Arith.16 (1970), 123-159.

[2] A. Schinzel, *Reducibility of lacunary polynomials* III, ibid 34 (1978), 227-266.

[3] A. Schinzel, *Reducibility of lacunary polynomials* VI, ibid. 47 (1986), 277-293.

[4] A. Schinzel, *Reducibility of lacunary polynomials* X, ibid. 53 (à paraître).

[5] A. Schinzel, *Selected Topics on Polynomials*, Ann Arbor 1982.

[6] A. Schinzel, *An analog of Hilbert's irreducibility theorem*, Proceedings of the first conference of the CNTA at Banff 1988 (à paraître).

A SCHINZEL
Institut Mathématique de l'Académie Polonaise des Sciences
ul. Śniadeckich 8
Skr. Poczt. 137
00950 WARSZAWA Pologne.

INDEPENDANCE ALGEBRIQUE DE NOMBRES DE LIOUVILLE

par

Michel WALDSCHMIDT

C.N.R.S. U.A. 763 (*Problèmes Diophantiens*)
Institut Henri Poincaré 11, rue P. et M. Curie
75231 PARIS Cedex 05

Résumé : Nous donnons un aperçu historique sur le sujet, en distinguant deux types de résultats : d'une part ceux qui conduisent à produire des ensembles de nombres algébriquement indépendants (dont certains ont la puissance du continu) par des valeurs de séries lacunaires, d'autre part ceux qui reposent sur des énoncés d'approximation diophantienne, en particulier des mesures de transcendance.

§1. Construction de nombres algébriquement indépendants et séries lacunaires.

Liouville a montré qu'un nombre réel irrationnel possédant de très bonnes approximations rationnelles est transcendant. Plus généralement, le procédé de Liouville permet de construire des nombres algébriquement indépendants.

Rappelons qu'un sous-ensemble E de $\mathbb{C}$ est dit *algébriquement libre* (sous-entendu sur $\mathbb{Q}$) si pour toute partie finie $\{x_1,\ldots,x_n\}$ de E (où les x_i sont deux-à-deux distincts) et tout polynôme non nul P dans $\mathbb{Z}[X_1,\ldots,X_n]$, le nombre $P(x_1,\ldots,x_n)$ n'est pas nul. On dit aussi que E est constitué d'éléments *algébriquement indépendants*.

Toute base de transcendance de $\mathbb{C}$ (ou de $\mathbb{R}$) sur $\mathbb{Q}$ est une partie algébriquement libre ayant la puissance du continu.

Le premier exemple explicite d'un ensemble de nombres algébriquement indépendants ayant la puissance du continu a été donné par J. von Neumann en 1927 : c'est l'ensemble des nombres

$$\sum_{\nu=0}^{\infty} 2^{2^{[\rho\nu]}-2^{\nu^2}}, \qquad (\rho>0).$$

Une autre construction de nombres algébriquement indépendants a été proposée par O. Perron en 1932.

Comme cas particulier d'un énoncé général, H. Kneser en 1960 déduit l'indépendance algébrique des nombres

$$\sum_{n=1}^{\infty} 2^{-\left[n^{n+\tau}\right]}, \ (0\leq\tau<1).$$

Une autre généralisation de la construction de von Neumann, due à F. Kuiper et J. Popken (1962), valable sur un corps valué complet, conduit à la famille algébriquement libre

$$\sum_{m=1}^{\infty} 2^{\left[m^{\tau}\right]-m^{m}}, \ (\tau>0).$$

La même année, W.M. Schmidt a mis en lumière les propriétés spécifiques de ces ensembles qui permettent de démontrer l'indépendance algébrique ; il a énoncé une condition suffisante pour l'indépendance algébrique de nombres réels faisant intervenir des approximations simultanées. Il en déduit, par exemple, le résultat antérieur de Kneser. Cet énoncé de Schmidt a été d'abord utilisé en 1974 par A. Durand pour obtenir l'indépendance algébrique des nombres

$$\sum_{n=1}^{\infty} 2^{-\left[2^{\tau^{n}}\right]}, \qquad (\tau>1),$$

puis raffiné par A. Durand en 1976 :

<u>Théorème</u> - *Soient* $\theta_1,\ldots,\theta_s$ *des nombres réels avec* $s\geq1$. *On suppose que pour tout entier* $n\geq1$, *il existe un entier* $q\geq1$ *tel que*

$$0 < n^{s-1}.\|q\theta_s\| < n^{s-2}.\|q\theta_{s-1}\| <\ldots< n.\|q\theta_2\|< \|q\theta_1\| \leq q^{-n}.$$

Alors $\theta_1,\ldots,\theta_s$ *sont algébriquement indépendants.*

On a noté $\|.\|$ la distance à l'entier le plus proche :

$$\|q\theta\| = \min_{m\in\mathbb{Z}} |q\theta-m|.$$

Dans le cas $s=1$, un nombre $\theta=\theta_1$ vérifiant les hypothèses du théorème est ce qu'on appelle un *nombre de Liouville*

L'énoncé de Durand (1976, th.2) est plus général, puisqu'il remplace les approximations rationnelles par des approximations algébriques. Par exemple pour chaque nombre algébrique réel α, $0<\alpha<1$, la famille

$$\sum_{n\geq 0} \alpha^{[\tau n!]}, \qquad (\tau>0)$$

est algébriquement libre. Il est intéressant de noter que l'énoncé de Durand dans le cas $s=1$ donne alors une condition nécessaire et suffisante pour qu'un nombre complexe soit transcendant (1976, th.1).

Les travaux plus récents concernent les séries lacunaires. La transcendance des valeurs de telles séries a fait l'objet de nombreux travaux, notamment ceux de H. Cohn en 1946, K. Mahler en 1965, G. Baron et E. Braune en 1970, puis P.L. Cijsouw et R. Tijdeman en 1973 ; mais ici nous avons choisi de nous concentrer sur l'étude de l'indépendance algébrique.

W.W. Adams (1978) montre que les nombres

$$\sum_{i=1}^{\infty} p_k^{-\nu_i}, \qquad (1\leq k\leq q)$$

sont algébriquement indépendants, quand $p_1,\ldots,p_q$ sont des entiers ≥ 2 multiplicativement indépendants, et $(\nu_i)_{i\geq 1}$ une suite croissante d'entiers vérifiant

$$\lim_{i\to\infty} \nu_{i+1}/\nu_i = \infty.$$

Des énoncés généraux sont déduits par P. Bundschuh et F.J. Wylegala (1979) du critère de Durand. Ils obtiennent l'indépendance algébrique de nombres $f(\alpha_1),\ldots,f(\alpha_t)$, quand $\alpha_1,\ldots,\alpha_t$ sont des nombres algébriques et f une série lacunaire :

$$f(z) = \sum_{k=0}^{\infty} a_k . z^{e_k}$$

(avec des hypothèses sur α_j, a_k, e_k ; en particulier la suite d'entiers e_k est croissante et vérifie $\lim_{k\to\infty} e_{k+1}/e_k = \infty$.). Enfin, indépendamment, I. Shiokawa et Zhu Yao Chen ont donné des énoncés (un peu trop techniques pour être explicités ici) qui conduisent à l'indépendance algébrique de nombres de la forme $f_\nu(\alpha_j)$ quand les f_ν sont différentes séries lacunaires ; ils retrouvent ainsi certains exemples antérieurs (von Neumann, Perron, Kneser, Schmidt, Durand, Adams). Le dernier article de Zhu repose sur un raffinement du critère d'indépendance algébrique de Durand.

Après Kuiper et Popken, la construction de nombres p-adiques algébriquement indépendants a été étudiée par P. Bundschuh et R. Wallisser (1975) qui démontrent l'analogue du critère de Schmidt pour des éléments de $\mathbb{Q}_p$, et obtiennent des familles algébriquement libres d'entiers p-adiques, par exemple

$$\sum_{n=1}^{\infty} p^{\left[2^{\tau^n}\right]}, \qquad (\tau>1),$$

ainsi que les fractions continues

$$[a_0(\tau), a_1(\tau), \ldots], \qquad (\tau>1),$$

où

$$a_n(\tau) = p^{\left[2^{\tau^n}\right]}.$$

Le critère de Durand a été traduit en p-adique par F.J. Wylegala en 1979.

Les méthodes p-adiques ont été utiles à Kumiko Nishioka pour l'étude de l'indépendance algébrique des valeurs de la fonction

$$f(z) = \sum_{k\geq 0} z^{-k!}.$$

En 1984, elle obtient l'indépendance algébrique de deux nombres de la forme $f(\alpha_1)$ et $f(\alpha_2)$, aussi bien dans le domaine complexe que dans le cas p-adique. Dans le cas complexe, elle utilise un argument p-adique. Elle étend ensuite son énoncé à l'indépendance algébrique de trois nombres de cette forme, avant de résoudre en 1986 le cas général, démontrant ainsi une conjecture de D.W. Masser : si $\alpha_1,\ldots,\alpha_n$ sont des nombres algébriques dans l'ouvert $0<|\alpha|<1$ de $\mathbb{C}$, tels que, pour $1\leq i\neq j\leq n$, α_i/α_j ne soit pas une racine de l'unité, alors les nombres

$$f^{(\ell)}(\alpha_j), \qquad (\ell\geq 0,\ 1\leq j\leq n)$$

sont algébriquement indépendants. On a désigné par $f^{(\ell)}$ la dérivée d'ordre ℓ de la fonction $f(z) = \sum_{k\geq 0} z^{-k!}$. La démonstration utilise un théorème d'Evertse sur l'équation $x_1+\ldots+x_n = 0$ en S-unités, théorème qui repose sur les résultats d'approximation simultanée de nombres algébriques de W.M. Schmidt et H.P.F. Schlickewei. Enfin elle a étendu son énoncé à des suites récurrentes linéaires plus générales.

Récemment, l'énoncé de Durand cité plus haut sur l'indépendance algébrique des nombres

$$\theta_d = \sum_{n=1}^{\infty} 2^{-2^{d^n}}, \qquad \text{(d entier >1)},$$

a été complété par F. Amoroso, qui montre que si la suite d'entiers positifs $d_1<d_2<\ldots<d_m<\ldots$ est suffisamment lacunaire, chacun des corps $\mathbb{Q}(\theta_1,\ldots,\theta_m)$ a un type de transcendance (au sens de S.Lang, dans son livre sur les nombres transcendants) fini. C'est un des premiers exemples explicites de corps de degré de transcendance arbitrairement grand ayant cette propriété, avec ceux fournis par les travaux récents de P.G. Becker et K. Nishioka sur les mesures d'indépendance algébrique pour les valeurs de fonctions satisfaisant les équations fonctionnelles introduites par K. Mahler.

Pour compléter cette première partie, citons enfin le texte de P. Bundschuh dans ce volume, où on trouvera de nouveaux résultats originaux sur le sujet que nous venons de présenter.

§2. Utilisation de résultats d'approximation.

La plupart des méthodes de transcendance conduisent non seulement à des énoncés qualitatifs (transcendance, indépendance linéaire, indépendance algébrique), mais aussi à des minorations (mesures de transcendance, minorations de combinaisons linéaires, mesures d'indépendance algébrique).

Ces raffinements quantitatifs permettent de construire des nombres algébriquement indépendants.

Prenons un exemple. Le théorème de Hermite-Lindemann sur la transcendance de $\log\alpha$ (pour α algébrique, $\alpha\neq0$, $\log\alpha\neq0$) peut être raffiné en une mesure de transcendance de $\log\alpha$, c'est-à-dire en une minoration de $|P(\log\alpha)|$ quand $P\in\mathbb{Z}[X]$ est un polynôme non nul, en fonction du degré et de la hauteur de P (la hauteur est le maximum des valeurs absolues des coefficients). On en déduit l'indépendance algébrique de $\log\alpha$ et η, quand η est un nombre transcendant admettant de très bonnes approximations algébriques. En effet, s'il existait un polynôme non nul $A\in\mathbb{Z}[X,Y]$ tel que $A(\log\alpha,\eta)=0$, en remplaçant η par une approximation algébrique ξ, on obtiendrait un nombre $|A(\log\alpha,\xi)|$ très petit. On multiplie le polynôme $A(X,\xi)$ par un dénominateur de ξ de manière à ce que les coefficients du produit soient entiers algébriques, on prend la norme sur $\mathbb{Q}$, et on obtient un polynôme non nul $P\in\mathbb{Z}[X]$ tel que $|P(\log\alpha)|$ soit petit, ce qui contredit la mesure de transcendance de $\log\alpha$.

Cette remarque a été faite dès 1927 par D.D. Mordoukhay-Boltovskoy. Son hypothèse sur η était : pour tout entier $\nu\geq1$, il existe un nombre rationnel p/q tel que

$$0 < \left|\eta - \frac{p}{q}\right| < \frac{1}{q^{\nu!}} .$$

Sous la même hypothèse, il obtient l'indépendance algébrique des nombres $\eta, e^{\alpha_1}, \ldots, e^{\alpha_n}$ quand $\alpha_1,\ldots,\alpha_n$ sont des nombres algébriques linéairement indépendants sur $\mathbb{Z}$. Pour cela, il raffine le théorème de Lindemann- Weierstrass en donnant une mesure d'indépendance algébrique de $e^{\alpha_1},\ldots,e^{\alpha_n}$, c'est-à-dire une minoration de $|P(e^{\alpha_1},\ldots,e^{\alpha_n})|$ pour $P\in\mathbb{Z}[X_1,\ldots,X_n]$ non nul.

Peu de temps après, K. Mahler obtenait, indépendamment, des énoncés plus précis : il suppose seulement que η est un nombre de Liouville,

c'est-à-dire que pour tout $\nu\geq 1$, il existe $p/q\in\mathbb{Q}$ avec
$$0 < \left|\eta - \frac{p}{q}\right| < \frac{1}{q^{\nu}}.$$
C'est au cours de cette étude que Mahler développe sa première classification des nombres transcendants. Une propriété importante de cette classification est que deux nombres algébriquement dépendants appartiennent à la même classe (voir à ce sujet le livre de Schneider, Chap. III).

Voici quelques uns des énoncés d'indépendance algébrique qui ont été obtenus par l'argument précédent. On désigne par η un nombre transcendant possédant de très bonnes approximations algébriques. L'hypothèse précise dépend de l'énoncé traité. Dans certains cas il suffit que η soit un nombre de Liouville (on peut d'ailleurs conjecturer que cela suffit toujours). Dans tous les cas, le nombre
$$\eta = \sum_{n=0}^{\infty} (-1)^n . 2^{-2^{\cdot^{\cdot^{\cdot^{2}}}}}$$
(où le chiffre 2 figure 2n fois) convient.

En 1949, A.O. Gel'fond a montré l'indépendance algébrique de η et α^{β} (pour α et β algébriques, $\alpha\neq 0$, $\log\alpha\neq 0$, $\beta\notin\mathbb{Q}$), de η et $\log\alpha/\log\beta$ (pour α et β algébriques multiplicativement indépendants), et de η, $J_0(\alpha)$, $J_0'(\alpha)$ (pour α algébrique non nul : J_0 est la fonction de Bessel d'indice 0). En 1963, N.I. Fel'dman démontre l'indépendance algébrique de η et η^{β} (pour β algébrique irrationnel). Puis A.A. Smelev, en 1968, montre que le nombre $\eta_2^{\eta_1}$ est transcendant sur le corps $\mathbb{Q}(\eta_1,\eta_2)$, quand η_1 et η_2 sont deux nombres transcendants admettant simultanément de très bonnes approximations algébriques. On peut par exemple construire η_1 et η_2 algébriquement indépendants par l'un des procédés du §1, et alors les trois nombres η_1, η_2, $\eta_2^{\eta_1}$ sont algébriquements indépendants. Ce texte de Smelev contient de nombreux autres énoncés du même genre. Dans un autre travail la même année il obtient l'indépendance algébrique de η et α^{η} (pour α algébrique non nul, avec $\log\alpha\neq 0$).

En 1976, W.D. Brownawell montre que les trois nombres $\eta, \eta^{\beta}, \eta^{\beta^2}$ sont algébriquement indépendants (pour β algébrique de degré 3). Cet énoncé a été raffiné en 1977 par M. Laurent, qui obtient aussi l'indépendance algébrique de 4 des d nombres $\eta, \eta^{\beta}, \ldots, \eta^{\beta^{d-1}}$ (quand β est un nombre algébrique de degré $d \geq 7$; on pourrait améliorer cet énoncé maintenant et descendre à $d \geq 5$: plus généralement, les travaux récents de G. Diaz permettent d'obtenir l'indépendance algébrique de k parmi ces d nombres, pourvu que $k \leq \left[\frac{d+3}{2}\right]$, $d \geq 3$).

En développant la méthode de Siegel et Shidlovskiĭ, A.I. Galoschkin a obtenu en 1970 l'indépendance algébrique de η et e^{η}. Cet énoncé a été étendu par K. Väänänen qui obtient l'indépendance algébrique de η_1 et e^{η_2}, et plus généralement de $\eta_1, f_1(\eta_2), \ldots, f_s(\eta_2)$, quand $f_1, \ldots, f_s$ sont des E-fonctions de Siegel algébriquement indépendantes satisfaisant des équations différentielles linéaires.

Dans sa thèse en 1978, A. Bijlsma utilise la méthode de Baker pour montrer la transcendance sur le corps $\mathbb{Q}(\eta_1, \ldots, \eta_n)$ du nombre $\alpha_1^{\eta_1} \ldots \alpha_n^{\eta_n}$ (quand les α_j sont des nombres algébriques non nuls, $\log\alpha_j \neq 0$, sous l'hypothèse, au choix, que $1, \eta_1, \ldots, \eta_n$ sont linéairement indépendants sur $\mathbb{Q}$, ou que $\log\alpha_1, \ldots, \log\alpha_n$ sont linéairement indépendants sur $\mathbb{Q}$). Il obtient aussi, sous des hypothèses similaires, la transcendance sur le corps $\mathbb{Q}(\eta_1, \ldots, \eta_n)$ de $\eta_1^{\beta_1} \ldots \eta_n^{\beta_n}$, et la transcendance sur le corps $\mathbb{Q}(\eta_1, \ldots, \eta_{2n})$ de $\eta_1^{\eta_2} \ldots \eta_{2n-1}^{\eta_{2n}}$.

Terminons par un exemple faisant intervenir les fonctions elliptiques : dans leurs travaux sur la fonction modulaire j, A. Faisant et G. Philibert montrent que $j(\eta_1/\eta_2)$ est transcendant sur le corps $\mathbb{Q}(\eta_1, \eta_2)$. Les nouvelles mesures de transcendance que vient d'obtenir N. Hirata conduisent aussi à des résultats de même nature pour des nombres liés à des groupes algébriques commutatifs.

REFERENCES.

1. Construction de nombres algébriquement indépendants.

J. von NEUMANN.- Ein System algebraisch unabhängiger Zahlen ; Math. Ann., **99** (1928), 134-141.

O. PERRON.- Uber mehrfach transzendente Erweiterungen des natürlichen Rationalitätsbereiches ; Sitz. Bayer. Akad. Wiss., **H2** (1932), 79-86.

H. KNESER.- Eine kontinuumsmächtige algebraisch unabhängige Menge reeller Zahlen ; Bull. Soc. Math. Belg., **12** (1960), 23-27.

W.M. SCHMIDT.- Simultaneous approximation and algebraic independence of numbers ; Bull. Amer. Math. Soc., **68** (1962), 475-478, et **69** (1963), 255.

F. KUIPER and J. POPKEN.- On the so-called von Neumann numbers ; Nederl. Akad. Wet. Proc. Ser. A, **65** (=Indag. Math., **24**), (1962), 385-390.

A. DURAND.- Un système de nombres algébriquement indépendants ; C.R. Acad. Sci. Paris Sér.A, **280** (1975), 309-311.

P. BUNDSCHUH und R. WALLISSER.- Algebraische Unabhängigkeit p-adischer Zahlen ; Math. Ann., **221** (1976), 243-249.

P. BUNDSCHUH.- Fractions continues et indépendance algébrique en p-adique ; Journées Arith. Caen, Soc. Math. France Astérisque, **41-42** (1977), 179-181.

A. DURAND.- Indépendance algébrique de nombres complexes et critère de transcendance ; Compositio Math., **35** (1977), 259-267.

W.W. ADAMS.- On the algebraic independence of certain Liouville numbers ; J. Pure Appl. Algebra, **13** (1978), 41-47.

P. BUNDSCHUH und F.J. WYLEGALA.- Uber algebraische Unabhängigkeit bei gewissen nichtfortsetzbaren Potenzreihen ; Arch. Math., **34** (1980), 32-36.

F.J. WYLEGALA.- Approximationsmaße und spezielle Systeme algebraische unabhängiger p-adischer Zahlen ; Diss. Köln, 1980.

I. SHIOKAWA.- Algebraic independence of certain gap series ; Arch. Math., **38** (1982), 438-442.

ZHU YAO CHEN.- Algebraic independence of the values of certain gap series in rational points ; Acta Math. Sinica, **25** (1982), 333-339.

ZHU YAO CHEN.- On the algebraic independence of certain power series of algebraic numbers ; Chin. Ann. of Math., **5B** (1), (1984), 109-117.

NISHIOKA, K.- Algebraic independence of certain power series of algebraic numbers ; J. Number Theory, **23** (1986), 354-364.

NISHIOKA, K.- Algebraic independence of three Liouville numbers ; Arch. Math., **47** (1986), 117-120.

NISHIOKA, K.- Proof of Masser's conjecture on the algebraic independence of values of Liouville series ; Proc. Japan Acad., Sér. A, **62** (1986), 219-222.

NISHIOKA, K.- Conditions for algebraic independence of certain power series of algebraic numbers ; Compositio Math., **62** (1987), 53-61.

ZHU YAO CHEN.- Arithmetic properties of gap series with algebraic coefficients ; Acta Arith., **50** (1988), 295-308.

XU GUANG SHAN.- Diophantine approximation and transcendental number theory ; *in* Number theory and its applications in China, Contemporary Math., **77** (1988), 127-142.

2. Utilisation de résultats d'approximation.

D.D. MORDUHAI-BOLTOVSKOI.- Quelques propriétés des nombres transcendants de la première classe ; [en russe, suivi d'un résumé en français] Mat. Sbornik, **34** (1927), 55-100.

K. MAHLER.- Uber Beziehungen zwischen der Zahl e und den Liouvilleschen Zahlen ; Math. Z., **31** (1930), 729-732.

K. MAHLER.- Zur Approximation der Exponentialfunktion und des Logarithmus ; J. reine angew. Math. (Crelle), **166** (1932), 118-150.

D.D. MORDOUKHAY-BOLTOVSKOY.- Sur les conditions pour qu'un nombre s'exprime au moyen d'équations transcendantes d'un type général ; Dokl. Akad. Nauk. S.S.S.R., **52** (1946), 483-486 [Voir M.R. **8**, 317g].

A.O. GEL'FOND.- The approximation of algebraic numbers by algebraic numbers and the theory of transcendental numbers ; Usp. Mat. Nauk., **4** (32), (1949), 19-49. Trad. angl. : Amer. Math. Soc. Transl., **65** (1952), 81-124.

Th. SCHNEIDER.- Introduction aux nombres transcendants ; Springer, 1957 ; Trad. Franç. Gauthier Villars, 1959.

N.I. FEL'DMAN.- Arithmetic properties of the solutions of a transcendental equation ; Vestn. Mosk. Univ. Ser. I, Mat. Mec., fasc. 1 (1964), 13-20. Trad. angl. : Amer. Math. Soc. Transl., (2) **66** (1968), 145-153.

A.A. SMELEV.- A.O. Gel'fond's method in the theory of transcendental numbers ; Mat. Zam., **10** (1971), 415-426. Trad. angl. : Math. Notes, **10** (1971), 672-678.

A.A. SMELEV.- On approximating the roots of some transcendental equations ; Mat. Zam., **7** (1970), 203-210. Trad. angl. : Math. Notes, **7** (1970), 122-126.

A.I. GALOCHKIN.- On diophantine approximations of values of an exponential function and solutions of some transcendental equations ; Vestn. Mosk. Univ. Ser. I, Mat. Mec., fasc.3 (1972), 16-23.

M. WALDSCHMIDT.- Approximation par des nombres algébriques des zéros de séries entières à coefficients algébriques ; C.R. Acad. Sci. Paris Sér. A, **279** (1974), 793-796.

W.D. BROWNAWELL and M. WALDSCHMIDT.- The algebraic independence of certain numbers to algebraic powers ; Acta Arith., **32** (1977), 63-71.

W.D. BROWNAWELL.- Algebraic independence of cubic powers of certain Liouville numbers ; manuscrit, 1976.

K. VÄÄNÄNEN.- On the arithmetic properties of certain values of the exponential function ; Studia Sci. Math. Hungar., **11** (1976), 399-405.

K. VÄÄNÄNEN.- On the simultaneous approximation of certain numbers ; J. reine angew. Math. (Crelle), **296** (1977), 205-211.

M. LAURENT.- Indépendance algébrique de nombres de Liouville à des puissances algébriques ; Thèse 3ème cycle, Univ. Paris VI, Oct. 1977.

M. LAURENT.- Indépendance algébrique de nombres de Liouville élevés à des puissances algébriques ; C.R. Acad. Sci. Paris Sér. A, **286** (1978), 131-133.

M. WALDSCHMIDT.- Simultaneous approximation of numbers connected with the exponential function ; J. Austral Math. Soc., **25** (1978), 466-478.

A. BIJLSMA.- Simultaneous approximations in transcendental number theory ; Acad. Proef., Amsterdam, 1978.

F.J. WYLEGALA.- Approximationsmaße und spezielle Systeme algebraisch unabhängiger p-adischer Zahlen ; Diss. Köln, 1980.

A. FAISANT et G. PHILIBERT.- Quelques résultats de transcendance liés à l'invariant modulaire j ; J. Number Theory, **25** (1987), 184-200.

R. TUBBS.- A note on some elementary measures of algebraic independence ; Proc. Amer. Math. Soc., à paraître.

M. WALDSCHMIDT and ZHU YAOCHEN.- Algebraic independence of certain numbers related to Liouville numbers ; Scientia Sinica Ser. A, à paraître.

l. 1259: F. Cano Torres, Desingularization Strategies for Three-mensional Vector Fields. IX, 189 pages. 1987.

l. 1260: N.H. Pavel, Nonlinear Evolution Operators and Semi-oups. VI, 285 pages. 1987.

l. 1261: H. Abels, Finite Presentability of S-Arithmetic Groups. mpact Presentability of Solvable Groups. VI, 178 pages. 1987.

l. 1262: E. Hlawka (Hrsg.), Zahlentheoretische Analysis II. Seminar, 84–86. V, 158 Seiten. 1987.

l. 1263: V.L. Hansen (Ed.), Differential Geometry. Proceedings, 85. XI, 288 pages. 1987.

. 1264: Wu Wen-tsün, Rational Homotopy Type. VIII, 219 pages. 87.

. 1265: W. Van Assche, Asymptotics for Orthogonal Polynomials. 201 pages. 1987.

l. 1266: F. Ghione, C. Peskine, E. Sernesi (Eds.), Space Curves. oceedings, 1985. VI, 272 pages. 1987.

l. 1267: J. Lindenstrauss, V.D. Milman (Eds.), Geometrical Aspects Functional Analysis. Seminar. VII, 212 pages. 1987.

l. 1268: S.G. Krantz (Ed.), Complex Analysis. Seminar, 1986. VII, 5 pages. 1987.

. 1269: M. Shiota, Nash Manifolds. VI, 223 pages. 1987.

. 1270: C. Carasso, P.-A. Raviart, D. Serre (Eds.), Nonlinear perbolic Problems. Proceedings, 1986. XV, 341 pages. 1987.

l. 1271: A.M. Cohen, W.H. Hesselink, W.L.J. van der Kallen, J.R. ooker (Eds.), Algebraic Groups Utrecht 1986. Proceedings. XII, 4 pages. 1987.

. 1272: M.S. Livšic, L.L. Waksman, Commuting Nonselfadjoint erators in Hilbert Space. III, 115 pages. 1987.

. 1273: G.-M. Greuel, G. Trautmann (Eds.), Singularities, Repre-tation of Algebras, and Vector Bundles. Proceedings, 1985. XIV, 3 pages. 1987.

. 1274: N. C. Phillips, Equivariant K-Theory and Freeness of Group ions on C*-Algebras. VIII, 371 pages. 1987.

. 1275: C.A. Berenstein (Ed.), Complex Analysis I. Proceedings, 5–86. XV, 331 pages. 1987.

. 1276: C.A. Berenstein (Ed.), Complex Analysis II. Proceedings, 5–86. IX, 320 pages. 1987.

1277: C.A. Berenstein (Ed.), Complex Analysis III. Proceedings, 5–86. X, 350 pages. 1987.

1278: S.S. Koh (Ed.), Invariant Theory. Proceedings, 1985. V, pages. 1987.

1279: D. Ieşan, Saint-Venant's Problem. VIII, 162 Seiten. 1987.

1280: E. Neher, Jordan Triple Systems by the Grid Approach. XII, pages. 1987.

1281: O.H. Kegel, F. Menegazzo, G. Zacher (Eds.), Group ory. Proceedings, 1986. VII, 179 pages. 1987.

1282: D.E. Handelman, Positive Polynomials, Convex Integral topes, and a Random Walk Problem. XI, 136 pages. 1987.

1283: S. Mardešić, J. Segal (Eds.), Geometric Topology and pe Theory. Proceedings, 1986. V, 261 pages. 1987.

1284: B.H. Matzat, Konstruktive Galoistheorie. X, 286 pages. 7.

1285: I.W. Knowles, Y. Saitō (Eds.), Differential Equations and hematical Physics. Proceedings, 1986. XVI, 499 pages. 1987.

1286: H.R. Miller, D.C. Ravenel (Eds.), Algebraic Topology. ceedings, 1986. VII, 341 pages. 1987.

1287: E.B. Saff (Ed.), Approximation Theory, Tampa. Proceed-, 1985–1986. V, 228 pages. 1987.

1288: Yu. L. Rodin, Generalized Analytic Functions on Riemann faces. V, 128 pages, 1987.

1289: Yu. I. Manin (Ed.), K-Theory, Arithmetic and Geometry. inar, 1984–1986. V, 399 pages. 1987.

Vol. 1290: G. Wüstholz (Ed.), Diophantine Approximation and Transcendence Theory. Seminar, 1985. V, 243 pages. 1987.

Vol. 1291: C. Mœglin, M.-F. Vignéras, J.-L. Waldspurger, Correspondances de Howe sur un Corps p-adique. VII, 163 pages. 1987

Vol. 1292: J.T. Baldwin (Ed.), Classification Theory. Proceedings, 1985. VI, 500 pages. 1987.

Vol. 1293: W. Ebeling, The Monodromy Groups of Isolated Singularities of Complete Intersections. XIV, 153 pages. 1987.

Vol. 1294: M. Queffélec, Substitution Dynamical Systems – Spectral Analysis. XIII, 240 pages. 1987.

Vol. 1295: P. Lelong, P. Dolbeault, H. Skoda (Réd.), Séminaire d'Analyse P. Lelong – P. Dolbeault – H. Skoda. Seminar, 1985/1986. VII, 283 pages. 1987.

Vol. 1296: M.-P. Malliavin (Ed.), Séminaire d'Algèbre Paul Dubreil et Marie-Paule Malliavin. Proceedings, 1986. IV, 324 pages. 1987.

Vol. 1297: Zhu Y.-l., Guo B.-y. (Eds.), Numerical Methods for Partial Differential Equations. Proceedings. XI, 244 pages. 1987.

Vol. 1298: J. Aguadé, R. Kane (Eds.), Algebraic Topology, Barcelona 1986. Proceedings. X, 255 pages. 1987.

Vol. 1299: S. Watanabe, Yu.V. Prokhorov (Eds.), Probability Theory and Mathematical Statistics. Proceedings, 1986. VIII, 589 pages. 1988.

Vol. 1300: G.B. Seligman, Constructions of Lie Algebras and their Modules. VI, 190 pages. 1988.

Vol. 1301: N. Schappacher, Periods of Hecke Characters. XV, 160 pages. 1988.

Vol. 1302: M. Cwikel, J. Peetre, Y. Sagher, H. Wallin (Eds.), Function Spaces and Applications. Proceedings, 1986. VI, 445 pages. 1988.

Vol. 1303: L. Accardi, W. von Waldenfels (Eds.), Quantum Probability and Applications III. Proceedings, 1987. VI, 373 pages. 1988.

Vol. 1304: F.Q. Gouvêa, Arithmetic of p-adic Modular Forms. VIII, 121 pages. 1988.

Vol. 1305: D.S. Lubinsky, E.B. Saff, Strong Asymptotics for Extremal Polynomials Associated with Weights on ℝ. VII, 153 pages. 1988.

Vol. 1306: S.S. Chern (Ed.), Partial Differential Equations. Proceedings, 1986. VI, 294 pages. 1988.

Vol. 1307: T. Murai, A Real Variable Method for the Cauchy Transform, and Analytic Capacity. VIII, 133 pages. 1988.

Vol. 1308: P. Imkeller, Two-Parameter Martingales and Their Quadratic Variation. IV, 177 pages. 1988.

Vol. 1309: B. Fiedler, Global Bifurcation of Periodic Solutions with Symmetry. VIII, 144 pages. 1988.

Vol. 1310: O.A. Laudal, G. Pfister, Local Moduli and Singularities. V, 117 pages. 1988.

Vol. 1311: A. Holme, R. Speiser (Eds.), Algebraic Geometry, Sundance 1986. Proceedings. VI, 320 pages. 1988.

Vol. 1312: N.A. Shirokov, Analytic Functions Smooth up to the Boundary. III, 213 pages. 1988.

Vol. 1313: F. Colonius, Optimal Periodic Control. VI, 177 pages. 1988.

Vol. 1314: A. Futaki, Kähler-Einstein Metrics and Integral Invariants. IV, 140 pages. 1988.

Vol. 1315: R.A. McCoy, I. Ntantu, Topological Properties of Spaces of Continuous Functions. IV, 124 pages. 1988.

Vol. 1316: H. Korezlioglu, A.S. Ustunel (Eds.), Stochastic Analysis and Related Topics. Proceedings, 1986. V, 371 pages. 1988.

Vol. 1317: J. Lindenstrauss, V.D. Milman (Eds.), Geometric Aspects of Functional Analysis. Seminar, 1986–87. VII, 289 pages. 1988.

Vol. 1318: Y. Felix (Ed.), Algebraic Topology – Rational Homotopy. Proceedings, 1986. VIII, 245 pages. 1988

Vol. 1319: M. Vuorinen, Conformal Geometry and Quasiregular Mappings. XIX, 209 pages. 1988.

Vol. 1320: H. Jürgensen, G. Lallement, H.J. Weinert (Eds.), Semigroups, Theory and Applications. Proceedings, 1986. X, 416 pages. 1988.

Vol. 1321: J. Azéma, P.A. Meyer, M. Yor (Eds.), Séminaire de Probabilités XXII. Proceedings. IV, 600 pages. 1988.

Vol. 1322: M. Métivier, S. Watanabe (Eds.), Stochastic Analysis. Proceedings, 1987. VII, 197 pages. 1988.

Vol. 1323: D.R. Anderson, H.J. Munkholm, Boundedly Controlled Topology. XII, 309 pages. 1988.

Vol. 1324: F. Cardoso, D.G. de Figueiredo, R. Iório, O. Lopes (Eds.), Partial Differential Equations. Proceedings, 1986. VIII, 433 pages. 1988.

Vol. 1325: A. Truman, I.M. Davies (Eds.), Stochastic Mechanics and Stochastic Processes. Proceedings, 1986. V, 220 pages. 1988.

Vol. 1326: P.S. Landweber (Ed.), Elliptic Curves and Modular Forms in Algebraic Topology. Proceedings, 1986. V, 224 pages. 1988.

Vol. 1327: W. Bruns, U. Vetter, Determinantal Rings. VII,236 pages. 1988.

Vol. 1328: J.L. Bueso, P. Jara, B. Torrecillas (Eds.), Ring Theory. Proceedings, 1986. IX, 331 pages. 1988.

Vol. 1329: M. Alfaro, J.S. Dehesa, F.J. Marcellan, J.L. Rubio de Francia, J. Vinuesa (Eds.): Orthogonal Polynomials and their Applications. Proceedings, 1986. XV, 334 pages. 1988.

Vol. 1330: A. Ambrosetti, F. Gori, R. Lucchetti (Eds.), Mathematical Economics. Montecatini Terme 1986. Seminar. VII, 137 pages. 1988.

Vol. 1331: R. Bamón, R. Labarca, J. Palis Jr. (Eds.), Dynamical Systems, Valparaiso 1986. Proceedings. VI, 250 pages. 1988.

Vol. 1332: E. Odell, H. Rosenthal (Eds.), Functional Analysis. Proceedings, 1986–87. V, 202 pages. 1988.

Vol. 1333: A.S. Kechris, D.A. Martin, J.R. Steel (Eds.), Cabal Seminar 81–85. Proceedings, 1981–85. V, 224 pages. 1988.

Vol. 1334: Yu.G. Borisovich, Yu. E. Gliklikh (Eds.), Global Analysis – Studies and Applications III. V, 331 pages. 1988.

Vol. 1335: F. Guillén, V. Navarro Aznar, P. Pascual-Gainza, F. Puerta, Hyperrésolutions cubiques et descente cohomologique. XII, 192 pages. 1988.

Vol. 1336: B. Helffer, Semi-Classical Analysis for the Schrödinger Operator and Applications. V, 107 pages. 1988.

Vol. 1337: E. Semesi (Ed.), Theory of Moduli. Seminar, 1985. VIII, 232 pages. 1988.

Vol. 1338: A.B. Mingarelli, S.G. Halvorsen, Non-Oscillation Domains of Differential Equations with Two Parameters. XI, 109 pages. 1988.

Vol. 1339: T. Sunada (Ed.), Geometry and Analysis of Manifolds. Procedings, 1987. IX, 277 pages. 1988.

Vol. 1340: S. Hildebrandt, D.S. Kinderlehrer, M. Miranda (Eds.), Calculus of Variations and Partial Differential Equations. Proceedings, 1986. IX, 301 pages. 1988.

Vol. 1341: M. Dauge, Elliptic Boundary Value Problems on Corner Domains. VIII, 259 pages. 1988.

Vol. 1342: J.C. Alexander (Ed.), Dynamical Systems. Proceedings, 1986–87. VIII, 726 pages. 1988.

Vol. 1343: H. Ulrich, Fixed Point Theory of Parametrized Equivariant Maps. VII, 147 pages. 1988.

Vol. 1344: J. Král, J. Lukeš, J. Netuka, J. Veselý (Eds.), Potential Theory – Surveys and Problems. Proceedings, 1987. VIII, 271 pages. 1988.

Vol. 1345: X. Gomez-Mont, J. Seade, A. Verjovski (Eds.), Holomorphic Dynamics. Proceedings, 1986. VII, 321 pages. 1988.

Vol. 1346: O. Ya. Viro (Ed.), Topology and Geometry – Rohlin Seminar. XI, 581 pages. 1988.

Vol. 1347: C. Preston, Iterates of Piecewise Monotone Mappings on an Interval. V, 166 pages. 1988.

Vol. 1348: F. Borceux (Ed.), Categorical Algebra and its Applications. Proceedings, 1987. VIII, 375 pages. 1988.

Vol. 1349: E. Novak, Deterministic and Stochastic Error Bounds in Numerical Analysis. V, 113 pages. 1988.

Vol. 1350: U. Koschorke (Ed.), Differential Topology. Proceedings 1987. VI, 269 pages. 1988.

Vol. 1351: I. Laine, S. Rickman, T. Sorvali, (Eds.), Complex Analysis Joensuu 1987. Proceedings. XV, 378 pages. 1988.

Vol. 1352: L.L. Avramov, K.B. Tchakerian (Eds.), Algebra – Som Current Trends. Proceedings, 1986. IX, 240 Seiten. 1988.

Vol. 1353: R.S. Palais, Ch.-l. Terng, Critical Point Theory ar Submanifold Geometry. X, 272 pages. 1988.

Vol. 1354: A. Gómez, F. Guerra, M.A. Jiménez, G. López (Eds. Approximation and Optimization. Proceedings, 1987. VI, 280 page 1988.

Vol. 1355: J. Bokowski, B. Sturmfels, Computational Synthetic Ge metry. V, 168 pages. 1989.

Vol. 1356: H. Volkmer, Multiparameter Eigenvalue Problems ar Expansion Theorems. VI, 157 pages. 1988.

Vol. 1357: S. Hildebrandt, R. Leis (Eds.), Partial Differential Equatio and Calculus of Variations. VI, 423 pages. 1988.

Vol. 1358: D. Mumford, The Red Book of Varieties and Schemes. 309 pages. 1988.

Vol. 1359: P. Eymard, J.-P. Pier (Eds.), Harmonic Analysis. Procee ings, 1987. VIII, 287 pages. 1988.

Vol. 1360: G. Anderson, C. Greengard (Eds.), Vortex Method Proceedings, 1987. V, 141 pages. 1988.

Vol. 1361: T. tom Dieck (Ed.), Algebraic Topology and Transformati Groups. Proceedings, 1987. VI, 298 pages. 1988.

Vol. 1362: P. Diaconis, D. Elworthy, H. Föllmer, E. Nelson, G. Papanicolaou, S.R.S. Varadhan. École d'Été de Probabilités de Sai Flour XV–XVII, 1985–87. Editor: P.L. Hennequin. V, 459 page 1988.

Vol. 1363: P.G. Casazza, T.J. Shura, Tsirelson's Space. VIII, 2 pages. 1988.

Vol. 1364: R.R. Phelps, Convex Functions, Monotone Operators a Differentiability. IX, 115 pages. 1989.

Vol. 1365: M. Giaquinta (Ed.), Topics in Calculus of Variation Seminar, 1987. X, 196 pages. 1989.

Vol. 1366: N. Levitt, Grassmannians and Gauss Maps in PL-Topolog V, 203 pages. 1989.

Vol. 1367: M. Knebusch, Weakly Semialgebraic Spaces. XX, 3 pages. 1989.

Vol. 1368: R. Hübl, Traces of Differential Forms and Hochsch Homology. III, 111 pages. 1989.

Vol. 1369: B. Jiang, Ch.-K. Peng, Z. Hou (Eds.), Differential Geome and Topology. Proceedings, 1986–87. VI, 366 pages. 1989.

Vol. 1370: G. Carlsson, R.L. Cohen, H.R. Miller, D.C. Ravenel (Eds Algebraic Topology. Proceedings, 1986. IX, 456 pages. 1989.

Vol. 1371: S. Glaz, Commutative Coherent Rings. XI, 347 page 1989.

Vol. 1372: J. Azéma, P.A. Meyer, M. Yor (Eds.), Séminaire de Probab tés XXIII. Proceedings. IV, 583 pages. 1989.

Vol. 1373: G. Benkart, J.M. Osborn (Eds.), Lie Algebras, Madis 1987. Proceedings. V, 145 pages. 1989.

Vol. 1374: R.C. Kirby, The Topology of 4-Manifolds. VI, 108 page 1989.

Vol. 1375: K. Kawakubo (Ed.), Transformation Groups. Proceedings, 19 VIII, 394 pages, 1989.

Vol. 1376: J. Lindenstrauss, V.D. Milman (Eds.), Geometric Aspects Functional Analysis. Seminar (GAFA) 1987–88. VII, 288 pages. 19

Vol. 1377: J.F. Pierce, Singularity Theory, Rod Theory, and Symmet Breaking Loads. IV, 177 pages. 1989.

Vol. 1378: R.S. Rumely, Capacity Theory on Algebraic Curves. III, 4 pages. 1989.

Vol. 1379: H. Heyer (Ed.), Probability Measures on Groups Proceedings, 1988. VIII, 437 pages. 1989